U0184020

生命的色彩
我们为什么
没有绿色的
头发
史钧 著
重庆出版集团 重庆出版社

图书在版编目（CIP）数据

生命的色彩：我们为什么没有绿色的头发 / 史钧著. — 重庆：
重庆出版社, 2021.1
ISBN 978-7-229-15274-1

Ⅰ. ①生… Ⅱ. ①史… Ⅲ. ①进化论—普及读物
Ⅳ. ①Q111-49

中国版本图书馆CIP数据核字（2020）第183605号

生命的色彩：我们为什么没有绿色的头发
史钧　著

出　　品： 华章同人
出版监制： 徐宪江　秦　琥
策划编辑： 陈　丽
责任编辑： 陈　丽
责任印制： 杨　宁
营销编辑： 史青苗　刘晓艳
装帧设计： 潘振宇 774038217@qq.com

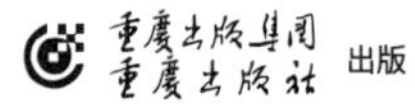

出版

（重庆市南岸区南滨路162号1幢）
天津淘质印艺科技发展有限公司　印刷
重庆出版集团图书发行有限公司　发行
邮购电话：010-85869375
全国新华书店经销

开本：787mm×1092mm 1/16　印张：16.5　字数：240千
2021年1月第1版　2024年12月第5次印刷
定价：45.00元

如有印装问题，请致电023-61520678

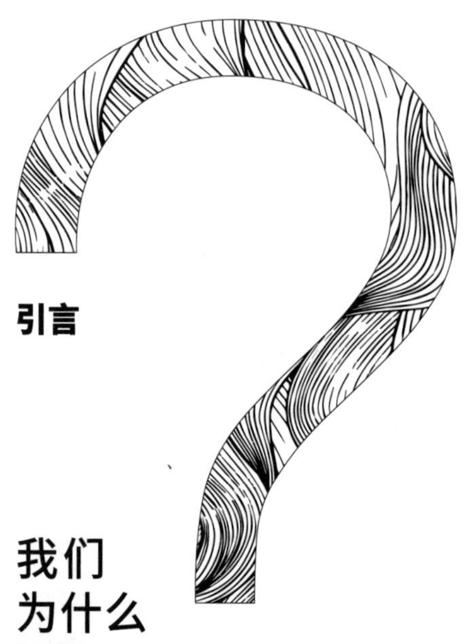

引言

我们为什么没有绿色的头发

有一天傍晚我偶然路过上海外滩，当时晚霞满天，水清浪白的黄浦江江边人流如潮，不时有人停下来摆出各种姿势拍照。在熙熙攘攘的人群中，我看到一个扎着羊角辫的小女孩仰起小脸，用脆生生的声音问："妈妈，我们为什么没有绿色的头发？"

小女孩的问题穿过嘈杂的人群，如同清泉流过砂石，抵达我的耳朵，让我百感交集。可惜当时我有事在身，没来得及听到那位母亲的回答，便大步流星地走开了。后来，小女孩的问题一直在我的脑海中盘旋。她的问题看似天真而幼稚，内核却复杂而有深度，就像一口幽深的千年古井，只要你愿意探究，就可以挖掘出无数的历史典故。

不必费心观察，你也能发现每个人的头发颜色各不相同，有黑色、灰色、黄色、棕红色、银白色等，但有意思的是，正如小女孩所说的那样，就是没有绿色。

提出问题、解决问题、总结规律，一直是科学研究的经典套路，提问的过程就是学习的过程。可惜在许多时候，当孩子提出一些有趣而奇怪的问题时，父母所给的答案往往是含糊的、过时的，甚至是错误的。那当然不是父母的错，可能是科学界确实没有给出正确的回答。仅以上述小女孩的问题为例，很多研究人员可能会习惯性地借用一两百年前的经典理论，诸如拟态现象和保护色理论等来回答，但此类解释远远不够，或者说并没有触及问题的核心。假如用保护色理论来回答这个问题，只会让事情变得更加复杂，因为绿色的头发明明可以在丛林中起到完美的保护作用，对于早期人类来说，简直就是天然的迷彩服，人类为什么要放弃如此优异的自我保护装置呢？

所以，这个问题需要一个全新的答案。

近十几年来，不断有学者关注动物的体色，并提出了许多类似的问题。美国加州大学戴维斯分校的生物学家蒂姆·卡罗曾经发表过一篇讨论哺乳动物体色的论文，在论文的最后，卡罗提出了这样一个问题："哪种哺乳动物是绿色的？"这个问题和上述小女孩的问题可谓不谋而合。卡罗的论文发表在

《生物科学》杂志2005年第二期上，而《生物科学》是非常权威的学术期刊之一，可见探究哺乳动物的体色并不是一个无聊或低俗的问题，而是一个真正的科学问题。可惜卡罗只是抛砖引玉，并没有给出答案，而是把这个问题称为“诡计”。既然是“诡计”，当然一言难尽了。

我打算用一本书的篇幅对小女孩的问题展开全面的讨论。那个小女孩对世界充满好奇，她理应得到一个认真的回答。同时，我也希望更多的大读者和小读者能通过阅读这本书领悟到一个简单的道理：看似简单的问题背后，极有可能隐藏着复杂的科学原理，有的原理甚至值得科学家花费一生的时间去探究。当然，我更希望家长能通过阅读这本书明白这一点：认真对待孩子提出的问题，有助于启发孩子的思维能力，激发他们对科学的兴趣，使他们对自然的好奇心不会随着时间的流逝而消失，使他们不会由一个对未知世界充满兴趣的天才儿童成长为只知道烧烤、外卖、美容、自拍和手机游戏的闲散少年。

不过这个问题其实很难回答。

正所谓“接天莲叶无穷碧，映日荷花别样红”，人们很容易把生命的色彩看作孤立事件，误认为莲叶是莲叶，荷花是荷花，花叶不同色，互不相关；绿色的树叶和红色的血液毫不沾边，枯黄的衰草和潜伏其中的灰色羚羊没有因果关系。事实并非如此，生命的每种色彩之间都存在着曲折的逻辑链条。它们都在阳光之下进化而来，并通过光线与能量的联结而成为有机的整体。什么样的生命包含什么样的分子，什么样的分子吸收什么样的光线，什么样的光线呈现什么样的色彩，什么样的色彩激发什么样的视觉，什么样的视觉导致什么样的反应，彼此环环相扣、紧密相连。从草原到冰原，从大海到森林，从万丈深渊到广袤沙漠，不同地理环境中的每一种生命都有自己的色彩，而每一种色彩都是宏观逻辑链条中的一个部分，都有其道理。只是由于司空见惯，我们很少意识到缤纷多样的色彩背后居然隐藏着诸多深刻的科学逻辑。

比如“海水为什么是蓝色的”就是这样一个看似简单的问题。在1921年之前，人们给出的流行答案是：海水映照了天空的颜色，所以是蓝色的。这个答案源于英国著名物理学家瑞利男爵，他提出的“瑞利散射”和“瑞利判据”都对光学研究具有深远的影响。瑞利认为：阳光进入大气之后，大量的红光被空气吸收，而蓝光则四处散射，所以天空看起来往往是蓝色的。海水本没有颜色，只不过因为反射了天空的颜色，所以看起来也是蓝色的。1921年，印度物理学家拉曼在英国皇家学会上做了声学与光学的研究报告后，取道地中海乘船回国。同船的一个小男孩好奇地问拉曼“海水为什么是蓝色的”，他便把瑞利的理论告诉了小男孩。可是这个回答让拉曼深感不安，他随即在船上展开了深入的研究。通过棱镜分析，拉曼发现海水的颜色居然比天空的颜色还要蓝，所以不可能是反射天空的结果，但具体原因何在，拉曼自己也不明白。

拉曼并没有放弃回答小男孩的问题，在随后的一年多时间里，他继续研究海水的颜色，最终得出了一个与瑞利理论不同的结论：瑞利关于天空颜色的解释是正确的，对海水颜色的解释却是错误的。海水之所以是蓝色的，并非因为反射了天空的颜色，而是因为海水吸收了红光、橙光和黄光等长波光线，却很少吸收波长较短的蓝光，所以蓝光就会在海水中不断被散射，最终呈现出迷人的蓝色。拉曼以此为切入点，开拓了一个全新的光学研究时代，并于1930年获得诺贝尔物理学奖。如果拉曼当初对那个小男孩的问题敷衍了事，把海水的颜色当作司空见惯的现象，根本不去思考其背后的科学原理，那么此后的一切就都不会发生了。

其实，像“海水为什么是蓝色的”这样看似简单的问题不胜枚举。比如，为什么有些花的颜色毫不起眼，有些花的颜色却绚烂无比？为什么有红色的花、紫色的花，甚至还有白色的花，却很少见到绿色的花？不同的花色有什么独特的进化优势吗？

为什么某些动物的血液是蓝色的或者是无色的，而哺乳动物包括人类的血液却全部是红色的？

为什么鸟类和昆虫的体色如舞台上的演员那样张扬高调，而哺乳动物的体色却像幕后服务生般沉闷低调？

为什么北极熊是白色的，而同在北极的麝牛却是黑色的，南极的企鹅却又是黑白相间的？

为什么长颈鹿的花纹是彩色的，而熊猫的花纹是黑白的？

为什么亚洲野马主要是纯色的，而非洲的斑马却有清晰的黑白条纹？

为什么哺乳动物主要是双色视觉，灵长类动物主要是三色视觉，而鸟类却进化出四色视觉？

等等。

这些问题零散而琐碎，初一看并不复杂，很多人都误以为自己早就知道答案，而且认为答案很简单。事实并非如此，你以为你知道答案，其实你很有可能走在了通往错误的笔直大路上。

当我们讨论某种生物特征时，往往会谈到近因和远因。近因和远因之间的关系，就是知其然和知其所以然的关系。近因谈的是为什么会这样，远因谈的是，到底为什么会这样。通俗地说，前者是表面原因，后者是深层原因。

举个最简单的例子：树叶为什么是绿色的？这个问题如此简单，有些中学生在考试时甚至能得满分：因为树叶能把绿色的光线反射回来，所以看起来是绿色的。就这个问题而言，叶绿素就是近因，因为叶绿素不能吸收绿色光线，所以才会把它反射回来。我们还要进一步追问：为什么叶绿素要反射绿色光线而不是红色光线？为什么树叶中含有大量的叶绿素而不是类胡萝卜素或者叶黄素？这些问题与光合作用的进化有关，就是所谓的远因，或者叫作终极原因，只有终极原因才能满足人类追求事物真相的深切渴望。

本书主要讨论终极原因，也就是进化方面的原因。至于近因，只是表面现象，我们权且作为讨论的切入点。

需要强调的是，在现代社会，有许多植物或者动物，比如白玉兰、三叶草，陪主人散步的吉娃娃，都不是自然选择的结果，而是人工选择的结果。本书讨论的重点是自然选择，而非人工选择。读者务必注意分辨其中的不同，避免用人工选择的结果去反驳自然选择的原因。毕竟我们现在已经被人工选择的各种植物或动物所淹没，你所欣赏的花草、你所养殖的金鱼、你所宠爱的猫狗，甚至你所散步的林荫大道两侧的行道树，很多都是人工选择的结果，而人工选择有时会误导你对本书的理解。

只有从自然选择的视角来看问题，你才会明白许多细节都符合适者生存的原则。在细菌与植物之间、植物与草食动物之间、草食动物与肉食动物之间、肉食动物与视觉进化之间、视觉进化与食物色彩之间，都存在递进的进化阶梯，每个环节都充满了奇妙的玄机。那是一部恢宏悠远的进化史诗，也是一幅绚烂瑰丽的生命画卷，从生命的最开端一直延伸到我们的眼前，并将继续叙述或铺展开去。

与时下流行的大历史写作相比，生命色彩进化的宏伟史诗更加磅礴壮阔，它虽然未必像历史故事那样有曲折的戏剧化情节，其内在的科学逻辑却同样一波三折、跌宕起伏，足以引发无尽的思考，且极具可读性。

现在我们就一起进入色彩缤纷的生命世界，共同探索隐藏在生命色彩背后的奥秘，追寻生命色彩进化的终极原因。在探索的过程中，我会分若干步来解释其中的递进关系，最后再回答那个小女孩的问题：我们为什么没有绿色的头发？

毫无疑问，所有的色彩都需要眼睛去感知。只有眼睛才能全方位感知色彩，并对色彩做出反应，这个世界也因为眼睛的存在而不断展现出精彩的外表。

所以我们回答问题的第一步，就要从眼睛的进化谈起。

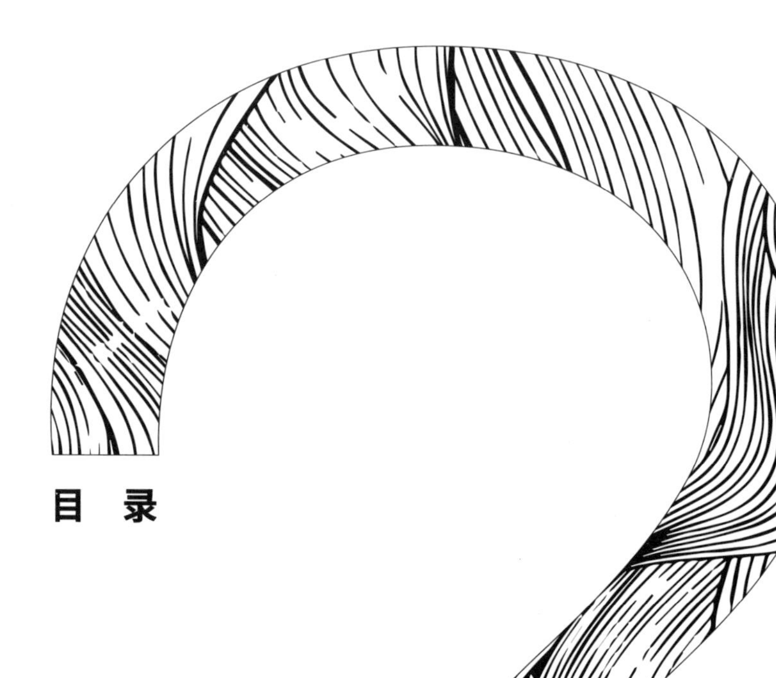

目　录

第四章

第五章

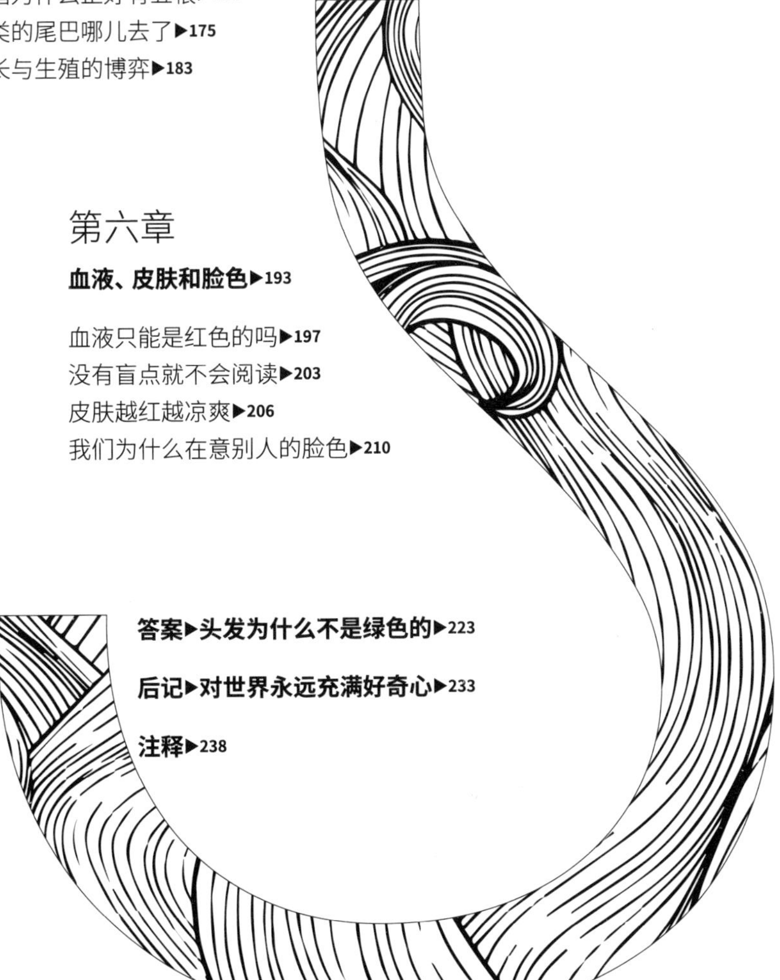

第六章

第一章

眼睛、光线和色彩

假设你有一段非常特殊的经历，不小心掉进一个黑暗的山洞，四周没有一丝光亮，无数不明物体，可能是蝙蝠，也可能是其他的什么飞虫从你的额头不断掠过，你该如何分析自己的处境，然后设法自救呢？

首先我们不推荐动用味觉，因为你未必能用舌头舔到合适的东西。就算你运气奇佳，随机舔到一些东西，且不说恶心不恶心，舌头被划破的风险总是存在的。最重要的是，无论你舔到的是什么，都未必能帮助你获取关于周围环境的重要信息。味觉很大程度上属于辅助感官，比如你看到一块年糕，然后舔一舔，就能知道：哦，年糕是这个味道！但你很难反过来，纯粹根据味道而判断出那是年糕。也就是说，味觉信息并不是认知事物的关键信息。所以，很少有人来到一个新的环境，做的第一件事就是到处舔一舔，那不符合我们认知事物的逻辑。

相对安全的做法是利用触觉，你可以伸出手，通过指尖神经末梢慢慢地感受附近的空间，收集比较具体的物理信息，了解周围环境的质地、温度等特征，比如是粗糙还是细腻，是柔软还是坚硬。尽管洞里伸手不见五指，你仍然可以做出一些基本的判断——你是掉进了烂泥坑中，还是躺在乱石堆里。

不过，触觉虽然可以获得相对直观的信息，但是需要足够接近物体才可以。如果你真的掉进了一座挂满蝙蝠的山洞，你肯定无法通过简单的触摸而了解山洞的整体情况，也无法通过触摸来判断蝙蝠的数量和山洞的深度，你甚至无法判断你摸到的是蝙蝠的粪便还是肥沃的土壤。这时，另一种感觉功能将会强化你的判断，那就是嗅觉。

嗅觉主要通过收集空气中的分子信息来分析周围的情况。只要轻轻嗅几下，你就可以立即排除许多不合理的选项，比如在荒山野岭的洞穴里，绝不可能有巧克力的气味，更不会有迷人的香水味。然而，当错误选项不断被排除之后，你只会陷入绝望，因为嗅细胞很快就会由于信息过多而变得迟钝，正所谓“入鲍鱼之肆，久而不闻其臭”。无法处理复杂而持久的信息，是嗅觉的一大弱点。除此之外，我们不能通过嗅觉来判断物体的形状和大小。

嗅觉也无法远距离传递信息。更重要的是，气味分子特别容易与其他分子混合，传递出来的信息自然会变得含糊不清。要想获取全面而准确的环境信息，就必须依靠其他感官。

除了触觉和嗅觉，在黑暗中你还可以依赖另一种感官：听觉。

听觉离不开声波，动物接收声波的能力不同，其听觉水平也各不相同。根据波长的不同，声波大致可以分为三大类：频率低于20Hz的为次声波，频率高于20000Hz的为超声波，介于两者之间的就是我们能听到的可听声波。不同频率的声波性质不同，功能各异。不同的动物会根据不同的环境需要而利用不同的声波，[1]三种声波就这样各自有了用武之地。

次声波频率较低，不易被水吸收，可以轻松绕开大型障碍物，非常适合在海水中进行长距离的信息传播，所以成为鲸鱼之间进行交流的重要工具。以蓝鲸为例，它们体型庞大，需要占据庞大的海域才能养活自己，所以相互之间常常相距数千公里。要想跨越如此巨大的鸿沟实现信息交流，只能利用次声波，否则每一头蓝鲸都会变成被隔离的孤岛，很难知道另一头蓝鲸在哪里，自然更谈不上交配和生育后代。

除了次声波，超声波也是重要的声音媒介。与次声波不同，超声波能量较高，穿透力极强，是蝙蝠之间进行交流的重要工具。不过，超声波的缺陷在于传递信息的效率较低，非常容易受到杂音的干扰，也容易被物理屏障所阻隔。蝙蝠虽然可以在空中对昆虫进行精准定位后追杀，但只要与猎物隔着一片树叶，它都会感到束手无策。正因为受到各种因素的制约，蝙蝠才不得不在夜间活动，那时万籁俱寂，各种声波干扰被降到最低，超声波才能发挥最大的作用。

作为人类，我们既不能利用超声波，也不能利用次声波，而主要依靠可听声波收集环境信息。我们说话、唱歌，聆听竹林风吟，无不需要可听声波的帮助。就算是在漆黑的山洞里，你也可以借助听觉与声波的互动，实现对外界环境的基本探测。你不能哭，但可以大声叫喊几下，通过回声来判断山洞的大小与空旷程度。不过，除此之外，声波并不能提供更多的信息。

我可以保证，当你真正掉入一个黑暗的空间里时，最渴望的东西不是一滴水，也不是一声同情的叹息，而是一道明亮的光线。与其他信息媒介相比，光波具备无与伦比的优势。

首先，光波可以朝各个方向反射，从不同的方位传递不同的信息。其次，光波传递的速度特别快，对于生命来说，几乎没有时间差，基本等于即时信息。你看到了我，我也就看到了你，无论伴侣之间的眉目传情，还是狮子对羚羊的虎视眈眈，都同等重要，无法通过光波信号与对方进行实时交流的动物，基本都处于被淘汰的边缘。再次，光波可以传递相对全面的信息，包括物体的形状、质地、方位和色彩等。所以，光波是这个世界最重要的信息载体，是生命与环境之间联系的桥梁。

对于生命系统来说，要想利用如此优秀的信息载体，基本的要求是进化出强大的光波探测能力，也就是视觉系统。只要拥有视觉，就可以与光波互动，通过光电效应辨别物体的明暗与色彩。尤其是色彩，将成为我们认识事物和分析事物的重要指标。

色彩需要通过视觉被感知，在视觉与色彩之间，存在典型的协同进化现象。色彩是一个系统，视觉是另一个系统，光波则是维系这两个系统的重要纽带，是推动生命从黑暗走向光明的终极力量。

那么光的本质到底是什么，它为什么能够起到如此重要的作用？

阳光引发的“战争”

谈到光的本质，我们需要从对光学研究做出卓越贡献的艾萨克·牛顿说起。

1643年，牛顿降生于英国的一个普通乡村。由于父亲早逝，牛顿从小跟着外祖母长大，童年生活相当困窘。勉强在乡下读完小学后，牛顿被母亲带到格兰瑟姆小镇，进了一所清教徒学校。十六岁时，牛顿面对一个重要的人生抉择：他是应该回到农村当一个农民呢，还是外出寻找其他出路？

幸运的是，十六岁的牛顿不具备成为合格农民的基本素质，他不会放羊，也不会种地，却对读书充满了兴趣。后来，在中学校长的帮助下，牛顿得到了去剑桥大学三一学院读书的机会。那里是培养神父的著名学府，却成为牛顿向科学进军的起点。

时逢英国时局动荡，战乱频仍，不过这对牛顿的影响并不大。当时三一学院的管理非常宽松，牛顿有大量的空闲时间可以做自己感兴趣的事情，而他最感兴趣的就是读书，正好三一学院的图书馆藏有大量图书。读书之余，牛顿会去逛集市。剑桥大学附近的斯托尔桥集市非常热闹，聚集了南来北往的各种商人，在英国久负盛名。牛顿常去那里淘宝，买了许多旧书，还买过一个小玩意儿——棱镜。正是这个不起眼的小物件，将揭开人类光学研究的新起点。

1665年，瘟疫横扫伦敦，剑桥大学临时关闭，学生放假，牛顿回到家乡。有人说正是在这段时间里发生了牛顿被苹果砸中的故事，其实那只是一个传说。就算牛顿真的被苹果砸到头，当时也并没有对他的科学研究产生多少积极的影响，因为他在此后的十多年时间里并没有提出什么独到的力学见解。牛顿只是利用这段时间阅读了大量的数学著作，为以后成为一名数学家打下了基础。当瘟疫结束，牛顿重新回到剑桥大学时，他的数学水平已经超过了导师艾萨克·巴罗。巴罗很快察觉到了这一点。身为剑桥大学的第一任卢卡斯数学教授，巴罗有着令人尊敬的修养。有一次，巴罗请牛顿给自己的《光学讲义》提点建议，牛顿却对讲义进行了全面修改，这让巴罗非常吃惊，他开始意识到，这个后起之秀已经全面超越了自己。

1669年秋天，枯黄的树叶落满了剑桥大学的林荫小道，巴罗决定辞去卢卡斯数学教授一职，把职位让给牛顿，二十六岁的牛顿便成为剑桥大学的正式教授。

《圣经·旧约》中有这样一句话："上帝说，应该有光：于是便有了光。"但"上帝的子民"在很长时间内都不知道光究竟为何物。

牛顿决心揭开上帝的秘密。

早在1666年，一个偶然的机会，牛顿凭借在斯托尔桥集市买来的棱镜，在小黑屋里发现了一种有趣的光学现象。围绕这个发现，他在剑桥大学开设了一系列的光学讲座。在第一次讲座中，他详细描述了著名的棱镜实验，向大家坦言他在小黑屋里看到的奇迹：他让一束阳光通过小孔进入暗室，穿过棱镜射到墙上，结果阳光在墙上形成了一条彩色的光谱带。通过这个实验，牛顿得出一个著名的结论：白光不是纯净的单色光，而是由各种颜色的光混合而成的。不同颜色的光折射率不同，所以经过棱镜后会被区分开来，这就是光的色散。[2]

通过棱镜实验，牛顿把阳光分解为紫色光、蓝色光、青色光、绿色光、黄色光、橙色光、红色光共七种光。后来我们通常把那条彩色光带称为光谱，把不同颜色的光看作连续光谱中的成分。

为什么不同的光会有不同的颜色呢？尽管牛顿可谓是天纵英才，他当时对这个问题却也一筹莫展。为了解开心中的谜团，他开始转向研究光的本质。他需要解决一个根本性的问题：光是什么？

正是这个小小的问题，引发了物理科学史上最著名的论战，那就是光的波动性与粒子性之争，简称波粒战争。

在牛顿之前，已经有许多学者思考过光的本质。公元前300年左右，欧几里得就认为，光以直线传播，因此可以用几何方法加以研究，并提出了著名的反射定理。后来，勒内·笛卡尔受到反射定理的影响，直接把光假设成小球，并在此基础之上进行了大量的数学推导。小球假设，事实上就是粒子说的雏形。所谓光的粒子说，就是认为光的本质是一种极其微小的粒子，所以才会像乒乓球一样在接触界面出现反弹。粒子的重要特征是轨迹清晰而确定，就像猫一样，要么在这里，要么在那里，在某个特定的时间，必然出现在某个特定的位置，绝不会凭空消失。牛顿也持同样的观点，他在1672年向英国皇家学会提交了自己的第一篇论文，重点讨论光的色散现象，解释这一现象的方案就是光的粒子说。

既然几种光可以混合，也可以分开，牛顿理所当然地认为，这些光应该是不同颜色的粒子，所以才可分可合，不过光的粒子说和当时占主流地位的波动说明显冲突。

光的波动说认为光的本质是一种波，你的猫在卫生间里叫了一声，你在卧室里能听见，在客厅里也能听见，这就是波的重要特征——可以绕过障碍物发生衍射，与粒子的行为存在根本差异，因为粒子是无法绕过障碍物的。在我们已知的物理世界里，粒子是粒子，波是波，二者绝对不会混淆。举个例子，如果你射出一颗子弹，这颗子弹具有粒子特征，每颗子弹只能打死一个人，但如果这颗子弹是波的话，那么一颗子弹就能打死一屋子的人。很显然，这是难以理解的现象，所以波动说和粒子说是两种水火不相容的学说。不妙的是，当时主张波动说的恰恰是英国的科学权威罗伯特·胡克。

在牛顿出道之前，胡克就已经是英国的传奇人物了，他在天文学和生物学领域都有突出贡献，不但用自己制造的望远镜观测了火星，还用自己制造的显微镜观察了细胞。胡克之所以支持波动说，是因为美丽的肥皂泡。胡克清楚地知道，在肥皂泡上明显发生了光的干涉，而干涉是波的另一个基本特征，是支持光的波动说的重量级证据，所以胡克支持的波动说原本胜率极高，只可惜他的对手牛顿是科学史上著名的小气鬼。

此事说起来也怨不得牛顿，确实是胡克先欺负牛顿的。当时胡克读了牛顿的论文后，立即对他展开了猛烈的批评。毕竟牛顿刚刚出道，而胡克是英国皇家学会的创始会员，他有权力也有兴趣对年轻人大肆打击，所以几乎把粒子说批驳得一无是处。如果当时胡克知道以后牛顿会取得惊人的成就，他肯定会收敛一下自己的态度。

面对胡克的批评，牛顿勃然大怒，不但撤回了自己的论文，而且宣布从此不再发表任何论文。这话当然不必当真，但两人之间的梁子从此算是结下了。

其实牛顿原本没有必要坚持粒子说，别人可能不明白光的波动说意味着什么，牛顿不可能不明白，因为他曾亲自发现了“牛顿环”现象，那简直就是支持波动说的最好证据。

早期科学家无论制作望远镜还是显微镜，都得靠自己动手磨制镜片，牛顿就是在磨制镜片的过程中发现了“牛顿环”。他将一块凸透镜放在一块玻璃平板上，再用单色光照射，结果观察到了一些明暗相间的同心圆环，那显然是光的干涉的结果，足以证明光的波动性。牛顿对此非常了解，他甚至可以通过圆环的半径计算出光的波长。所以，事实上当时牛顿仍在粒子说与波动说之间徘徊，结果胡克的当头一棒，彻底把他打成了粒子说的代言人。

牛顿反对波动说可能纯粹是为了打击胡克，于是他置“牛顿环”现象于不顾，死死地抓住光的另一个特点，就是像射出去的子弹那样沿直线传播，而且可以像乒乓球那样发生反弹，那只能是粒子的特征，而不是波的特征。

为了避免口水仗，不给胡克任何反驳的机会，牛顿故意等到胡克去世后才出版巨著《光学》。在书中，牛顿详尽阐述了光的混合与分散现象，并从粒子角度解释了薄膜透光、“牛顿环”以及衍射等现象，同时彻底驳斥了波动说。他反击波动说的一个重要理由是：如果光真的是一种波，那为什么不能绕过障碍物，而是会留下阴影呢？这个观点符合大多数人的观察，因而深得人心。[3]

更重要的是，牛顿把自己的光学理论和力学理论捆绑在一起加以论证，而那时他已经出版了《数学原理》，提出了著名的万有引力定律，学术成就举世无双。在当时的人们看来，凡是牛顿支持的理论，就是正确的理论；凡是牛顿反对的理论，基本等同于错误的理论。当时的科学界需要面对一个简单的选择：如果承认牛顿力学，那么就必须同时承认牛顿光学。

迫于牛顿强大的影响力，光的粒子说就这样在科学界站稳了脚跟，而波动说则被打入冷宫，近百年无人问津，直到英国物理学家托马斯・杨横空出世，波动说才再次登上科学舞台。

当托马斯・杨于1773年在英国出生时，牛顿已经去世四十多年。尽管牛顿的影响仍在，不过托马斯・杨也绝非俗手。无论从哪一方面评价，他都是一位神奇的天才，对当时的所有科学领域几乎都有所涉及，被称为世界上最后一位什么都懂的人。与牛顿相反，托马斯・杨坚决拥护光的波动说。为了证明光的波动性，他于1801年设计了著名的双缝干涉实验：先在窗户上贴一张纸，再在纸上开一个小洞，洞的大小只能透过一束细细的光，然后再用一张卡片将这束光一分为二，当这两束光投射到对面墙壁上时，就会在墙壁上产生清晰的明暗条纹，那是典型的干涉现象，是波的重要特征。托马斯・杨甚至计算出各种颜色波的波长，证明了光的波动性，并开启了量子力学研究的大门，他的大名也因此而永载物理学史册。[4]

不过，在当时，由于牛顿的巨大名声，托马斯・杨的研究成果并没有被认可，十多年间无人问津。托马斯・杨为了宣传自己的理论，曾专门写了一本光学小册子，据说只卖出了一本，可谓最不畅销的科学作品。不过波动说的种子已经再次播下，很快就要生根发芽，发芽的地点不是在英国，而是在法国。

1818年，法国科学院举办了一次科学征文大奖比赛，要求参赛作者围绕光的衍射提出自己的观点和研究方案。征文的本意是想从反面批驳波动说，同时宣传粒子说的正确性，却遭到了意外的挑战。挑战的急先锋居然是接触光学研究不久的前建筑师奥古斯丁-让・菲涅尔。瘦弱多病的菲涅尔向大会提交的论文圆满地解释了光的衍射现象，却遭到了大奖委员会成员西莫恩・德尼・泊松的强烈反对。

泊松可不是普通人，他虽然不像牛顿那样超凡入圣，却是当时法国最负盛名的科学家，在数学、天文学、物理学等领域都取得了极高的成就，著名的“泊松分布”至今仍然是重要的数学工具。泊松看了菲涅尔的论文后，立即用他那非凡的抽象思维构建了一幅不可思议的图案。泊松指出，如果菲涅尔的方程正确，就会得出一个奇怪的结论：当用一束光照射在一个小圆盘上时，就会在小圆盘后面的屏幕中心造成一个亮斑。而那是不可能的，所以泊松认为菲涅尔的观点是错误的。

泊松预言了一切，只是没有预测到结果，他推导的前半部分全部成立，错就错在他没有通过实验来验证，而菲涅尔却做了。菲涅尔和同伴都觉得泊松的分析确实有道理，于是真的找了一个圆盘，并在圆盘后面的适当位置放了一块屏幕，当一束光照在圆盘上时，奇迹出现了，圆盘后面的屏幕上真的显出了一个亮斑，那是光的衍射的直接证据。泊松用自己的智慧帮助了对手，并狠狠地打了自己的脸。物理学家也没有放过这个嘲笑权威的机会，他们没有把这个亮斑命名为菲涅尔亮斑，而是命名为泊松亮斑。正是在泊松亮斑的照耀下，光的粒子说开始崩溃，波动说则扬眉吐气，重新占据了历史舞台。

光的波动说也有一个相当重要的弱点，即如果说光是像声音一样的波，就必须借助某种媒介才能传播，声音借助气体分子的震动才能在空气中传播，所以在真空中听不见声音；科学家却很难给光找到一个合适的传播媒介，所有的努力都以失败告终，光线似乎确实可以在真空中传播，这给波动说造成了巨大的干扰，支持者必须设法弥补这个漏洞，否则就远远算不上成功。

好在这个漏洞最终由伟大的詹姆斯・克拉克・麦克斯韦堵上了。

麦克斯韦于1831年出生于苏格兰，幼称神童，十六岁就发表了第一篇论文《电磁学通论》，但没有得到物理学界的重视。此后他一直没有放弃这项研究，并最终封神称圣，于1865年用优美的电磁方程组完成了电磁理论的构建工作。麦克斯韦指出：变化的电场可以产生磁场，变化的磁场也可以产生电场，如此循环往复，电磁波就可以不需要介质传播，也就是说，电磁波可以在真空中传播。然后麦克斯韦又通过计算得出一个重要结论，即光的传播速度与电磁波相同，这意味着光波就是一种电磁波。电磁波涵盖了从微波到X射线、从紫外线到红外线、从γ射线到无线电波的所有波段，至于可见光，只不过是电磁波谱中的一小段而已。

麦克斯韦的电磁理论的伟大意义堪与牛顿的万有引力定律比肩。如果没有电磁理论，现代社会的一切都将无从谈起。可惜麦克斯韦英年早逝，于1879年卒于剑桥，享年四十八岁。后来爱因斯坦在纪念麦克斯韦百年诞辰的大会上，称电磁理论是自牛顿以来物理学最深刻和最富有成果的工作。牛顿把天与地之间的运动规律统一了起来，而麦克斯韦则把光与电统一了起来，他们所做的工作是人类科学史上最伟大的两次综合。[5]

麦克斯韦去世时，光的波动说已经大获全胜，粒子说终于告一段落，却没有退出历史舞台。时隔不久，另一个奇迹般的物理现象却如同可怕的招魂师，居然让粒子说起死回生，再次步入科学的殿堂。

那个奇迹般的物理现象就是光电效应，发现者则是德国著名物理学家海因里希·鲁道夫·赫兹。

赫兹于1857年出生于德国汉堡，少年时期喜欢学习阿拉伯语和梵文，而且还是个不错的木匠，后来去柏林等地学习科学，主要研究麦克斯韦的电磁理论，并于1880年获得博士学位。数年之后，赫兹到德国西南部的一座技术学院任教，他在那里装配了一间电学实验室，并从1886年起开始设计一系列实验，用于证明麦克斯韦的电磁理论。他将一段导线弯成圆形，中间留一个小小的缺口，用于制造电火花。只要磁场发生变化，线圈就会出现感应电压，同时在缺口处产生电火花。一旦出现电火花，就说明出现了感应电压，进而证明磁场变化确实会导致电场变化。经过不断地摸索，1888年，实验终于取得了圆满成功，赫兹在线圈缺口处观察到了不停爆发的电火花，充分证明了磁场变化诱发了电磁波。但与此同时，赫兹还发现了一个奇怪的现象：当有光线照射线圈缺口时，电火花就会变得更加明亮。赫兹把这个发现写成了论文，但在当时并没有引起太多注意。大家都被发现电磁波的伟大成就所震撼，那个光照引起的偶然变化却被忽略了。[6]

事实上，在忽明忽暗的电火花中，隐藏着一个与电磁理论同样伟大的发现，那就是光电效应。

当电磁波引起的轰动效应略微平息以后，有些物理学家开始关注赫兹的这个发现。通过一系列全新设计的实验，他们观察到了更神奇的结果。只要用紫外线照射金属表面，金属表面就会带正电，好像负电荷凭空消失了，而且越是活泼的金属，负电荷消失的速度就越快。正当科学家对此深感困惑的时候，英国物理学家开尔文爵士及时发现了电子，为这一现象提供了科学的解释，光电效应的概念才渐渐清晰起来。总地来说，光电效应意味着光子可以从金属物体中将电子击打出来，形成所谓的光电子，这个现象表明，波动说又有麻烦了。

实验观察表明，对于某种特定的金属来说，是否能够被击打出电子，似乎只和光的频率有关，而与光照强度无关。频率高的光，比如紫外线，便能击打出能量较高的电子，而频率低的光，比如红光，则一个电子也打不出来，无论光照强度多大都不行。再弱的紫外线也能够击打出金属表面的电子，再强的红光也无法做到这一点。增加光照强度只能增加击打出电子的数量，相对微弱的紫光，强烈的紫光可以从金属表面击打出更多的电子来。相比而言，再强的红光也无法击打出电子。

这一现象令科学家格外困惑。如果光只是一种波，那么光电效应就应该取决于光照强度，而非取决于光照频率。只要照射时间足够长，就应该能够产生光电子。但事实并非如此，说明光仍然具有粒子性。物理学家面对一个两难困境，如果承认光电效应，就必须承认光的粒子性；可一旦承认光的粒子性，就等于否定了光的波动性，这不但违背了伟大的麦克斯韦方程组，而且无法解释已被赫兹实际观察到的电磁波。

正当物理学家左右为难时，德国一位年轻的专利局文员出手了，他在1905年发表了一系列论文，一举终结了这场跨世纪论战，他就是二十六岁的阿尔伯特·爱因斯坦。

爱因斯坦的解决方案很简单：大家都不要争了，粒子说和波动说都有道理，光既是粒子，又是波，这就是所谓的波粒二象性。爱因斯坦称之为光量子，简称为光子。当光子的能量大于电子逃逸所需的能量时，就会产生光电效应，而光子的能量大小只和光的频率有关。通俗地说，频率越高，或者说波长越短，光子的能量就越高，所以紫外线的光子能量要高于红外线的光子能量。也就是说，紫外线更容易产生光电效应，红外线则很难产生光电效应。

物理世界的光电效应，在生物世界同样适用。正是因为光电效应，动物的视觉才成为可能。视觉的本质，事实上就是发生在眼睛里的光电效应。

我们怎样才能看到东西

现在我们已经知道，光子是光的基本单位。无论什么样的光波，都由基本的光子组成。有些物质可以和光子起反应，其实就是遭到了光子的击打。在光子的击打下，光能会传递给电子，使电子得以摆脱原子核的束缚，在物体表面自由移动，甚至汇聚形成电流，这就是光电效应的直接效果。我们能够看见某种光，本质原因是这种光可以在眼睛里引发光电效应，那是光子与电子游戏的结果。

光电效应除了与光波的频率有关，还取决于电子是否容易被激发。而电子是否容易被激发，又与分子内部的化学键有关。单键对电子的束缚比较强，例如碳氢单键，普通的可见光基本打动不了其中的电子。共轭双键对电子的束缚则相对较弱，所以成为光子的主要攻击对象。

所谓共轭双键，是有机化合物分子中的一种常见结构，基本单位是两个双键之间隔着一个单键，比如C=C-C=C就是典型的共轭双键。这种结构的价值在于，其中的电子容易发生内部重排，电子重排需要的能量相对较少，或者说更容易受到光子的激发。一旦电子被激发，就可能触发一系列的连锁反应，直到将光能转换为稳定的化学能储存起来，那就是叶绿体的工作；或者将光信号转变为电子信号交给大脑处理，那就是视网膜的工作。

无论光合系统，还是视觉系统，都依赖于光敏色素与光子之间的光电效应。所谓光敏色素，是指对光子攻击敏感的色素，其中的核心作用位点就是共轭双键。视觉系统的光敏色素主要是视黄醛，视黄醛是一种相对复杂的有机化合物，属于典型的共轭双键系统。

那么视黄醛又是如何感受光线的呢？这与视黄醛的同分异构体有关。

所谓同分异构体，就是两种分子的组成相同，分子量也完全相同，分子结构却略有不同。即表面上看起来是同一种物质，其实不然。生物体正是利用这种玄妙的差异，为我们制造了难以想象的奇迹。

你可以把同分异构体想象成两扇相同的门，只不过一扇门向左打开，另一扇门向右打开。在这两种状态下，门的组成并没有发生变化，还是一个门框、一扇门板，外加几个铰链，但是门的结构有所不同。

生物体内的大分子物质经常出现同分异构体，并且可以相互切换，前提是要给它们提供适当的能量。有时一个光子就可以导致共轭双键内的电子重排，同时完成不同结构之间的切换。视黄醛就是这样一种可以互相切换的同分异构体，只需要一个光子，就可以让它们在两种分子结构之间来回切换，其中一个叫作顺式视黄醛，对应的则叫作反式视黄醛。

正是这种正反相对的奇特的结构特征，使视黄醛得以成为视觉进化的核心分子。[7]

原始的视黄醛分子只含有两个异戊二烯单位，形成典型的共轭结构。随着生物的不断进化，这个共轭系统中陆续加入了其他双键。双键数目越多，对可见光的吸收情况就越复杂，也就是可以吸收不同的光波。如果把一个共轭双键结构比作一个琴键，一个琴键就只能发一个音；要想弹出美妙的乐曲，就必须有更多不同的琴键。

光敏色素对光线的感知是同样的道理，如果只能感受一种光线，就很难看到彩色的世界。要想感受更多的光线，就必须对视黄醛分子进行改造，让它变得更复杂，可以吸收不同的太阳光谱，传递更加全面的光学信息。改造的策略是为视黄醛分子加上一套蛋白质，统称为视蛋白。视蛋白的原始祖先来自古老的光合细菌。数亿年前的发明，至今仍然在我们的眼睛里默默地发挥着作用，而且从来不收专利费。

视蛋白和视黄醛共同构成视觉系统的核心部件，时刻准备迎接光子的到来。

视黄醛的分子很小，因此很难被光子击中。就像射击游戏中的靶子，靶子越小当然越难击中。为了提高击中概率，必须要有更多的靶子，所以视黄醛的分子数量很多。视网膜甚至会折叠起来，以此容纳更多的视黄醛分子。更多的视黄醛分子意味着需要更多的视蛋白分子，它们铺满了视网膜的表面，封锁了视觉系统的对外通道。一旦视黄醛分子被光子击中，视觉工程的第一步就成功启动。

假设开始时没有光线射入，视黄醛为反式结构，和视蛋白结合在一起，一切都很平静。当黎明到来，太阳升起，亿万光子从太阳出发，跨越巨大的空间飞奔而来，刚刚照射到反式视黄醛分子，就立即通过电子重排将其切换为顺式视黄醛。尽管只是一个小小的结构变化，却引发了强烈的连锁反应，因为顺式视黄醛和视蛋白完全不合拍，两者只能分道扬镳。

至此为止，光子完成了它的任务。和所有的负心人一样，光子只负责拆散别人，而不会给出真诚的承诺。此后视觉工程的所有反应步骤，都与光子无关。

现在，被拆散的顺式视黄醛与视蛋白面临着何去何从的问题。

首先，视蛋白必须找到另一个反式视黄醛才能恢复原状，否则就会一直处于异常状态，并对其他分子造成严重威胁。而视蛋白一旦与新的反式视黄醛结合，就会立即转危为安，直到遭到第二次光子攻击。视蛋白就这样在分离与结合之间不断轮回，直到被彻底分解为止。[8]

顺式视黄醛也经历了类似的轮回，它与视蛋白分开后，借助其他反应体系的帮助重新恢复到反式视黄醛状态，又可以再次与视蛋白结合。两种物质就这样被反复循环利用，似乎并没有发生什么重要的变化，但视黄醛分子在反式和顺式之间的结构切换，已经将光子带来的信息传递了下去。

分子结构切换的本质是电子重排，而电子重排本身就是一种电信号。电信号通过一套复杂的程序传给视神经，再由视神经传递给大脑，并由大脑视觉中枢还原为图像，这样我们就看到了外面的世界。

由此可见，视觉质量的高低，不但取决于感光系统的精细程度，还取决于大脑的图像处理能力。有的动物，比如人类，有着复杂的眼睛和强大的大脑，当然能够看见相当清晰的图像；而有些动物，比如昆虫，基本上只能看到一片模糊的马赛克。具体图像的质量与生存需要有关，而生存需要又决定了眼睛的进化水平。

那么，眼睛又是如何进化出来的呢？

眼睛是如何进化出来的

如果你了解眼睛的结构，就一定会惊叹于其设计的精妙。要是将照相机与人类的眼睛对比，我们就会发现两者之间存在奇妙的相似性：巩膜相当于照相机机身；瞳孔就像光圈，光圈的大小受到虹膜的控制；角膜和晶状体像一组透镜；视网膜相当于相机底片。而且眼睛可以和相机一样调整焦距，让图像清晰地投射在感光细胞上。感光细胞中的视黄醛再将接受的光信号转化为电信号，我们能够看到外界的事物，就是这个连锁反应不断发生的结果。在这个持续反应的过程中，每一个环节都必须精密配合，否则无法形成正常视觉。

正因为眼睛的结构如此复杂而精妙，就像钟表一样，似乎是某个钟表匠精心设计的结果，很多人因此认为眼睛不可能是随机进化出来的产物，因为眼睛的复杂结构具有强烈的不可化约性，也就是不能随便加以简化，否则就会出现功能失调。假如你从钟表中随便抽出一根发条，就会导致整个钟表功能的崩溃，眼睛也一样。眼睛结构的不可化约性，是神创论者攻击进化论的常用手段。他们最常用的逻辑就是：进化到一半的眼睛能有什么用呢？

查尔斯·罗伯特·达尔文深知其中的玄机，如果复杂的眼睛结构不是进化的结果，那就只能是上帝创造的结果，眼睛的结构越是精妙，就越有可能证明上帝的存在，所以他在给朋友的信中写道：每次想起眼睛的结构，我都会不寒而栗。

当时人们还不太了解眼睛的进化过程，类似的困惑当然可以理解。不过达尔文并没有就此退步，他在《物种起源》中谈到眼睛时坦率地指出问题的关键，同时给出了解决的方案："眼睛可以调节焦距和采光量，同时可以纠正球面像差和色差，这都是无与伦比的精妙设计。我坦白地承认，自然选择对此似乎无法解释。然而，理性告诉我，如果能够找到这样一种进化的阶梯，显示眼睛从简单到复杂的进化过程，每一个环节都有一定的功能，每一次轻微的改变都可以遗传给下一代，并可以提高动物的生存能力，那么最终就必然可以通过自然选择的力量而进化出眼睛的结构，尽管这个过程可能非常复杂，甚至难以完成，但也绝非没有可能。"

事实上，达尔文已经为自己的假设提出了一种进化模型。他曾猜想，最初至少应该存在两种细胞，共同组成一个简单的感光器官。其中一个是感光细胞，用于接受光线刺激并将光信号转化为电化学信号。另一个是色素细胞，负责遮挡光线，使动物能够感知光源的类型和方向。一旦这种简单的结构开始发挥作用，自然选择就可以介入，经过无数次的日落与日出，眼睛必将不断调整对光线的反应能力，直至形成复杂的精细结构，进而获得完美的图像。[9]

达尔文的天才设想已经勾画出了眼睛进化中的某些关键步骤，现有的证据表明，眼睛的进化完全符合自然选择的一般原理，那确实是一个从简单到复杂的不断递进的过程。一半的眼睛不但存在，而且真的要比没有眼睛更具有进化优势。

早在眼睛出现之前，生命就可以感知光线，比如海水中有一种嗜盐菌，其体内含有两种感光色素，分别可以感受蓝光和橙光。由于不同光线在海水中的穿透能力不同，蓝光主要出现在浅海区，橙光则可以射进深海区，感受到不同的光线等同于测知了不同的海水深度。从这种意义上说，嗜盐菌其实已经拥有了彩色视觉。尽管它没有眼睛，却能够感知光线，我们可以称之为无眼视觉。

水螅也有无眼视觉。一般来说，水螅营固着生活，应该不需要眼睛，毕竟它不需要四处游动追逐猎物。尽管如此，水螅的触手仍然对某些光线敏感，可以及时察觉附近光线的变化，从而有助于捕获浮动的游虫。

眼虫的视觉能力与水螅的类似。从外表上看，眼虫似乎有一个红色的眼睛，那其实不是眼睛，而是眼点。眼虫本来只有一个细胞，当然不可能进化出眼睛来。不过眼点的作用已经和眼睛的作用非常相似，它的功能不是感知光线，而是遮挡光线。真正的感光色素在其鞭毛的根部。当眼虫移动时，细胞内的眼点也会随之移动，不断挡住外来的光线。眼虫可以依据阴影的方向判断光线的方向，从而决定是向着光线游动，还是避开光线。眼虫就是根据如此简单的视觉系统做出趋光反应或避光反应的。

简单的感光系统经过不断进化，分子设计越来越精妙，感光结构越来越复杂，感光能力自然也就越来越强大。到五亿多年前，真正的眼睛突然在化石中出现，那时正处于寒武纪生命大爆发的前夜。所以有学者认为，正是眼睛的进化发展促进了寒武纪的生命大爆发，此前的世界一片黑暗，此后的世界五彩缤纷。

在眼睛的驱动下，寒武纪动物不断进化出敏捷的运动能力，然后凭借空前的运动能力，在海里展开了捕食与反捕食大戏。出于战争的需要，它们还披上了厚重的铠甲——所以它们是甲壳类动物的先驱。

最简单的眼睛只是一个平面，上面均匀分布着一些光敏细胞。比如深海火山口附近生活的盲虾，其后背就长着一片裸露的视网膜，也就是一层没有保护膜的光敏细胞。在原始的生命体系中，这种简单的设计随处可见，而且可以出现在身体的任何部位。蚯蚓就是这样。一般来说，你很难看出它们的眼睛长在哪里，因为它们的眼睛可以长在任何地方，和其他部位并没有什么明显的差异，只是多了一层光敏细胞而已。如果你愿意把那称为眼睛，那么水母周边的褶皱上也长满了“眼睛”，而海星的“眼睛”则长在触手的顶端。

在这种原始的视觉体系中，由于光敏细胞平铺在身体表面，因此无法识别光线射来的方向，只能感知光线的强弱明暗。对于蚯蚓来说，它们只需要准确判断自己到底是暴露在阳光照射之下，还是躲在树叶下，或者钻在泥土中，就已心满意足了。多余的光线信息对它们来说反而是累赘，它们并没有多余的神经细胞去处理这些复杂的内容。

相对而言，蜗牛常年在地面上活动，眼睛就要比蚯蚓的复杂一些，对于光线的强弱更加敏感。逻辑很简单，蜗牛必须了解光线的强弱，一只总在太阳底下暴晒的蜗牛，将很快变成死蜗牛。它们除了需要分辨光线的强弱，还要分辨光线射来的方向，以便用最快的速度躲开阳光的追杀。为了达到这个目的，蜗牛的眼睛必须比蚯蚓的高级，但也没有高级多少，它们只是将光敏细胞层稍微向下凹陷了一点，就像一只浅碗，光敏细胞分布在碗底。如此一来，不同方向射来的光线就会射在“碗”里的不同部位。比如从右侧射来的光线，只会照在“碗”的左侧内壁。只要左侧内壁的光敏细胞捕捉到了光刺激，蜗牛就知道光源来自右侧。这样蜗牛就完成了对光源的基本定位，从而可以迅速做出规避行为。当然也不需要太迅速，毕竟光线移动的速度有限，所以蜗牛躲避的速度也不必太快，它只需要在被晒死之前躲到树叶底下就万事大吉了。除此之外，蜗牛同样不需要收集过多的光学信息。它不吃花粉，不必辨别花朵的色彩；它也追不上其他昆虫，视觉不需要多么犀利。它们只需要一个小小的碗状眼睛，虽然不能清晰成像，却可以有效躲避阳光，不被晒成肉干，成为自然选择的赢家。

比碗状眼睛更高级的是瓶状眼睛，瓶状眼睛向下凹陷更加明显，以至于形成了瓶子结构。瓶子内部的光敏细胞更加密集，只留下一个小小的瓶口供光线进入，然后通过小孔成像原理在瓶子底部形成简单的图像，展示更多外部信息。珍珠贝就长着这样的眼睛，不过它们的瓶口是敞开的，上面没有瓶盖，也就是没有晶状体，因此很难得到清晰的图像。为了解决这个问题，三叶虫改善了眼睛的设计，在瓶口加了一个盖子，那不是普通的盖子，而是透明的方解石结晶体，相当于原始的晶状体，主要起到透镜的作用，可以聚焦光线，使瓶底的图像更加清晰，这样视觉能力得到了成百倍的提高。而人类眼睛的晶状体已经进行了大幅改进，其中富含各种晶状体蛋白，成像效果当然是方解石结晶体所无法比拟的。

尽管眼睛的结构越来越精细，但只是添加了越来越多的部件而已，比如虹膜和肌肉等，可以有效调节摄入光线的数量，保证眼睛的成像质量，但其基本的光学成像原理，与三叶虫的并没有本质区别。

由此可见，眼睛看似精妙，却并不神秘，那只是在漫长的时间长河里一步步累积进化的结果，是对光线和色彩做出反应的最有效机制。

计算机模拟结果表明，复杂的眼睛结构完全可以在很短的时间内进化完成，从简单的眼点到复杂的照相机式的眼睛，大概只需要三十六万年左右的时间。与漫长的地质年代相比，三十六万年很短暂。或者说，自然有足够的时间来测试眼睛的结构，以便寻找最为高效的视觉设计。毕竟，自从寒武纪生命大爆发以来，已经过去了五亿年左右的时光。[10]对于进化来说，时间就是最宝贵的财富。

虽然生命有充足的时间来设计并完善眼睛，但据推测，事实上眼睛的结构可能只进化过一次，这就是眼睛进化的单起源论。与此相对应的是多起源论，即相信眼睛曾经独立起源过好几次，因而在地球上形成了几种完全不同的眼睛类型。

为了验证哪种理论更加正确，研究人员对比了不同生物的眼睛结构、光感受器类型、眼睛的胚胎发生过程以及感光神经的位置等解剖学特征，综合分析得到的结果是，眼睛至少存在四十种起源方式，或者说曾经独立进化过四十次。[11] 如果真是这样，那么多起源论就是正确的，但在进化逻辑上很难说得通，因为如此不同的眼睛结构，彼此之间势必存在激烈的竞争，最后必然有一种最高效的眼睛结构占据上风，也就是只有一种眼睛的进化模式能得到自然选择的青睐。这就是单起源的主要观点，他们不相信眼睛会有如此复杂的进化来源。

问题在于，眼睛结构很难留下化石，研究人员只能另辟蹊径，从基因中寻找蛛丝马迹，结果真的找到了。这个基因就是Pax6基因，中文意为“第六号配对同源框基因”，在生物发育过程中控制着许多性状，其中之一就是负责眼睛的形成。为简便起见，我们不妨将其称为眼睛基因。

眼睛基因相当保守。我们说某个基因保守的意思，是指它很少出现突变，以至于在不同的物种中都保持着相似的序列和相似的功能。眼睛基因正是这样，可以跨越物种，诱导眼睛的形成。研究人员首先在小鼠体内得到了眼睛基因，然后把这个基因克隆进了果蝇体内，结果居然诱导果蝇在很多部位都长出了眼睛，这一实验证明眼睛基因在不同生物体内可以通用。[12] 这意味着什么呢？这意味着眼睛可能只进化过一次，大家都采用了相同的设计方案，表面的差异无法抹去基因的本质。无论苍蝇的复眼，还是章鱼的单眼，都只不过是进行了局部调整而已，以便应对不同环境下的视觉需要。亿万年以来，眼睛基因的基本序列都没有出现剧烈的改变，这可以看作是支持单起源理论的重要证据。

另外一个重要证据是，所有眼睛的感光系统都以视蛋白为核心，尽管不同的动物拥有不同的视蛋白，但它们全部来自同一个祖先。[13] 在眼睛基因和视蛋白两个重量级的证据面前，我们当然更倾向于相信单起源论。

既然单起源理论成立，我们就可以得出这样的推论：无论多么复杂的眼睛，都起源于最简单的眼点。现在研究者已经构建了眼睛从简单到复杂的进化路线图。如果你愿意，完全可以把三叶虫的眼睛视为半个眼睛，甚至是0.3

个眼睛，但这样的眼睛对于三叶虫来说仍然不可或缺。也就是说，简约化的眼睛依然可以为动物带来明确的生存优势。

眼睛不但可以从简单向复杂性方向进化，还可以出现简化甚至退化，这是完全符合进化论的一般原则的。复杂化并不是进化的终极方向，而只是一个副作用。许多生活在沙漠暗河中的动物，最终都会失去眼睛，因为在地下暗河中，眼睛不会受到光线的刺激，从而失去了用武之地。维持视力需要消耗大量能量，所以在不必要时丢失眼睛，就等于甩掉了无用的负担，也会变成一种生存优势。盲眼鳗鱼等地下洞穴动物，基本都是这种机制的牺牲品，或者说是胜利者。不过奇怪的是，那只是表面变化，而非基因层面的变化，许多盲眼动物仍然保留着眼睛基因，序列上没有任何问题，只是被DNA甲基化封锁了基因活性，所以不会表达出外在的眼睛来。

据不完全统计，在现存的所有动物物种中，约95%都有眼睛。也就是说，没有眼睛的动物种类很少。种类很少的意思是，它们在生存竞争中处于劣势。因为视觉可以赋予动物巨大的生存优势，它们可以利用无处不在的阳光资源，追杀猎物或者躲避天敌，寻找更加美味的食物和更加安全的居所，进而繁衍更多的后代。所有这一切，都建立在眼睛对可见光的反应之上。

可见光为什么可见

既然光是一种波，就和水面的波浪一样，有波峰和波谷，一个波峰和另一个波峰之间的长度，就是波长。波长是波的重要特征，对于光波来说尤其重要，因为它决定了光的许多属性。因此测量并计算光的波长，早就成为物理学家的重要任务。托马斯・杨和菲涅尔都测定过不同光波的波长，测定的原理也大体相同。

光波与水波的不同之处在于，我们看不清光的波峰与波谷，因而无法直接测定波长，除非用特殊的办法让波峰和波谷显示出来，而光的干涉正好能完成这个任务。假如两列相同频率的单色光发生某种程度的重叠，恰好让波峰对上波峰，波谷对上波谷，就会出现叠加效应，使波峰更高，波谷也更低，通俗地说就是亮的更亮，暗的更暗，从而在屏幕上表现出清晰的明暗条纹。直接测量条纹之间的距离，我们就可以得到光的波长了。

随着技术的不断进步，人们对波长的测量也越来越准确，并以波长为标准，对不同的电磁波进行了简单分类，大致把波长400~760nm的光称为可见光，就是人类眼睛可以见到的光。可见光又可分为三段，大致每100nm为一段：400~500nm为蓝光波段，500~600nm为绿光波段，600~760nm为红光波段。在蓝光波段之外，一般称为紫外光或紫外线；红光波段之外，则称为红外光或红外线；两种光线人眼都无法直接感知。

当然，光波分段不可能如此整齐。国际照明委员会分别将波长435.8nm、546.1nm和700nm指定为蓝、绿、红光的标准波长，由此可见，标准波长并不都是整位数。我们说400~760nm是可见光，只是追求简洁的说法，毕竟整齐的数字可以有效节省大脑内存。这种近似的表达可能会丢失一些精确性，却易于记忆。

现在有个新的问题摆在我们面前：既然太阳辐射从150nm到2500nm之间都有分布，我们为什么只能看到400~760nm的可见光，而不是波长更短或更长的光呢？收音机接受的无线电波和光波的本质相同，都是电磁波，人类为什么看不见无线电波呢？如果我们在听收音机的同时，也能看到漫天飞舞的无线电波，让世界充满迷幻的色彩，难道不好吗？

我们的眼睛正好能够看见一个可见光展示的世界，蓝天白云、绿树红花，基本没有意外的干扰，难道那是神秘的奇迹吗？

这听起来是个很玄妙的生物学问题，其实是个很简单的物理学问题。

你肯定在无数个十字路口遇到过很多行人，但除非特别熟悉的人，或者有人差点儿踩到你的脚尖，否则你一般不会对他们有任何印象。那些与你擦肩而过的行人就像天边悄然飘过的流云，你虽然看见了，但无须记忆，因为记下来没有任何价值。道理很简单，记住太多无关紧要的人，只会影响你的思维能力，让你无法从过多的干扰信息中及时抽取有用的内容。

我们对太阳辐射的使用，也是同样的道理。

就理论而言，能看到所有辐射波段是最好不过的事情。这样的话，我们可以在夜晚通过微弱的散射光洞悉树叶底下爬行的蠕虫，也可以通过X光看见城市街头好多骨架走来走去，任何名牌服装都显得可有可无。

不过，过多的光波信号意味着大量的信息干扰，会增加视觉系统的负担。如此一来，我们很难睡个安稳觉。试想一下，当你疲倦地躺在床上，闭上眼睛却仍然可以透过眼皮看到各种信息不断涌来，你恐怕很难迅速进入梦乡。

出于适用性考虑，我们不需要收集所有的辐射信号，而只需要收集性价比最高的内容，这些内容不但可以提供足够的信息，而且不会干扰我们正常的活动与休息。所以我们必须屏蔽不必要的辐射信息，只有可见光除外。

可见光之所以被叫作可见光，是因为我们的眼睛正好能看到这段光波。那是排除了所有不必要波段，比如紫外线和红外线，包括X光等低频射线的结果。剩下的光线，就是肉眼可以感知的光线，我们称之为可见光。

其实可见光这个词并不准确，如果较真的话，应该叫作人眼可见光才对。对于不同的动物来说，可见光的范围并不相同。有些动物可以比人类感知更宽的光谱，比如蜜蜂能看见紫外光，有些鸟类则能够看到红外线。由此可知，人类所说的可见光和其他动物眼里的可见光并不是一回事。人类只是掌握了话语权，强行把自己看到的光线命名为可见光而已。

要是较真的话，人眼可见光这个说法也不准确，因为我们看到的并不是一个固定的光谱波段，而是变化的波段。我们只是大致把400nm到760nm的波段的光称为可见光。而在现实世界中，有人居然能看到350nm或者780nm的光波，而且不能排除感受更加夸张的波段的可能性。科学家根本无法给出真正准确的可见光序列，表明我们看到的色彩并不相同。

就算色觉正常的人群，每个人看到的色彩也可能略有不同，这就是所谓的色觉多态性，只是彼此没有经过详细对比，因而互相都不了解罢了。[14] 有时就算经过对比，也很难发现其中的微妙差别。比如你指着一个红色的苹果告诉朋友，说这就是红色。无论你的朋友是否色觉正常，都不会提出反对意见，他也会认为那就是红色，因为他从小就被教导苹果是红色的。其实红色只是对色彩的一种定义，是大家给事物贴上的一个标签，他并不知道你眼里的红色到底什么样，你也不知道他眼里的红色是什么样的。你们以为可以用一个苹果找到共同点，其实你们可能看到的是完全不同的色彩。也就是说，每个人眼里的世界，色彩略有差异，我们只是没有机会与别人进行详细的对比和区分，因此只能默认大家眼里的色彩是相同的。如果不去做体检，我们甚至很少意识到有人是色盲，可他们眼里的世界明明和我们眼里的完全不同。在体检结果出来之前，我们对此却毫不知情，甚至连色盲患者自己都不知道。因为大家都会同意苹果成熟以后会变成红色，从而表现出表面上的一致。

同样的道理，其他动物眼里的世界和人类的也完全不同，我们对此同样毫不知情。那其实是不同动物对不同光波进行取舍的结果，为的是提高视觉系统的工作效率，适应各自不同的生活环境。

很少有人意识到，可见光的内容其实极其丰富，你可以认为每个波长都对应着一种光，比如波长为421nm的光波就和422nm的光波不同，而422.5nm的光波又和422.6nm的光波不同。要想完全感受并区分所有不同的波长，眼睛就应该具备大量不同类型的感光细胞，以便与所有波长的光形成一一对应的关系。青凤蝶就为此做出了巨大的努力，它们甚至有十五种分辨颜色的感光细胞。从节约信息量的角度考虑，没有哪种动物能够把感光能力做到极致，那几乎要求无穷多的感光细胞，对大脑信号处理能力的要求也近乎无穷大。对于任何生物来说，这都是不可能的事情。所以，动物对于光波必须有所取舍。

一旦采取不同的取舍策略，不同的动物就会表现出不同的感光能力。

我们之所以能够看到这个区域的波段，而不是那个区域的波段，首先是为了适应光电效应的需要，其次是为了适应自然环境的需要。只有不同的感光能力，才能适应不同的自然环境。生活在山洞里的蝙蝠不可能和生活在泥土中的蚯蚓进化出相同的感光能力，也就是说，感光能力是自然选择的结果，同时也是对光线妥协的结果。

当阳光携带着全波段的能量从太阳表面起程，经过一亿五千万公里的远征抵达地球时，有些波段的能量已经在长达八分钟的漫长旅途中被消耗殆尽。到达地球的阳光中，绝大部分都属于红外线，但红外线的缺点是能量太低，不足以激发眼睛内部的光电效应。而处于可见光另一端的紫外线则正好相反，它们能量太高，反应性能太强，见到谁都要反应一下，结果很容易被臭氧或者水分子吸收掉。残余的紫外线到达眼球时，又被晶状体蛋白质大量屏蔽。经过层层过滤，紫外线很难到达人眼的视网膜，当然也就无法激发感光系统的光电效应，所以我们人类看不见紫外线。

也就是说，我们对红外线的屏蔽，是一种被动屏蔽，因为红外线本身不足以激发感光反应；而对紫外线的屏蔽则属于主动屏蔽，晶状体和玻璃体是最重要的防护层，如果没有这些防护层，我们就可以看到紫外线。有些人的眼睛发生病变之后，比如一些白内障患者晶状体受损，对紫外线失去过滤能力，反倒能够意外获得紫外视觉，看到比紫色更紫的颜色。法国著名印象派画家莫奈晚年就因为患白内障而能够看到紫外线，导致他晚年的作品由鲜艳明亮的色彩一变而为朦胧的深褐色和深红色，呈现出迷幻般的绘画效果。当然，他眼里的效果可能更加迷人，只是我们无法察知罢了。

和人类不同，许多脊椎动物都有紫外感光能力，比如壁虎和鸟类，它们都拥有所谓的紫外视觉。

那么为什么有些动物可以感受紫外线，有些动物却要屏蔽紫外线呢？这与不同动物对紫外线的依赖程度有关。

某种动物是否感受紫外线，主要取决于两个因素：一是周围环境有没有紫外线。如果环境中根本没有紫外线，紫外视觉当然毫无意义。海洋深处就是典型的无紫外线环境，那里的紫外线早就被水分彻底吸收了，所以深海动物没有必要发展紫外视觉。比如原始的腔棘鱼主要生活在海下两百米处，紫外线根本无法到达，它们为什么要感受紫外线呢？

黑夜是另一种无紫外线的环境，洞穴中同样缺少紫外线，所以，这两种生态环境中的动物一般都不会发展紫外视觉。普通的夜行蝙蝠就严格遵循这一原理，但在美国中南部有一种花蝙蝠则具有紫外视觉。

在长期的进化过程中，蝙蝠的食性出现了不同程度的分化。有些蝙蝠专门捕食昆虫，那是多数夜行蝙蝠的特征；有些蝙蝠则改为吸血，就是所谓的吸血蝙蝠；有些蝙蝠则专吃水果，常被称为果蝠；还有少数几种蝙蝠则向鸟类学习，开始改吃花蜜，这就是花蝙蝠。

花蝙蝠主要靠舔食花蜜为生，而花蜜可以反射紫外线。要想得到更多的花蜜，花蝙蝠必须发展敏锐的视觉，直至像鸟类那样进化出紫外视觉。为此花蝙蝠付出了巨大的代价，它们不但撤除了眼睛对紫外线的防护屏障，而且大大缩小了眼睛尺寸，只有这样，才能降低紫外线的折射率，以便更好地把紫外线聚焦在感光细胞上。所以，花蝙蝠的眼睛都很小，直径居然不足两毫米，那正是对紫外线妥协的结果。

花蝙蝠只是哺乳动物中的例外。多数哺乳动物都没有紫外视觉，因为它们对花蜜的依赖性并不强，既然如此，紫外视觉就显得多此一举，毕竟紫外线对眼睛具有明显的伤害作用。为了过滤紫外线，哺乳动物一般都拥有较大的眼睛。只有较大的眼睛才能含有足够多的有机物质，从而起到有效的紫外线屏蔽作用，以此保护视网膜，进而提高自身的寿命。至于那些保存了紫外视觉的动物，寿命都不太长，往往会在视网膜被紫外线彻底摧毁之前死去。[15]

除了损坏视网膜，紫外线还会造成大量散射，降低视觉的精确程度。那些能够看见紫外线的动物，比如蜜蜂，因为无法消除紫外线散射，视觉都很模糊，不过它们只要看到一团类似花朵的东西就够了。而哺乳动物则必须看到清晰的图像，如果像蜜蜂那样视觉模糊，把一匹狼看成一只羊，那就不是对错的问题，而是生死的问题。只有过滤掉多余的紫外线，才能使图像更加清晰，这是哺乳动物屏蔽紫外线的另一个重要原因。

排除了红外线和紫外线以后，你会发现，可见光的优势非常明显。它的能量约占太阳辐射总能量的50%，穿透力既不是太强，也不是太弱，足以影响有机物的化学键，和视觉系统发生典型的光电反应，把电磁波中的能量转化为有效的电化学信号，又不会对视觉系统造成严重的伤害。所以对于人类来说，可见光才是最适合的光线。

由此可见，我们的眼睛能够察觉可见光并不奇怪。

眼睛一旦出现，立即给动物带来了强大的生存优势，直至决定了今天的生命形态。[16] 而且眼睛的价值远远不止观察可见光这么简单，它还进化出了辨别不同色彩的能力。

眼睛分辨各种颜色的能力，就叫作色觉。色觉的出现，对于生命的色彩进化具有不可替代的推动作用。

需要强调的是，在生理学领域，视觉和色觉是两个不同的概念。色觉是视觉的组成部分，而视觉的范围则要大得多，除了色觉，还包括辨别光线的明暗及距离的远近等。本书不打算讨论过于专业的问题，对视觉与色觉也不准备加以细致区分，以免制造不必要的信息负担。在本书中，如果没有特别说明，我们提到视觉时，有时大致等同于色觉。

一旦眼睛具备了不同的色觉，这个世界立即变得不同起来。

颜色是一种幻觉吗

优秀的班主任应该认识自己班里的每一名同学，叫出每名学生的名字，熟悉每个人的个性和学习特点。也就是说，对班主任来说，他不应该只看到群体，而应该看到各具特色的个体。只有这样，他才能更好地管理这个班级，因材施教，发挥每一位同学的特长，保证他们都考出更好的成绩来。

视觉与色觉之间，就类似个体与群体的关系。每个人的眼睛都相当于一位班主任，可见光就相当于班里的那群学生。眼睛只看到可见光是远远不够的，还应该能够细致分辨可见光中的每一个成分，唯其如此，才能将视觉的作用发挥到极致，为机体提供强大的生存优势。而区分每一种光波的最好办法，就是分别赋予它们不同的色彩。

这时又出现了一个极其基本的问题：不同的事物为什么会呈现不同的色彩？

百科全书式的亚里士多德早就思考过这个问题，他认为颜色是光明与黑暗、白色与黑色按比例混合的结果。这个说法相当模糊，却流行了两千多年而没有遭到质疑。直到1655年，意大利数学家弗朗西斯科・格里马第在观察肥皂泡上的衍射现象时，第一次对色彩进行了严肃讨论。格里马第的结论是：不同的色彩是由不同频率的光波造成的。胡克对于这一论述很有兴趣，他当时还是籍籍无名的小人物，正在英国著名化学家罗伯特・波义耳的实验室里打工。胡克设法重复了格里马第的工作，仔细观察了肥皂泡衍射的各种色彩，而这个奇怪研究意外惊动了波义耳。

波义耳于1627年出生于英国的贵族家庭，出生时家里已经有了十三个孩子。三岁时母亲不幸去世，由于缺乏母爱，波义耳从小体弱多病，有一次差点儿因为吃错药而丧命。波义耳从此下定决心——再也不要相信医生。他选择依靠自己，不但穷尽一切办法自修医学，而且到处寻找药方为自己治病。在这个过程中，波义耳渐渐对化学产生了浓厚的兴趣，最终成为一名伟大而傲慢的化学家。波义耳在其他科学领域也有不俗的成就，并在1680年当选为英国皇家学会会长，不过他因为讨厌宣誓仪式而拒绝就任。他所提出的波义耳定律，至今仍然是中学化学的重要内容。他研制的酸碱试纸，更是所有化学实验室里不可或缺的常备材料。

当时波义耳一定程度上思考了胡克的肥皂泡研究，并用一种不屑的口吻对胡克说：色彩只是光照产生的效果，是动物为其他事物贴上的标签，而不是事物的固有属性，色彩本身并没有特定意义。

波义耳的这个观点立即引发了关于色彩属性的激烈争论，以至于物理学家牛顿、哲学家黑格尔和文学家歌德三个似乎八竿子也打不到一起去的人物，也因为色彩理论而吵成一团。争吵的核心涉及两种截然不同的观点。格里马第认为颜色是由事物反射的不同频率的光波造成的，与观察者无关，颜色是事物的固有属性。假如我们用苹果作为事物的代表的话，格里马第的意思就是，苹果的颜色由苹果反射的光线决定，而与看苹果的人无关。这种观点可以称为客观颜色论。[17]

对应的观点则是主观颜色论，也就是波义耳的观点，认为颜色并非事物的固有属性，而是观察者视觉神经赋予的特征。换而言之，苹果的颜色由观察者决定，而与苹果无关。天才的笛卡尔也持同样的观点，他宣称：颜色只不过是外部世界的局部运动在我们的视觉神经中引起的感觉而已。直白点说，颜色就是一种幻觉。

波义耳的光学研究只是浅尝辄止，他的意义在于对牛顿的影响。牛顿直接因袭了波义耳留下的大量实验材料，进而提出了自己的颜色理论。

牛顿的伟大之处在于，他对每一个感兴趣的问题都会穷尽一切方法进行深入研究。他在1666年用棱镜将白光分解为七色光，标志着人类关于颜色的研究彻底摆脱了亚里士多德的影响，开始进入一个全新的阶段。牛顿并没有就此止步，而是继续展开后续研究。他让每一种色光单独通过第二块棱镜，结果发现，单独的色光不会继续分解，而是保持了原有的颜色；但将所有单色光重新汇聚时，又会生成白光。由此，牛顿得出了一个清晰的结论：白光是不同光线的混合物，不同的光线具有不同的颜色，这些颜色不因折射或反射而改变，也不因观察者的存在而改变。

由此可见，牛顿支持客观颜色论。

谁都没有想到，牛顿的颜色理论居然在多年以后遭到了歌德的猛烈批评，因为歌德是亚里士多德的忠实追随者。

当时歌德在欧洲的名声如日中天，《少年维特之烦恼》让他家喻户晓，《浮士德》又让他几乎封圣。他像当时的其他贵族一样涉猎广泛，对于自然科学也颇有兴趣，他对于进化论的一些观点，居然得到了达尔文的推崇。也就是说，歌德并不满足于当一名诗人和文艺理论家，同时还想成为博物学家，并对物理、化学、生物学以及显微镜等都有浓厚的兴趣。歌德对科学的兴趣并没有停留在口头上，他积极展开了大量研究，不过研究成果极少为人知晓，因为其中的内容——不能说是全部内容，但至少大部分内容都是错误的，毕竟他的本行是文学。不过，歌德本人并不这么认为，他的第一个科学目标就是超越牛顿，而超越牛顿的方法之一，就是打倒牛顿的光学，使自己在自然科学界一战成名。歌德之所以选择牛顿的光学而不是牛顿的力学作为标靶，大概是他的数学水平实在太差，根本无力与牛顿抗衡。但光学就不一样了，特别是涉及颜色本质的问题，确实存有一些信口开河的余地，这才成为歌德的首选目标。

歌德年轻时就自诩能以画家的眼光来观察自然，曾学习过绘画。在观摩了许多意大利古典画作之后，歌德不免自惭形秽，从此不再作画，不过对色彩的兴趣却丝毫未减，这也给了他攻击牛顿的底气。

为了研究色彩，歌德在1790年专门从朋友那里借了一块棱镜，毕竟牛顿也是从一块棱镜入门开始光学研究的。不过，歌德的事情太多，他把棱镜借回家之后就没用过，直到朋友向他讨还时，他才突然想起来光学研究的事情，于是匆匆忙忙拿出棱镜对着墙上照射了几下，并没有发现什么特别的现象，根本没有什么七色光出现。这让歌德大失所望，从那时起他就认定，牛顿死定了。然后歌德又把棱镜对准窗外，准备直接观察阳光，却意外发现窗棂两侧出现了几种色光。歌德认为那是他的全新发现，并据此推断，棱镜呈现的颜色并非牛顿所说的来自白光的分解，而是来自阳光与黑暗的撞击。

歌德充分发挥自己的文学特长，很快把相关观点拼凑成了两篇光学论文，公开向牛顿光学叫板，结果根本没有人买账。歌德居然还不死心，竟于

1810年出版了一本专著《颜色论》，系统表达自己的观点，同时向牛顿火力全开，指责牛顿是顽固不化的诡辩家，不会做实验，也不会数学公式，牛顿的颜色理论完全是空想和幻觉，充满了欺骗和废话，牛顿简直是科学史上的无耻之徒，等等。至于牛顿的支持者，还有那些什么都不懂的物理学家，歌德认为他们都应该穿上特制的服装，以便与常人区别开来，免得让人讨厌。

文学家一发飙，科学家全傻掉。

歌德不但猛烈抨击了牛顿，同时还毫不谦虚地夸赞了自己。他宣称自己的颜色理论是空前绝后的唯一正确的理论，《颜色论》是自己耗费半生心血的集大成之作，是他所有作品中最厚的一部，同时也是最重要的一部。歌德自言自语道：作为一名诗人，我并没有什么值得自豪的地方，我真正自豪的是我成了我们这个时代最懂颜色科学的人。在这方面，我不但有点儿得意，而且有超乎常人的优越感。

可惜的是，歌德的优越感完全来自直觉，而非来自科学研究。歌德认为科学家的那一套，比如冰冷的仪器和死板的数学，只会玷污人类对于自然的美妙体验。在他看来，研究颜色只需要仔细观察和健全的大脑，至于什么科学仪器和什么数学公式，纯属多余。[18]

明白了歌德研究颜色的方法和态度，我们自然也就明白了歌德颜色理论的价值。事实已经给出了答案。由于歌德大名远扬，许多物理学家急忙拜读他的光学著作，据说托马斯 · 杨也是读者之一。结果可想而知，尽管歌德的文学水平无可挑剔，但他的科学见解实在与其文学水平不成正比。歌德发现的一些光学现象完全可以用牛顿光学来解释，根本就没有什么新颖之处，却被歌德当成宝贝，用华丽的文笔反复宣扬。歌德仍然死守着亚里士多德等人的古老观点，相信颜色是光明与黑暗相互渗透的表现。至于一些更为深刻的问题，歌德则采取了“鸵鸟政策”。他相信有些“原始现象”不需要解释，比如为什么光明和黑暗相互渗透会产生颜色，就属于多余的问题。对此，物理学家所能做的，只能是强忍着不笑，然后假装这部著作根本不存在，不予批评，也不予反对。倒是科学史专家往往会对这段故事津津乐道，科学史上有趣的事情不多，像歌德研究颜色这么有趣的事情，更是少之又少，不拿出来分享一下，简直对不起他老人家的一片苦心。

虽然我们不好意思说歌德的颜色研究是搞伪科学，但他的做法跟伪科学其实也差不多。毕竟他的科学素养不足以支撑他的科学野心，所以很难得到科学界的认可。有意思的是，歌德的主张意外地得到了哲学家黑格尔的认可，因为黑格尔也不懂科学。黑格尔曾经得到过歌德的提携，在哲学上黑格尔帮不了歌德什么忙，但在科学上吹捧几句是理所当然的事情。[19] 如果非要给黑格尔找一点儿正当的理由，我们只能说光明与黑暗相互渗透的说法非常符合辩证法的口味。所以，黑格尔大力支持歌德的颜色理论，恨不得让歌德取代牛顿在科学史上的地位，幸好他没有这个能力，当然也没有这个权力。

歌德的加入，只是颜色理论争论中的一个小小的旋涡，很快就归于平息，人们继续追寻颜色的本质，直到麦克斯韦推导出光是一种电磁波，赫兹用实验证明了电磁理论，大家才猛然发现，颜色与光的波长有关，不同波长的光就会表现出不同的颜色。不过，主观颜色论与客观颜色论的争议仍然没有平息，就算大家知道了波长与颜色之间的关系，两派理论之间的鸿沟却一直没有被抹平。

目前，在颜色科学中占据主流的观点是主观颜色论，也是大多数神经生理学家坚持的观点，他们一致认为颜色不是事物的属性，而是人的视觉系统和大脑的神经调节功能共同作用的结果。因为视网膜中分布着三种不同的光敏细胞，产生的信号差异导致的不同通道及其组合，最终才会让大脑认为自己看到了不同的颜色。

由此推导出的结果则是，颜色所具有的丰富性不再来自事物，而是来自神经。这一思路进一步发展，就会讨论无光波刺激的颜色产生机制，比如对眼球施以某种压力，通过药物或对大脑特定细胞进行电击刺激等，尽管没有任何光线输入，大脑仍会产生颜色感觉。

客观颜色论则认为，颜色就是事物的固有属性。准确地说，颜色是事物表面分子结构吸收和反射不同波长光线的总和。有的光谱被吸收，即所谓吸收光谱。有的光谱被拒绝，被拒绝的光谱只能掉头离开，等于被反射掉了，那就是反射光谱。不同物质具有不同的反射光谱，就会呈现不同的色彩，所以颜色是吸收光谱与反射光谱的总和。由于在不同的光照条件下，物体仍可具有近似的颜色，而不会随意变来变去，因此颜色属于物理性质。虽然视觉以及神经系统确实有调节作用，但是这种调节由被物体表面反射，最终到达眼睛的光线所决定，而反射光谱恰恰是预先确定的，[20]与神经的调节无关，神经系统无法凭空给事物标定一个颜色。

现在看来，两派仍将继续争论下去，或许颜色理论需要一个像爱因斯坦那样的伟大学者，对两派观点进行一次有力的综合，否则很难获得确定的结论。

尽管如此，我们仍然可以继续讨论另一个与颜色相关的问题。不管事物如何呈现自己的颜色，对于光线的接收者来说，动物该如何辨别不同的颜色呢？

第一个试图用科学解释这个问题的人是托马斯·杨。

托马斯·杨在宣传双缝干涉实验失败之后并没有气馁，而是继续研究光的色彩问题。在牛顿棱镜实验的基础上，托马斯·杨发现，几乎所有颜色的光都可以通过红光、绿光、蓝光合成，这就是所谓的三原色体系，又叫作红蓝绿体系。把三原色等比例叠加，就可以得到灰色。当把三原色的饱和度调到最大时，则得到白色。托马斯·杨的心中由此产生了一个巨大的疑问：既然光只是不同频率的波，那么眼睛是怎样把波转变为颜色的呢？为了解决这个疑问，他解剖了牛的眼睛。在详细分析了牛眼结构之后，他认为眼睛里应该有三种不同的神经，分别对应感觉红光、绿光和蓝光。人们所看到的一切色彩，都可以由这三种神经混合处理而成。[21]

后来视神经研究不断进步，加上分子生物学的发展，三原色理论获得了明确的基因证据，居然证明了托马斯·杨的天才分析。

许多动物的视网膜中都有两类感光细胞，一类是能够感知颜色的视锥细胞，还有一类是不能感知颜色的视杆细胞。顾名思义，视杆细胞就是杆状的视觉细胞，主要功能是感受光线的明暗。到了黄昏或者夜晚时分，由于光线减弱，弱到视锥细胞无法分辨色彩时，视杆细胞则开始活跃起来。所以，我们在微弱的光线下只能辨别物体的形状，而无法分辨它们的色彩。

为了适应夜间生活的需要，夜行动物的眼睛中一般都含有大量的视杆细胞，在夜间也能够清晰视物。有些独特的夜行动物，甚至能在夜间分辨颜色，比如壁虎。当然你不必羡慕它们，因为它们其实是视觉功能进化的牺牲品。

壁虎的祖先原本只在白天行动，对视杆细胞的依赖性并不强，所以慢慢失去了视杆细胞。后来随着时间的不断推进，爬行动物丢掉了陆地统治地位，不得不转入夜间活动时，壁虎的视网膜中只剩下了视锥细胞。为了在夜间感受更多的光线，壁虎采取了一种折中的进化策略，即不断将视锥细胞拉长，如此一来，其视锥细胞就可以同时兼具视杆细胞的功能。结果是，尽管壁虎只有一种感光细胞，却具备了两种感光细胞的功能，居然在夜间也能看到颜色。不过天下没有免费的午餐，壁虎为超级视觉付出的代价是视觉的精确度严重下降。对于壁虎来说，整个世界都像是被打上了马赛克。

所以，把视锥细胞拉长并不是提高视觉的有效策略，要想分辨不同的颜色，还是需要专门的视锥细胞。

那么视锥细胞是如何区分不同颜色的呢？

视锥细胞对色彩的感知离不开视黄醛，视黄醛必须与视蛋白结合，才能更好地发挥光电效应。不过视黄醛并不是只与一种视蛋白结合，而是与好几种视蛋白结合。视蛋白本身并不会接受光子，它们只是对视黄醛分子产生一定的扭曲作用。随着扭曲的程度不同，视黄醛就会与不同波长的光子起反应，所以每种视蛋白与视黄醛的复合体都有独特的吸收光谱。

问题是光谱几乎可以无穷细分，而视锥细胞不可能提供无穷多的视蛋白。正确的做法是对光谱进行简并处理，笼统地把光波分为几大类。就像一个学校有几百个学生，按照年龄笼统地分为几个班级后，信息量就会呈数量级减少。视锥细胞会在特定的波长范围内选取一个代表性的色觉，以代表整个波段，就像在班级中选出一个班长一样，这样管理起来就轻松多了。从这种意义上说，我们的眼睛看似精妙，其实是偷工减料的好手。马马虎虎勉强对付，是眼睛的重要工作原则。红光、蓝光、绿光就是那三个被选出来的光波代表，其他波段的光波，都被简并掉了。

与简并的光波相对应，视锥细胞也被分为三类。红色视锥细胞含有能够感受红光的视蛋白复合体，可以把红光信号转变为红色电信号交给视神经。同样的道理，绿色和蓝色视锥细胞也可以完成各自的光电信号转换工作。以人类为例，我们的视网膜中就含有三种视锥细胞，分别称为蓝色敏感细胞、绿色敏感细胞和红色敏感细胞。[22] 不同波长的光线，也就是不同颜色的光线，主要是红光、蓝光、绿光三种光线，将对应激活这三种敏感细胞。因此人类能够感受到三种不同的颜色，以及三种颜色的混合颜色，这就是所谓的三色视觉。

不同视锥细胞的不同感光能力取决于不同的视蛋白，而不同的视蛋白则受到不同感光基因的控制。由此可知，动物的色觉也受到基因的控制。其中负责蓝色的视蛋白基因位于第七对染色体上。而负责红色和绿色的视蛋白基因位于X染色体上。也就是说，红色与绿色的感光能力与动物的性别有关，这就是所谓的伴性遗传。三种基因都正常的动物就拥有正常色觉，否则就存在不同程度的色盲或色弱。

科学家对视觉基因的序列分析表明，大约四亿年前生物体内就已经有了四种色觉的基因，也就是在三色视觉的基础上再加一个紫外视觉。这是一个令人震惊的发现，它表明从那时起，生物就可以观察到彩色的世界，而且比现在人类见到的世界更加绚丽。此后包括昆虫、鱼类、爬行类和鸟类等动物，都能看到紫外线。也就是说，紫外视觉与三色视觉一样，其实是一种普遍的视觉能力，后来的进化只不过是这些视觉能力反复丢失又重拾的过程。生命正是通过这种奇特的方式，不断组合不同的视觉能力，以此感受不同的色彩。

这是一个艰难而曲折的过程，无数生命为之付出了沉重的代价，无论错误的视觉还是错误的体色，都会遭到淘汰。正是自然之笔的不断涂写，才塑造了我们观察世界的独特能力，同时也塑造了非凡的生命色彩，绿色便是其中最特别的代表。

谈到绿色，许多人都会想到郁郁葱葱的森林和无边无际的草原。那绝不是静态的摆设，而是为整个自然界奠定了绿色的基调。有意思的是，我们的头发却偏偏不是绿色的。在这格格不入的两种生物现象之间，必然存在某种隐蔽的关联。

要想接近真相，我们就要深入了解光合作用的机制，理解绿色的树叶与动物体色之间的因果关系。那就是我们解决问题的第二步——从绿色的树叶说起。

第二章

树叶、毛发和恐龙

如果天气晴好、春光普照，你从飞机上俯瞰大地，会发现草原与森林一片葱绿，从江南到塞北，莫不如此；不只从空间尺度上是这样，从时间尺度上也是如此。无论是古生代的裸子植物还是新生代的被子植物，甚至是更早的蕨类植物；无论低矮的灌木还是高大的乔木，柔弱的小草还是肥厚的仙人掌，匍匐的藤蔓还是笔直的青竹，它们的叶片都是绿色的。这时一个基本问题就摆了出来：为什么植物的色彩会如此单调，并且主要是绿色，而不是其他颜色呢？绿色何德何能，居然能够一统植物世界？

仅从生化层面而言，植物呈现绿色的原因在于叶片中含有大量的叶绿体，而叶绿体中又含有大量的叶绿素。

叶绿素是阳光和生命之间最重要的能量转换枢纽。光子通过叶绿素驱动着此起彼伏的光合作用，不断地将水和二氧化碳转化为糖，为整个生态系统提供足够的营养与能量支撑。正是叶绿素日夜不停地工作，地球的生命系统才得以维持。从这种意义上说，叶绿素是整个生态系统的英雄。

我们的肉眼看不到叶绿素分子，叶绿素分子和蝌蚪很像，都有一个圆圆的脑袋，拖着一条短小的尾巴。蝌蚪以不断捕食浮游生物为生，而叶绿素则需要不断捕捉光子，并用一套特殊的设备将光能固定下来。

固定光能的前提是叶绿素要与光子发生反应。

叶绿素与光子反应的原理和视黄醛与光子反应的原理相同——都是通过共轭双键与光子发生作用，只不过共轭双键的数量不同而已。叶绿素的头部是一个卟啉环，卟啉环由四个吡咯环组成。所谓吡咯环，就是以碳原子和氮原子为骨架组成的一个五边形的环状分子，每个环里都含有一对共轭双键。四个吡咯环就像四张扑克牌，对角相互连接在一起，构成卟啉环的主体框架，所以，卟啉环就相当于共轭双键的集合体。许多色素分子都采用类似的设计方案，就连动物体内的血红素也不例外，不过是在分子架构上略作修改而已。叶绿素的卟啉环中央是一个镁原子，所以叫作镁卟啉；血红素则换成了铁原子，所以叫作铁卟啉；镁原子和铁原子都对卟啉环起到了稳定作用。

既然卟啉环含有大量的共轭双键，当然可以与光子发生反应，而且可以与不同的光子发生反应。由于叶绿素分子包括多种不同的原子，彼此存在纠缠不清的相互作用，所以共轭双键系统也极其复杂，可以吸收较宽的光谱，存在好几个吸收峰，典型的如红光和蓝光等，却唯独不会吸收绿光。正因为叶绿素不会吸收绿光，而是将它反射回去，所以叶片总体呈现绿色。

根据吸收光波的细节不同，叶绿素又可以分为四大类，分别是叶绿素a、叶绿素b、叶绿素c、叶绿素d。其中叶绿素a呈蓝绿色，叶绿素b呈黄绿色，两者都是植物叶片中的主要色素。至于叶绿素c和叶绿素d，则主要存在于低等光合生物，比如红藻和褐藻中。无论哪种叶绿素结构，都不会吸收绿光。

除了卟啉环构成的叶绿素系统，植物体内还有一大类色素系统，那就是以异戊二烯为核心的线状共轭双键系统，主要以类胡萝卜素为代表。

类胡萝卜素是一大类分子结构相近的色素的总称，它的分子结构不像蝌蚪，而更像一条曲折爬行的蛇。其分子结构呈线状，其中同样含有大量的共轭双键，因为最初从胡萝卜根中分离纯化而来，故名胡萝卜素。此后，研究人员又陆续从不同的植物体内分离出了一系列类似的色素，故统称为类胡萝卜素。迄今为止，研究人员发现的类胡萝卜素已达六百多种，主要以α-胡萝卜素、β-胡萝卜素、叶黄素、玉米黄质、番茄红素等形式存在。类胡萝卜素可以吸收从紫光到绿光（400~550nm）的大部分光线，却无法吸收红光与黄光，所以看起来色彩多样，有橙色、黄色、红色等，就是不会呈现绿色。也就是说，类胡萝卜素与叶绿素的吸收光谱正好形成完美的互补。后面我们会看到，那正是自然选择精心设计的结果，绝非偶然。

植物叶片中其实同时含有叶绿素和类胡萝卜素，我们之所以常常看到绿色的树叶，是因为叶绿素反射了大量的绿光，其数量之大，甚至彻底淹没了类胡萝卜素反射的红光。只有在特殊环境中，当叶绿素被大量分解时，我们才能看到类胡萝卜素反射的光线，那时树叶就会呈现红色。

绿色的叶片意味着植物放弃了绿光。很少有人意识到，这一现象隐藏着巨大的不合理性，因为绿光的能量并不低。比绿光能量更高的蓝光，以及能量更低的红光，都被叶绿素吸收了，[23] 为何偏偏绿光被放弃了呢？更为奇怪的是，绿光的光合效率和红光的相近，对二氧化碳的固定效果甚至要比红光和蓝光都好。[24] 也就是说，绿光并不是可有可无的垃圾。真正高效的植物，应该把所有光线全部吸收，使树叶看起来是黑色的才对，可事实上为什么不是这样呢？

简而言之，我们必须为高等植物放弃绿光寻找合适的理由。或者说，必然有一种自然选择的压力迫使高等植物放弃了绿光。

这种压力来自哪里呢？有三种理论试图解释植物的选择。

第一种观点认为，这没什么好奇怪的，进化并不总是能给出最高效的设计，而只能依靠现有的分子提供相对合理的设计。之所以没有出现黑色的树叶，是因为植物还没有进化出吸收所有光波的能力。叶绿素舍弃了绿光，看似浪费，却已经是性价比很高的选择了。

第二种观点认为，虽然红光波长较长、能量较低，但是架不住红光资源丰富，量大料足，所以植物偏爱红光；至于蓝光，虽然不如红光量大，但是能量较高，也得到了植物的青睐。只有夹在中间的绿光，能量和数量都不突出，就像班里的中等生，就被忽略了。

第三种观点认为，空气中二氧化碳的浓度制约了叶绿素的吸收光谱，因为二氧化碳的浓度存在上限，所以叶绿素的光合作用再强也没有意义，当然没有必要吸收所有光线，舍弃绿光是一种明智的选择。

这三种观点听起来都有道理，却未必正确。不是说某一种理论不正确，而是以上所有理论都不正确。我们只要以一根黑色的海带为例，就足以将这三种观点全部推翻。黑色的海带意味着海洋植物可以吸收几乎所有的光波，那么陆生植物为什么不可以？

海带长年生活在深水区，那里光线微弱，水温较低，海带必须努力吸收大量光线才能满足自身需要，所以其体内不含叶绿素 a 和叶绿素 b，而是含有大量的叶绿素c，或者岩藻黄素，还有藻胆素等色素。在这些色素的综合作用下，海带几乎可以吸收所有可见光，[25]正因为如此，它们的叶状体看起来确实接近黑色，那才是理想的光合作用色彩。也就是说，植物早就进化出了吸收所有光线的能力，但在四亿多年前，只有绿色植物成功登陆，其他类型的植物仍主要生活在海洋中，这说明绿色植物在进化过程中必定存在巨大的优势，否则不足以压制其他光合生物占领陆地。

那么，绿色植物的优势到底是什么呢？

高等植物放弃绿光的终极原因，恐怕要从更早的时间，即生命起源之初谈起。

在浩渺的海洋下面，早就孕育了某种生物，它们以奇特的方式决定了亿万年后生命的色彩，其中的逻辑离奇曲折却真实存在。

假如树叶是黑色的

在1977年之前，没有人知道在幽暗的海洋深处居然封存着一个神秘的世界，直到一艘执行科考任务的美国深海探测器到加拉帕戈斯群岛附近作业，才意外地在两千五百米的海底发现了一个火山口，之前人们对此一无所知。对深海火山口生物群的研究，为我们揭示了一个全新的世界。

深海火山一般呈集群分布，其上密布着大大小小的管状火山口，就像工厂上空的黑烟囱，火山口的直径从几厘米到几米不等。火山口附近的水温最高可达400℃，周围存活着大量的微生物。这些微生物极其依赖火山口的热量，一旦被推到外围常温海水中，就会被“冻死”，因此被称为嗜热菌。嗜热菌大约在三十五亿年前就已成为海底火山口的常客，最初它们利用火山口喷出来的硫化氢，从中抽取化学能量。

硫化氢之所以能成为嗜热菌的食物，主要是因为其化学性质比较活跃，缺点是往往局限在火山口附近。所以，深海火山口附近才会成为原始生命的起源地。原始生命一旦在火山口附近形成，就会触发进化的扳机。那些原始生命不断逃离火山口，借助海洋的力量四处扩散，同时也立即面临一个现实的问题——远离火山口之后，它们该如何获取新的能量呢？

远在一亿五千万公里之外的太阳发出的光线很快成为替代能源。只要开发出利用阳光的能力，就可以迅速推动生命升级。那只是分子重组的一小步，却是生命进化的一大步。

与海底火山口相比，阳光的优势极其明显——几乎没有区域限制，而且几乎没有数量限制。原始生命只要学会利用光能，就可以在任何有阳光的地方展开生命活动，无论陆地还是海洋。因此，利用阳光成为原始生命的重要进化目标。大批可以进行光合作用的生物就此应运而生，它们分布在不同的海水层，吸收不同的光谱，采用不同的光合机制，制造不同的光合产物，唯一的共同点就是从阳光中获取能量，因此统称为光合细菌，其中最重要的先锋生物是紫细菌。

紫细菌是第一批学会进行光合作用的生物。之所以叫作紫细菌，因为它们看起来是紫色的，也就是说，紫细菌放弃了紫光。原因很简单，那并不是与其他生物竞争的结果，而是与海水竞争的结果。海水会吸收大部分紫光，紫细菌只能放弃紫光，转而利用没有被海水吸收的光谱。正因为如此，紫细菌的光合色素叫作细菌视紫红质，那是许多动植物色素的共同祖先。

细菌视紫红质的吸收峰非常宽泛，特别是在560nm处有最大吸收，而那是绿光的主要区域。

也就是说，紫细菌主要吸收绿光。

现在请你像记自己的银行卡密码一样牢牢地记住这一点，这将是解释绿色植物的重要切入口。

随着紫细菌的不断进化，终于，另一种光合细菌出现了，它就是蓝细菌。一般认为，蓝细菌是第一种可以通过光合作用产生氧气的生命形式。从不会产生氧气的紫细菌到会产生氧气的蓝细菌，大自然用了整整十亿年时间。

为什么产生氧气的光合作用要经过如此漫长的岁月才演化出来？因为产生氧气的化学反应很难发生。

光合系统受到光子攻击后会失去电子，从而形成电子空缺，这种状态很不稳定，光合系统迫切需要从其他物质那里夺取电子弥补空缺，才可以重新恢复稳定状态。提供候补电子的物质就叫作电子供体。有些紫细菌一直使用硫化氢作为电子供体，直至如今依然如此。硫化氢可以被光合系统裂解为三个产物，分别是电子、质子和硫。这个反应相对比较容易进行，所以硫化氢才会成为光合系统首选的电子供体。

稍作对比，我们就会发现，硫化氢的分子结构与氧化氢的非常相似。如果你对氧化氢不太熟悉，那你一定熟悉它的别名，那就是水。简单观察一下硫化氢与氧化氢的化学分子式（硫化氢为H_2S，氧化氢为H_2O），我们就可以看出，两者的差异不过在于硫化氢以S替代了O而已。硫与氧其实是同一个家族的元素，它们的外层电子数相同，因而化学性质相似，但硫对电子的束缚能力要弱于氧，导致硫化氢的化学性质要比氧化氢（水）更活跃，因此更容易失去电子。也就是说，当硫化氢和氧化氢同时存在时，生物更倾向于使用硫化氢作为电子供体，而不是水。尽管水分子无处不在，却一直不在生物进行光合作用的计划范围之内，因为水分子很难裂解。

利用硫化氢的光合作用当然无法产生氧气，只会把硫单质释放出来。但是，喜欢硫化氢的光合细菌面临着一个巨大的困境，它们为了接受光能，就必须生活在浅海地区，而浅海地区又远离海底火山口，特别是在光合细菌提高采光效率以后，硫化氢很快就会消耗殆尽。寻找新的光合作用原材料成为当务之急，让无处不在的水分子来替代硫化氢分子就这样被提上了日程。

水分子的化学结构极其稳定。我们每天都会烧开水，除了被烫着，从没有人被开水电到过，因为水分子将电子紧紧地束缚着，电子不会轻易逃逸。无数实验室现在仍然在为裂解水分子而不断努力，但到目前为止，石油依然很贵，就是因为水分子结构稳定，很难为人类提供清洁而廉价的能源。

既然从水分子中夺取电子非常困难，要想利用水分子替代硫化氢分子，光合细菌就必须开发出能力更强的电子捕捉装置。在长达十亿年的时间里，它们都没有找到很好的办法。直到蓝细菌出现，解决这一问题才突然有了转机，因为蓝细菌学会了利用锰。

锰是一种相当生猛的化学元素，一言不合就会释放电子。遭到光子攻击时，锰更是二话不说，立即交出电子投降。当蓝细菌发现了这个宝贝之后，便很快设法将它整合到光合系统中。一旦锰原子被光照失去电子，就会毫不客气地从其他化合物中夺取电子，以弥补自身的电子损失，于是水分子就这样被锰离子强行裂解，成了最终的“牺牲品”。

只要光合细菌学会利用氧化氢替代硫化氢，就不会再释放S单质，而是释放O单质，也就是氧气，外加一个质子和一对电子。质子和电子另有重用，只有氧气作为副产品而白白流失，源源不断地进入大气中，数亿年以来从未间断。

由于水分子无处不在，阳光也无处不在，产生氧气的光合作用根本不用担心原材料问题，这是蓝细菌取得重大成功的前提。而蓝细菌的成功，同时也意味着地球大气中的氧气浓度不断提升，由此而产生了一系列意想不到的连锁反应。

氧气首先和矿石中的金属元素结合，大地第一次因为氧化而不断变色，不过那次伟大的变色过程无人旁观。

当反应性能活泼的金属元素被氧化消耗殆尽时，多余的氧气就在空气中堆积起来。大气中的氧气浓度不断上升，在数千万年的时间里就从大气总量的百万分之一上升到百分之二十，整整提升了二十多万倍。对比一下火星大气，我们就可以明白地球大气成分的变化有多么惊人。当前火星空气中的二氧化碳比例高达95%以上，而地球大气中的二氧化碳比例已经下降到了0.03%，减少的部分都被光合作用消耗掉了，由此可以产生多少氧气，也就可想而知了。

在没有氧气之前，原始地球暴露在强烈的紫外线照射之下，生命只能依靠水来屏蔽紫外线。当氧气出现之后，大气成分不断改变，氧气的含量逐渐增加，并且在紫外线的作用下形成了臭氧。臭氧层则可以吸收大量的紫外线，削弱紫外线对地表生命的杀伤力，为高等植物登陆创造了有利条件。

高等植物一旦登陆，不但可以通过叶绿体持续产生氧气，而且可以通过线粒体消耗氧气，并将有机物质分解为二氧化碳和水，为地球提供了一个宏观的循环体系，使生态圈得以可持续发展。

在叶绿体和线粒体的共同作用下，地球的氧气含量维持着微妙的平衡，数亿年来没有发生较大的波动。氧气浓度既不会太高，也不会太低，而是恰好适合动物与植物的共同需求。如果氧气浓度再高一些，草原和森林就很容易发生自燃，地球将变成一个巨大的火球；如果氧气浓度再低一些，就会影响动物的代谢效率，甚至造成致命的伤害。目前，大气中的氧气平衡已经受到人类活动的强烈影响，出现相对剧烈的波动，这是现代社会需要关注的重要议题。

回顾一下紫细菌和蓝细菌的进化次序，我们可以发现紫细菌比蓝细菌提前十亿年登上生命舞台。既然紫细菌大量吸收绿光，此后出现的蓝细菌要想更好地存活下去，就必须避免与紫细菌竞争相同的光源，它们只能放弃绿光，转而吸收被紫细菌忽略的光源，那就是处于绿色光谱两侧的红色和蓝色光谱——原本是被紫细菌摒弃不用的垃圾光谱。蓝细菌是一切高等植物的祖先，所有陆生植物的叶绿体全部是由蓝细菌进化而来的，它们采用的光合策略与蓝细菌的几乎相同，自然也要放弃绿光，这就是所有高等植物的叶片全部呈现绿色的根本原因。不过这种策略居然歪打正着，最终帮助高等植物称霸世界，塑造了地球陆地的基本色调——绿色。

我把这个理论称为光源竞争理论，这一理论似乎可以完美地解释高等植物为什么主要是绿色的，而不是其他颜色的。

光源竞争理论虽然合情合理，而且有着光合作用进化链条的支持，几乎没有漏洞，却仍然难以令人满意。

既然绿光具有较高的能量，对光合作用也有极强的利用价值，那为什么高等植物在登陆之后的数亿年间，居然没有对光合系统做出改进以吸收绿光呢？如果考虑到高等植物一直在修改光合系统，这件事情就显得尤为奇怪。迄今为止，高等植物对叶绿素的所有修改都巧妙地避开了绿色光源，这才是真正让人感到奇怪的地方。

在绿色背后，必然隐藏着更多不为人知的秘密。

事实上，高等植物不是没有能力吸收绿光，而是必须考虑吸收绿光的代价。

阳光照射植物，就像河水流过沙滩，会留下许多难以察觉的痕迹。陆地上的光照强度明显比海水中的强烈，而阳光对于植物并非有益无害，尤其是强烈的光照，会对植物造成严重的伤害，并制造两大副产品：一是大量的氧自由基，一是大量的热能。任何一种副产品积累过度，都会对植物造成致命的威胁。如何处理自由基和热能，是摆在高等植物面前的重要任务，否则它们很难在陆地站稳脚跟。

散热是一个物理问题，植物也用物理策略来加以解决。解决的策略就是叶片要么很细，要么很薄。又轻又薄的树叶一方面可以最大限度地吸收阳光，一方面又能够最大限度地散热。加上叶片表面布满了气孔，可以持续不断地蒸发水分，同时借助风的力量，随时带走多余的热量。在几种因素的共同作用下，植物才把叶片温度控制在合理的范围之内。我们触摸植物的叶片时，从来不会觉得烫手，说明植物叶片从来没有出现过温度失控的情况。

对自由基的处理就稍显麻烦。作为光合作用的原材料，大气中的二氧化碳浓度是限制整个过程的关键因素。当原材料供应达到上限时，多余的阳光并不能制造更多的营养。光合作用强度达到最高点的光照就是光饱和点，就像人吃饱了饭一样，实在不能再撑了。超过光饱和点后，过量的光线就会对叶片造成伤害。在自然环境中，光照经常超过光饱和点，有时叶片接受的阳光有三分之二都是多余的，而多余的阳光会对光合作用产生明显的抑制作用，甚至分解光合系统，同时产生大量的氧自由基，造成严重的代谢紊乱，直至危及整个植株的健康。[26]

所谓自由基，就是含有未配对电子的分子，这种分子总想从别处拉一个电子过来配对，这样就对其他分子造成了危害。自由基的种类很多，最常见的当属氧自由基。因为氧气对机体不可或缺，所以氧自由基也如同鬼魅一般难以清除。

氧自由基又叫激发态分子氧，其典型特征就是具有高度的反应能力和不稳定性，就像到处惹是生非的恶棍，随时准备欺负其他分子，破坏其他分子的电荷平衡。

如何处理氧自由基是所有生物都要面临的重要挑战，机体所能做的只能是将它们不断淬灭。当氧自由基的产生与淬灭处于平衡状态时，生物体就运行良好，不会出什么大的差错，但在应激条件下，机体突然遭到恶劣环境的打击——比如寒冷或者光照过强时——就会影响机体对自由基进行清除的工作，这不但会对蛋白质和脂肪造成巨大危害，甚至直接影响到DNA的安全。

对于植物叶片来说，清除自由基的工作尤为迫切，因为叶片中的氧气浓度在所有机体中最高，并且要日夜不停地进行各种生化反应，几乎没有休息的机会。

不幸的是，叶片应对氧自由基的策略并不多，它们只能呆呆地立在阳光下，无人打伞，而且无处可逃，除了求助于色彩，还有什么办法能帮助它们减少阳光的伤害呢？有些维生素，比如维生素C和维生素E，都可以强力去除氧自由基，但它们都是在伤害发生以后起一定的修补作用的。

为了健康生长，植物必须防患于未然，真正有效的手段，是在造成伤害之前就减少阳光的吸收。假如树叶是黑色的话，就会吸收包括绿光在内的所有光线，在强烈的阳光下将很快被晒成枯叶，这对植物来说无疑是一种灾难。为了减少伤害，植物必须放弃部分多余的光源，而不是像在海水中那样来者不拒。毕竟水生藻类不必担心叶片过热，而且海水中的光线资源有限，浪费可惜。陆生植物则面对截然不同的情况，在阳光的直射之下，它们必须有所取舍，绿光就是被舍弃的部分。之所以舍弃绿光而不是舍弃蓝光或者红光，是因为它们的祖先蓝细菌就已经舍弃了绿光，后来的植物只不过是顺水推舟继续舍弃绿光而已。

这才是植物叶片呈现绿色的终极原因。

一言以蔽之，陆生植物为了保护叶片免受过度光照的伤害，权衡利弊之后，不得不放弃绿光。这种观点可以称为绿光伤害理论，它不需要引入过多的因素，就能很好地解释植物为什么是绿色的。

明白了绿色叶片的逻辑，我们就可以着手回答本书引言中那位小女孩提出的问题了：人类为什么没有绿色的头发？在绿色为主的植物世界里，绿色的头发可以起到很好的伪装作用，所以人类应该进化出绿色的头发才对，那么为什么没有呢？

从客观上来说，这个问题不应该在人类身上找原因。从分类学的角度来看，人类属于灵长目动物，而灵长目只是哺乳动物纲的一个分支，数量只占哺乳动物的十分之一。目前有记录的哺乳动物共有五千多种，绝大部分都身披毛发，但无论肉食动物还是草食动物，它们的毛发居然都不是绿色的！当我们将这种情况与漫山遍野郁郁葱葱的绿色植物相比时，就显得非常刺眼：绿色树丛中的绿色动物不是能够更好地隐蔽自己吗？

所以我们必须扩大问题的范围，把“我们（人类）为什么没有绿色的头发”，改成“哺乳动物为什么没有绿色的毛发”。如果这个问题得到了解决，人类头发的问题也就好办了。

那么哺乳动物为什么没有绿色的毛发呢？

只要我们头脑中浮现了这个问题，就已经开始触及问题的本质。因为无论鸟类、爬行动物还是昆虫，都有绿色的外衣。有绿色的蝗虫、绿色的鹦鹉，也有绿色的蜥蜴，但为什么偏偏没有绿色的哺乳动物？

这要从动物体色的生物学功能谈起。

花里胡哨的价值

哺乳动物虽然数量不多，却是生物圈中最成功的类群之一。从海里的鲸鱼到洞里的老鼠，从长相独特的犰狳到更加独特的鸭嘴兽，从浑身是刺的刺猬到赤身裸体的鼹鼠，从会跳的袋鼠到会飞的蝙蝠，都是哺乳动物，人类只是哺乳动物大家庭中的一员。

哺乳动物之所以被称为哺乳动物，是因为它们都会分泌乳汁来给后代哺乳，但那并不是我们讨论的重点。我们关注的是哺乳动物的另外一个重要特征，那就是覆盖在皮肤表面的毛发。

所有哺乳动物都有毛发，差异之处只在于毛发的数量与密度，或者生长的部位不同。比如红毛猩猩的毛发很长，而灰鼠的毛发则很短；北极狐的毛发很细密，非洲象的毛发则很稀疏。海里的鲸鱼为了减少水流的阻力，其毛发已经大幅退化，只在嘴边保留了一些具有触觉功能的硬须，用来感知水流的速度与方向。裸鼹鼠生活在地洞中，毛发数量也很少，看起来几乎赤身裸体，但我们只要仔细观察，仍然可以在它身上发现许多毛发的残留痕迹。至于号称裸猿的人类，则更是毛发簇生，如披似挂。没有哪种哺乳动物可以缺少毛发的点缀，那是哺乳动物赖以成功的基本前提。

毛发本质上是一种特化的表皮结构，本身并没有生命力，内部没有新陈代谢，也不需要循环系统提供氧气。事实上，它是可以被完全切除的赘生物，就像是鱼类的鳞片，主要对机体起到机械的保护作用。

当远古的动物从海洋走向陆地时，同时面临着几个前所未有的挑战：一是干燥的空气，二是有毒的氧气，三是强烈的光照，四是物理的磨损，五是极端的温度。为了全面应对挑战，动物必须强化自我保护，所以两栖动物的皮肤相对湿润，它们主要在水源附近活动，轻易不敢涉足干旱地带；爬行动物则披上了坚硬的角质鳞片，鳞片像铠甲一样将身体裹得严严实实；鸟类和哺乳动物则换上了一层厚厚的毛发。毛发不但可以保护皮肤不被荆棘划伤，而且可以应对其他挑战，夏天可以隔热，冬天可以保暖，简直就是一副功能全面的护具。

哺乳动物的皮肤中分布着大量的毛囊，毛囊由许多细长的细胞组成。这些细胞分为三层，一层套着一层，就像俄罗斯套娃一样。外层细胞起到支撑和保护的作用，最中间的一层是毛干，也就是毛发的主干。

毛干的生长具有明显的周期性。第一步是生长期，毛囊细胞会进入皮肤深处，刺激皮肤底层细胞迅速分裂，随着底层细胞越来越多，毛干就被顶出了体表。毛囊底部产生新细胞的时间越长，毛囊的生长周期也就越长，相应的毛干也就越长。当毛干长到一定长度时，毛囊就会停止产生毛干细胞，毛发的生长随之停止，毛囊底部的细胞就像葡萄干一样日渐萎缩，就此进入退化期。退化期往往很短，只需要几天时间就可完成。此后毛囊开始休眠，可以持续几个月。许多动物的毛囊在寒冷的冬天都处于休眠期，以此节省大量的蛋白质。待到天气转暖，营养供应充足时，新的生长信号随之产生，毛囊的休眠期才告结束，毛干再次进入生长期。所以哺乳动物的毛发会出现周期性生长现象。

毛发最初只是作为皮肤与外界环境的屏障，有毛发的皮肤不容易被抓伤或者被晒伤。不信你可以做一个简单的实验：把头发剃光，然后在仲夏的烈日下待上十分钟。你会立即体会到头发的保护效果。

随着毛发的不断演化，毛发的其他功能也被不断地挖掘出来。比如北极熊厚厚的毛发可以起到隔热保暖的作用；松鼠的毛发色泽与树皮相仿，则可以起到伪装作用；而对于在黑暗的洞穴中生活的鼠类来说，嘴边的触须还可以起到感觉的作用；至于刺猬和豪猪的刺，则可以为身体提供有效的保护。有些哺乳动物还将毛发发展为吸引异性的重要手段，比如雄狮子的鬃毛就可以尽显其阳刚之气，无论对于敌人还是配偶，都具有强大的震慑作用。正因为毛发的功能如此复杂而多样，所以毛发成为哺乳动物最重要的特征之一。

毛发中富含氨基酸，同时还夹杂着大量死亡的表皮细胞，外面包裹着一层半透明的皮质层，其中含有不同的色素，为毛发涂上不同的颜色。也就是说，毛发的颜色取决于色素，而色素由皮肤色素细胞合成，合成色素的酶则取决于细胞内部的基因。因此，哺乳动物的毛发颜色其实反映了基因的特征，是对自然环境的反应，绝非随意染色的结果。

对于名目众多的哺乳动物，我们不可能一一加以考察，并不断重复提问：老鼠为什么没有绿色的毛发？大象为什么没有绿色的毛发？兔子为什么没有绿色的毛发？……正确的方法是从哺乳动物中挑选两个重要代表，以它们为样本进行详细分析，问题就会得到大大简化，答案也会显得相对明确。

我们挑选的代表是狮子和羚羊。之所以重点分析这两种动物，是因为它们基本处于野生状态，较少受到人工选择的干扰，它们的体色都是长期进化的自然结果。更重要的是，它们一个是肉食动物，一个是草食动物，在相同的生态圈中存在激烈的生死竞争，因此，它们的毛发具有鲜明的代表性。

也就是说，我们只要弄清楚狮子和羚羊为什么没有绿色的毛发，基本上就弄清楚了哺乳动物为什么没有绿色的毛发。弄清楚了哺乳动物为什么没有绿色的毛发，基本上也就明白了人类为什么没有绿色的头发。这就是回答问题的基本思路。

要理解哺乳动物毛发的颜色，则要从动物体色的基本功能谈起。

除了水母之类的透明生物之外，所有生物都会呈现特定的体色。什么样的生物呈现什么样的颜色，必然符合自然选择的要求，否则就会无声无息地被自然选择所淘汰，甚至都不会收到一张死亡通知书。

总地来说，不同动物的不同体色，所有花里胡哨的色彩都有特定的功能。就像海上航行的货船使用的灯光语言，色彩也是一种语言——要么用来警告别人，最好不要随便靠近；要么用来炫耀，以便在求偶过程中大放异彩；要么用来保护自己，隐藏起来不让天敌发现。大体来说，动物的体色具有以下几大功能。

第一大功能是警戒作用。

所谓警戒色，就是使用极度鲜艳醒目的颜色，比如红色、橙色或者黄色等明亮的色彩，好像警告敌人：你可以看见我，我就在这里，但是我并不害怕，因为我身上有毒。你要是胆敢吃掉我，我们就同归于尽。你要是不想死，最好别惹我。当然我也不会惹你，因为我也不想死。

这就是警戒色的全部含义。

一般来说，只有被捕食者才会使用这套语言。为了警戒天敌，身披警戒色的动物往往同时具备三大特点：一是花纹醒目，色彩绚丽，容易让敌人看见并且记住。二是身体有毒，足以让敌人畏惧。三是体格弱小，打架不是别人的对手，因此需要特殊的自我保护措施。符合这三大要素的动物大多是一些昆虫、两栖动物、爬行动物、鸟类等小型动物。[27]美洲热带丛林中的毒箭蛙是典型的代表，它们形体虽小，体表却可以分泌剧毒的黏液，所以需要用鲜艳的色彩警告天敌切勿误食，否则后果自负。而且箭蛙的毒性强弱与其体表颜色的鲜艳程度有关，毒性越强，色彩越艳丽。[28]捕食者必须对有剧毒的箭蛙保持警惕，并牢牢记住它们的体色，尽量避而远之，饥不择食的鲁莽杀手早已埋在丛林深处无人祭奠。

有些青蛙并没有毒，皮肤却同样鲜艳亮丽，简直就是四处乱跳的好看的肉团，它们其实是在模仿有毒的青蛙欺骗天敌。那就像是一个危险的游戏，手里拿着一支仿真假枪威胁对手，固然能把对手吓得半死，可一旦被对手识破，很快就会面临被灭掉的危险。

不过捕食者也面临着两难选择，它们不知道好看的青蛙到底有没有毒。如果没毒，吃了固然好；但万一有毒呢，那可就连后悔的机会都没有了。而且捕食者没有试错的机会，它们不可能将每种青蛙都尝试一遍，然后选出无毒的品种作为主食。这时最安全的策略是对所有危险的颜色都避而远之，这就是无毒的青蛙可以通过鲜艳的体色蒙混过关的主要原因。

体色的第二大功能是展示与炫耀。

有些动物本身并没有毒性，却仍然进化出了一身华丽的体色，比如天堂鸟和孔雀。它们的色彩并不是为了警告别人，因为它们并没什么让对手畏惧的绝招。为了活命，它们只能在杀手来临之前就远走高飞。只要身体灵活，眼观六路、耳听八方，倒也不必担心体色造成的危险。此时它们的体色就具有了警戒之外的另一层作用，就是展示与炫耀。

视觉交流是动物的主要交流方式之一，它们主要通过体色来判断对方的身份，比如体格强弱、地位高低等。既然如此，许多动物就会借机利用体色炫耀自己的实力，以此增加被雌性选中的机会。[29]

为什么体色可以展示实力呢？

健康的体色其实来之不易，就像光鲜亮丽的名牌服装，同样需要付出巨大的代价来获取。体色取决于色素，而许多动物都需要通过食物来摄取色素，或者摄取相应的原材料，所以体色首先能体现动物的觅食能力。此外，体色还能表明身体健康状况，比如黑色素和类胡萝卜素在体内还能起到抗氧化作用，有助于提升免疫系统的活力。

事实上，色素的免疫功能和展示功能是一对矛盾，动物必须权衡利弊，用于维持免疫功能的色素越多，用于展示体色的色素就越少，反之亦然，只有足够丰富的色素才能保证足够鲜艳的体色，同时保证足够健康，所以体色可以全面展示身体状况，[30] 在生物学中，这叫作广告效应。

正因为如此，许多动物都会通过体色宣示实力，其中令人印象最深刻的当属雄孔雀，它们华丽的大尾巴既不能保暖，又不能帮助飞翔，只有一个作用，那就是通报自己的身体实力。通报对象既有雄性，也有雌性。对雄性的通报内容是：你看我的羽毛多么华美亮丽，说明我的身体比你强壮，你最好还是不要和我竞争了，免得自取其辱。而对雌性通报的内容则是：你看我的羽毛多么亮丽，在所有雄性中我最帅，和我交配绝对没错，肯定能生下最优质的后代。

由此可见，体色在动物繁殖过程中的作用绝对不可小觑。

既然如此，动物要想获得交配的机会，首要的任务是打扮自己。直到人类，这个原则都没有改变。然而事情还没有结束，打扮得再好，无人欣赏也不行，无论人类还是其他动物，都同样如此。所以打扮之后，还必须让对方发现，并通过色彩信号告知对方自己正处于发情期。因此，动物学家把色彩信号称为性信号。比如猴子鲜红的屁股就是典型的性信号，可以向其他个体表明自己不但身体强壮，而且正在发情，是个合格的交配对象。

很多鱼类也是利用体色达到宣示目的的行家。雌鱼和雄鱼具有不同的体色，不但标明自己的性别，而且标明对于交配的热切态度。如大海中的隆头鱼，雄性呈橙黄色，眼后有五六条蓝色条纹。而雌性通体红色，没有条纹。还有些鱼类到了繁殖季节，体色会变得更加鲜艳，尤其以雄鱼表现突出，而当生殖季节一过，其鲜艳的体色也会逐渐褪去。这种为了交配而展现的色彩，动物学家称为婚姻色。婚姻色其实是对交配能力的突击展示，也是色彩炫耀功能的另类表现形式。

如果说警戒色与炫耀色都比较张扬的话，那么体色的第三大功能就显得相对低调了，因为它主要是为了起到保护作用，与其对应的是保护色。

所谓保护色，就是动物使自己与环境混为一体的颜色。

保护色与警戒色的机制相反，警戒色是为了让敌人发现自己，但敌人只能看看，不敢下口。保护色则是为了避免被敌人看见，因此敌人无从下口。保护色与婚姻色也不同，婚姻色是为了让雌性欣赏，保护色则连雌性也要屏蔽，否则很难起到有效的保护作用。[31] 比如珊瑚礁中的海鱼往往色彩艳丽，花纹多样，它们游走在美丽的珊瑚丛中，就像一块块彩色的碎片，很难被捕食者发现，这就是典型的保护色效果。有些体型较大的动物，比如黑白花奶牛和熊猫，就通过较大的花纹把自己的身体分成不同的板块，从而起到隐藏整个身体轮廓的作用。形体越大，板块越大，保护的效果也就越好。这在动物学中叫作变形机制。[32] 肉多味美的草食动物大多需要通过变形机制来保护自己，比如山羊便是如此。在自然环境下，很少会有纯色的山羊，山羊通常会披上一些较大的花纹让自己变形。而大象则不需要变形，因为没有什么动物敢轻易对大象动手，所以我们不会看到长有花纹的大象。同样，许多昆虫也会使用变形机制，比如有的蝴蝶会把花纹延伸到翅膀边缘，使身体看起来像是一块块碎片，而非一个整体，这对整体形象起到了有效的破坏作用，可以迷惑捕食者，从而提高生存率。[33]

许多人都知道拟态现象。所谓拟态，就是把自己装扮成其他东西，不仅颜色像其他事物，形体也像。比如尺蠖，它对自己就进行了从形态到颜色的全面伪装，使自己看起来就像是一节短树枝。非洲詹姆斯敦丛林中有一种“花鸟”也是这方面的专家，它们可以像花朵一样立在树梢，头冠就像花蕊，而张开的翅膀则像花瓣，不但色彩鲜艳，而且形态逼真，除了可以有效躲避老鹰的捕杀之外，还能欺骗采蜜的昆虫。那些昆虫以为自己发现了一朵饱含花蜜的鲜花，不料迎接它们的却是一个饱含杀机的陷阱。

当动物单独动用色彩的模仿效果来保护自己时，体色就成为另一种保护机制，那就是伪装色，目的是把自己伪装成其他目标。伪装色可以看作是保护色的一种。

伪装色与保护色的区别在于，伪装色必然具有保护效果，但保护色未必可以起到伪装作用。比如狮子棕黄色的毛发，在枯草丛中就具有明显的保护效果，但狮子并没有故意伪装成枯草。蜥蜴则不然，它们可以伪装成树皮，紧紧贴在树干上，很难被捕食者发现，那才是典型的伪装色。总地来说，伪装色与保护色都是为了自我保护而进化出来的色彩。

当不同的动物采用不同的体色方案时，体色又会产生一个衍生功能，那就是身份识别功能。毕竟动物的体色比人类的衣服还要稳定，完全可以作为身份识别信号。动物们可以远远地通过对方的体色而识别出对方的身份，是敌是友，一目了然。

体色的身份识别功能具有多重应用：首先可以实现种与种之间的识别，

比如羚羊远远看见狮子就会拔腿跑开；其次还可以实现种内个体的识别，一只羚羊看到另一只羚羊，就大可不必如此紧张。

不同的体色还可以用于区别同种动物的不同年龄段。变态的昆虫就不必说了，就算是哺乳动物，也存在幼仔的毛色与成年动物的毛色不同的现象。

有些哺乳动物的幼仔毛色往往更加引人注目，颜色也更浅，看起来相对可爱，比如小野猪的毛色就是明亮的棕黄色，而且还带有清晰的条纹，但当它长大之后，往往只需要几个月的时间，其体色就会变成沉闷的深黑色。许多灵长类动物也存在类似的变色现象。

哺乳动物幼仔醒目的毛色曾经长期困扰着动物学家。引人注目的毛发等于举着一面鲜艳的旗帜，很容易成为捕食者的目标，而且捕食者还可能据此断定那是一只毫无经验的小家伙，可以轻松得手，因而强化捕猎欲望。

这时就出现了一个奇怪的问题：为什么毫无反抗能力的幼仔却要配备如此醒目的毛发呢？难道它们真的是活得不耐烦了吗？

有人认为，幼仔特殊的毛色是一种有效的视觉信号，可以起到很好的辨别作用，把自己和其他个体区分开来，以免母亲认错了对象，给别的幼仔喂奶，[34]同时还可以激发母亲的母性行为，使它们全心全意地照顾自己。[35]

这个观点很难解释那些幼仔毛色不够醒目的动物，它们难道就不怕母亲给别的幼仔喂奶吗？而且除了毛色之外，还可以通过其他信号强化识别，比如体型或叫声，为什么非要通过如此危险的颜色来提醒母亲呢？尽管幼仔醒目的毛色可以激发母亲更多的关爱，但也可能招来更多的杀手，有些甚至是同一个种群里的邻居，因为动物世界普遍存在杀婴行为。幼仔毛色显眼，就等于把自己随时随地置于危险之中。

所以，幼仔醒目的毛色应该还有其他的进化优势，以至于能够压倒其所带来的危险。那是什么样的优势呢？

有一种解释是，对于集体生活的动物来说，在乐观的情况下，幼仔亮出醒目的体色，相当于表明自己拥有一张特权证明，可以得到集体的共同照顾，不需要承担责任，却可以尽情享受集体的福利。[36] 根据这个理论反推，凡是共同照顾后代的动物，幼仔都应该表现出特定的体色，[37] 以便与成年动物区分开来。疣猴就是很好的例子，它们集体栖息在树上，被天敌捕杀的概率较低。同时疣猴共同照顾后代，而且后代确实也拥有极其明显的幼仔体色，这似乎是很好的证据。相关推理仍然存在着巨大的争议，因为许多生活在地面的动物，其幼仔也有醒目的体色，而生活在地面明显要比生活在树上更危险，幼仔必然承担较大的生存压力。

另一个可能的优势仍然来自群居的习惯，但不是为了标明特权，而是为了寻求保护。

最近的研究表明，幼仔体色可能和雄性的交配习惯有关。一般来说，雄性的行为受到睾丸激素的支配，而睾丸激素水平与相对睾丸大小有关。所谓相对睾丸大小，也就是用睾丸重量与身体重量相比得出的结果，可以作为雌性乱交程度的重要指标。总体而言，雌性越乱交，雄性的压力就越大，它们为了留下自己的后代，不得不发展出更大的睾丸，射出更多的精子，用海量的精子淹没对手的精子。正因为如此，睾丸尺寸可以衡量雌性的乱交程度。雌性越是乱交，雄性的父权就越不确定。[38]

这与幼仔体色又有什么关系？

原来研究人员发现，相对睾丸越大的动物，其幼仔的体色就越暗淡；而相对睾丸越小的动物，其幼仔的体色就越醒目。为什么会出现这种情况呢？

因为相对睾丸越小，父权就越明确，也就越容易出现“杀婴行为”。这是一个让人困惑的逻辑，因果关系却非常清晰。

父权明确意味着父亲可以确认某个幼仔是自己的后代，父亲当然会对自己的孩子关爱有加。不过，那其实是一柄双刃剑，因为父权明确同时意味着其他雄性都知道某个幼仔不是自己的后代。只要有机会，它们就会将不是自己后代的幼仔杀掉。在这种情况下，父亲永远是势单力薄的一方，很难以一己之力对抗群体中的其他竞争对手。

这时幼仔必须寻求更加强大的保护者，否则就无法在群体中生存下去。既然父亲已经无能为力，幼仔又该向谁寻求保护呢？

当然只有母亲。

尽管母亲同样势单力薄，但当整个群体中的母亲联合起来时，就会形成强大的力量，而那正是幼仔活命的希望之所在。幼仔可以通过独特的体色鼓励所有的雌性联合起来，共同保护好自己的幼仔，同时向潜在的杀手传递这样的信息：我们的妈妈很爱我们，你们最好不要杀我们，否则将会遭到妈妈们的联手打击。

这就是所谓的“婴儿防御假说”[39]。

在雌性乱交的群体中，雄性的睾丸相对较大，父权高度不确定，没有哪个父亲能确定某个幼仔是自己的后代，同时也不能确定它不是自己的后代，它们反倒不会轻易杀害幼仔，以免造成误杀。既然如此，幼仔就不需要展示醒目的标志以寻求母亲的保护。所以，乱交种群的幼仔的体色相对暗淡，反倒是醒目的幼仔体色会变得非常危险，因为那会使雄性产生怀疑，进而产生杀意。

这就是体色识别功能最奇特的应用。

明白了体色的几大功能，即警戒、炫耀、求偶、保护、伪装和识别等之后，我们就可以开始尝试回答为什么哺乳动物没有绿色的毛发了。

百无一用的绿色毛发

对于其他动物来说，无论昆虫还是鸟类，绿色都是一种常见体色，因为绿色可以起到很好的保护作用、伪装作用，甚至是炫耀作用。对哺乳动物来说，情况却变得完全不同。哺乳动物之所以没有进化出绿色的毛发，是因为它们面临着前所未有的困境。仅就身份识别功能而言，幼仔体色就不可能采用绿色。试想一下，如果羚羊幼仔长着一身绿色的毛发，蹲在绿草丛中就等于彻底隐形，那么母亲该如何识别自己的孩子呢？那只会给母亲带来极大的困扰，而不是极大的方便。

所以在身份识别方面，绿色并非哺乳动物的首选颜色。

再来看看哺乳动物在警戒色方面的表现。

对于昆虫、爬行动物或者两栖动物来说，警戒色极其常见，用绿色来警戒天敌更是常规手段。哺乳动物却不然，虽然哺乳动物的毛发颜色很多，但很少起到警戒作用。不但肉食动物不会使用警戒色，草食动物也不会使用警戒色，所以狮子和羚羊都没有警戒色。

逻辑是这样的。

作为捕食者，狮子披上警戒色是没有意义的，那样只会远远地把所有猎物全部吓跑，徒然增加捕猎的难度。身披豪华警戒色的捕食者很有可能会活活饿死。正因为如此，所有捕食者都尽量让自己看起来暗淡而低调，尽量不在杀死猎物之前惊动它们，所以狮子的毛发只会是暗淡的棕黄色，显得低调而朴素。

作为被捕食者，羚羊披上警戒色同样没有意义，因为羚羊本身并没有什么毒性，恰恰相反，它们吃起来味道还不错。既然味美无毒，华丽的警戒色也就没有什么价值，否则只会成为华丽的招揽食客的广告。

只有个别哺乳动物例外，它们可能会动用警戒色。比如平头哥蜜獾，它们的背部长有一条长长的白色毛发，明显可以起到警戒作用。作为杂食动物，蜜獾并不处于食物链的顶端，它们还要面临许多天敌的威胁，比如狮子身材要比蜜獾高大许多，因此蜜獾的警戒色长在背部，可以让狮子一眼看见。它们之所以敢于向对手提出警告，是因为自身足够凶猛，或者带有臭腺，虽然毒不死对手，也能把对手熏得生不如死。还有一些住在洞穴里的肉食动物，出洞时往往脑袋先露出洞穴，它们的面部也会长出显眼的条纹——比如黄鼠狼的面部就带有明显的花纹，可以对敌人起到警戒作用。招惹刚刚露出洞穴的动物必然激起你死我活的搏杀。[40] 还有一种非洲冠鼠，本身无毒，却会将夹竹桃树皮中的毒液涂在自己的毛发上，等于自己给自己下毒。既然有毒，当然可以无所畏惧地警告敌人：你最好不要吃我，我真的有毒。为了起到很好的警告效果，这段有毒的特殊毛发就变成了显眼的白色，与灰色毛发形成鲜明对比，目的就是提醒捕食者千万不要看走眼。总地来说，哺乳动物对于警戒色的运用并不充分，因为它们没有强大的毒素作为后盾。羚羊就是因为无毒，狮子才可以放心捕杀。正因为如此，羚羊也不必发展警戒色。既然无毒，还能吓倒谁呢？

既然不能用毒，又不能对战，羚羊还有什么可以对抗狮子的策略呢？

自然选择已经给出了答案，那就是提高警惕，随时准备逃跑。现存的羚羊全部采取这个策略，凡是试图和狮子对战，或者决心把狮子毒死的羚羊，都没有机会留下自己的后代。

正因为如此，哺乳动物很少发展出合成毒素的能力。既然无毒，当然也就没有必要用警戒色来标榜自己，那样无异于花样作死。放弃了警戒色，也就意味着失去了进化出华丽体色的动力。

至于色彩的第三大功能——婚姻色，哺乳动物的表现同样不尽人意。

哺乳动物的毛发的根本任务是保暖，一般会随着季节变化而换毛，比如在秋天换上一层厚厚的绒毛，有助于顺利度过寒冷的冬天。而到了春季，又该脱去厚毛，换上一身单装，免得在夏天中暑。如此大规模的换毛，是一个系统性的全身工程，成本极高，需要大量的蛋白质和其他营养供应。所以，哺乳动物不会轻易换毛，就算为了交配也不行。毕竟哺乳动物的寿命相对较长，多数都能经历好几个交配季节，为了一次交配而付出巨大的代价，很难在有生之年实现收支平衡。所以，哺乳动物很少为了交配而换上一身全新的毛发。既然如此，它们的毛发颜色也就不会因为交配而发生变化，因为毛发染色必须与毛发生长同步，而不是像人类在理发店那样，在毛发生长完成之后再把它染成其他颜色。

有些雄性哺乳动物与雌性的毛色不同，但不是专门为了求偶，而是为了炫耀与展示，比如雄狮华丽的鬃毛，就算非求偶季节，也照样华丽。哺乳动物在求偶时主要依赖其他性信号，比如独特的气味，或者深情的吼叫。实在不行，还可以霸王硬上弓。所以，哺乳动物不会为了交配而披上鲜艳的婚姻色，既然如此，当然也就不会进化出有助于交配的鲜艳绿色。

综上可知，哺乳动物既不会进化出绿色的警戒色，也不会进化出绿色的婚姻色，那么就只剩下最后一种可能，即伪装色与保护色。

客观而言，哺乳动物确实需要毛发的保护，比如炎热沙漠中的胡狼，其毛发的颜色和沙子的不相上下。没有人会反对这个观点，即哺乳动物的毛发具有伪装和保护作用。

现在我们已经知道，高等植物为地球陆地定下了绿色的基调。在树叶和青草构成的绿色世界里，绿色的毛发应该是最好的保护色。请想象一下这样的画面，绿色的羚羊静静地蹲在绿色的草丛中，难道不是最佳的自我保护策略吗？或者一头绿色的狮子，悄悄地穿过绿色的草丛，神不知鬼不觉地靠近猎物，难道不是最佳的攻击策略吗？也就是说，披上一身绿色的毛发，无论对于捕杀猎物，还是逃避追杀，都有很好的伪装效果。可放眼世界，我们找不到一头绿色的狮子，也找不到一只绿色的羚羊。不只是狮子和羚羊，而是所有的哺乳动物，全部都没有进化出绿色的毛发。它们居然不约而同地放弃了具有最佳保护效果的绿色，这难道不令人感到奇怪吗？

其实绿色对于哺乳动物来说，是有保护效果的，例如树懒，由于行动缓慢，毛发中间长满了细细的绿藻，给身体染上了一层淡淡的绿色。当树懒慢吞吞地在树上移动时，就像缓缓摇动的树影，明显可以起到迷惑对手的作用。树懒行动如此缓慢，却依然能够存活到现在，满身绿藻应该功不可没。军人在执行秘密任务时，也会穿上绿色的迷彩服，可见绿色确实能制造有效的伪装效果。

那么哺乳动物为什么没有进化出绿色毛发呢？

有一种观点认为，哺乳动物没有绿色毛发，不是因为绿色毛发的保护效果不好，而是因为哺乳动物缺乏合成绿色色素的能力，以至于树懒不得不借助绿藻来给自己染色。

我们把这个观点称为色素理论。

那么哺乳动物为什么没有进化出合成绿色色素的能力呢？

只要稍加注意，我们就会发现许多绿色动物。除了蝴蝶之类的昆虫，还有绿色的脊椎动物，比如鱼类、两栖动物和爬行动物。我们都见过绿色的热带鱼，比如孔雀鱼，还有绿色的蜥蜴和蛇。与哺乳动物的区别在于，它们都没有毛发，绿色直接从皮肤或者鳞片中产生，而皮肤色素则由色素细胞负责。其中有一种叫作彩虹色素的细胞，可以展示彩虹般迷幻的色彩。没有哪种单一色素可以制造出复杂的色彩效果，彩虹色素细胞当然也不例外。彩虹效果不是某种色素作用的结果，而是反射板作用的结果。

彩虹色素细胞中存在大量的微型反射板，可以将外界光线用复杂的方式反射回去，从而呈现从银白色到彩虹色等不同的迷幻效果，特别是与其他色素互补时，更是可以混搭出各种精致的色彩，这是青蛙[41]和热带鱼[42]的主要显色机制。也就是说，绿色青蛙的皮肤中并不含有绿色色素，而只是彩虹色素细胞在起作用。

与此类似，鸟类羽毛中也没有绿色色素，但鸟类照样可以展示华丽的绿色，因为羽毛主要依靠光的衍射作用展示色彩。相对于哺乳动物的毛发而言，鸟类的羽毛表面积比较大，可以构建细微的衍射光栅，再与色素结合，就可以呈现鲜艳的绿色。

由此可见，虽然许多动物都有绿色外衣，但都不是绿色色素作用的结果，而只能依赖其他途径。麻烦的是，这些显色途径在哺乳动物身上几乎被全部堵死了。

首先，哺乳动物身上披满了毛发。我们很少看到哺乳动物的皮肤，这导致皮肤中的色素细胞没有直接展示的机会。所以，哺乳动物放弃了彩虹色素细胞，同时也失去了制造迷幻色彩的能力。其次，哺乳动物的毛发过于纤细，无法像鸟类羽毛那样构建微妙的衍射光栅，因此也无法像鸟类那样展示复杂的色彩，当然也不能调配出绿色效果。这两大因素导致哺乳动物的毛发看起来相当单调，它们的色彩只能由毛发中的色素成分决定。

哺乳动物的毛发色素由皮肤色素细胞合成，主要有两大类色素：一类叫作真黑色素，主要呈黑色；另一类叫作褐黑色素，主要呈棕黄色。因为彩虹色素细胞的缺失，哺乳动物只能在这两种色素的基础上努力构建不同的色彩。真黑色素含量较大时，毛发就会呈现黑色，否则就呈现棕黄色。如果两种色素都缺，就是白色。这三种色彩几乎决定了所有哺乳动物的毛发色彩模式，要么黑色，要么棕色，要么白色，要么混色。比如白色的北极熊、黄色的橘猫、棕红色的小熊猫，还有一些混杂结果，比如灰色、茶色等。当不同色彩随机出现时，就是花色毛发，比如狸猫的毛发。不同色彩按照某种规则出现时，就会呈现条纹样式，比如斑马。无论怎么混搭，都绝不可能呈现绿色，因为绿色是最难构建的色彩，所以哺乳动物没有绿色的毛发。

这就是色素理论给出的答案。

你不能说色素理论错了，相反，色素理论是最接近真相的科学解释，不过不是最好的科学解释。因为色素理论只是提供了生化层面的原因，也就是近因，而我们需要的是远因，或者说终极因。我们必须进一步追问：为什么哺乳动物缺乏合成绿色色素的能力？

有一种观点认为，哺乳动物缺乏绿色色素，是因为绿色并不会对哺乳动物起到保护效果，这个观点可以称为无效理论。

无效理论认为，哺乳动物不是蜥蜴，无法在树叶上生活，而只能生活在树干上、地面或地下，包括水中，在所有这些环境中，绿色都没有保护作用。既然如此，它们何必进化出绿色的毛发呢？

无效理论却无法解释草原上的兔子或地鼠，它们主要在草丛里活动，绿色肯定有益无害，所以，无效理论并不能让人信服。

与无效理论相反的是高效理论，这种理论认为绿色不是没有保护效果，而是保护效果太好，结果大家都在草丛中迷失了自我，甚至都找不到配偶在哪里。也就是说，绿色走向了婚姻色的反面，以至于影响了哺乳动物的求偶与交配工作，自然得不到进化的机会。

这种解释同样缺乏说服力。许多昆虫都生活在草丛中，并且全身都是绿色，它们从不存在交配困难的问题。毕竟看不见对方还可以听得见对方，听不见还可以闻得到。动物彼此交换性信号的方式很多，叫声和气味都可以发挥作用。总而言之，影响交配绝不是很好的理由，否则所有保护色都应该被淘汰。

既然绿色有资格作为有效的保护色，那么哺乳动物为什么不去合成绿色色素呢？毕竟我们抬眼所见，到处都是绿色的植物，说明合成绿色色素并不存在无法跨越的生化鸿沟，哺乳动物为什么不去实现这个“小目标”呢？

有一种理论认为，哺乳动物之所以没有进化出绿色的毛发，不是不能够，而是不需要，因为哺乳动物基本都是双色视觉，通俗地说就是色盲。红色光谱和绿色光谱的峰值非常接近，哺乳动物把这两种光谱做了简并处理，当作一种色彩来看待，所以表现为双色视觉。在双色视觉动物的眼里，绿色的保护价值基本可以忽略。因为无论绿色还是红色，甚至是棕色，在它们看来都差不多。

那么哺乳动物为什么会是双色视觉呢？

要想理解其中的前因后果，我们不妨先从哺乳动物的起源说起。

三色视觉VS双色视觉

早在两亿多年前，几乎是恐龙开始征服地球的同时，一群不起眼的小型爬行动物也开始了漫长的进化征程，它们将用一亿多年的时光进化为哺乳动物。哺乳动物的祖先大概只有老鼠那么大，其生活习惯也大致和老鼠的差不多，只能生活在恐龙的阴影之下，毕竟两者体型相差太大，所以哺乳动物的祖先必须委曲求全，选择在夜间活动。在如此尴尬的环境里，哺乳动物的祖先当然看不到什么绚丽的色彩，到处都是黑乎乎的一片，所以它们不需要彩色视觉。以人类的标准来看，它们都是典型的色盲。

然而世事无常，称霸地球的恐龙却意外灭绝了，忍辱偷生的哺乳动物突然看到了繁荣的希望。

百余年来，关于恐龙灭绝之谜，科学家争论不休。解释恐龙灭绝的理论恐怕比恐龙的种类还要多，其中最为流行的当属陨石撞击理论。绝大多数中学生都支持这个理论，因为这个理论最容易理解：大约六千五百万年前，一颗直径十公里左右的太空陨石撞进了墨西哥的尤卡坦半岛，猛烈的撞击释放了相当于八十颗原子弹的能量，将大量汽化岩石粒子送入地球大气层。在此后长达数十年的时间内，大量灰尘和煤烟持续涌入大气层。全球出现大面积火灾，导致大约80%的物种灭绝，其中就包括恐龙。

其实陨石撞击理论还不能完全解释恐龙的灭绝，最简单的事实就是：百足之虫、死而不僵，在陨石撞击地球之后，恐龙仍然存活了好几万年。也就是说，有相当一部分小型恐龙事实上在陨石撞击所造成的灾难中幸存下来，鸟类就是恐龙的后代，它们至今仍然存活在地球上。

所以有人认为，陨石撞击地球只是造成了大型恐龙的灭绝，而不是所有恐龙的灭绝。恐龙所面临的真正危机，可能来自哺乳动物的崛起。

早期哺乳动物体型适中，行动灵活。与愚蠢的爬行动物相比，哺乳动物的相对脑容量更大，智力更发达。尤其重要的是，哺乳动物进化出了能够保温的毛发，成为体温相对恒定的温血动物，因而可以摆脱阳光的束缚，无论白天还是夜晚都可以自由活动，这为哺乳动物提供了强大的生存优势。尽管哺乳动物在与恐龙竞争的过程中很难直接占据上风，但它们使用的一个小小的花招，却给恐龙带来了灭顶之灾。

早期哺乳动物虽然打不过恐龙，但肯定“打得过”恐龙蛋。

恐龙属于爬行动物，爬行动物有一个重要特征，就是卵生，要像母鸡一样，通过下蛋来繁衍后代。以恐龙的体型来看，恐龙蛋的体积想必也不小，有些残存的恐龙蛋化石大小和西瓜不相上下。以恐龙的智商，它们并不知道如何保护自己的蛋。更麻烦的是，多数恐龙没法上树，它们产蛋的方式简单粗暴，就是直接产在地面上，甚至都不用树叶盖一下。而且恐龙蛋的孵化时间太长，达3~6个月之久，这些都是明显的不利因素。逻辑很简单，一个东西在外面暴露的时间越长，遭遇意外的可能性也就越大。举个例子，你不小心将自己的钱包落在马路上，如果事隔两分钟，可能问题不大，你还有机会捡回来，但你等半个小时试试看，钱包肯定早就被人捡走了。虽然有些小型恐龙后来进化出了孵蛋行为，比如窃蛋龙就会坐在蛋上孵化后代，但大型恐龙绝不能这么干，如果它们也学着孵蛋，只会一屁股把一大窝蛋全部坐碎。只要想想一窝西瓜般大小的恐龙蛋放在地面上长达半年无人看守，你就知道恐龙的命运究竟有多危险了。哺乳动物的出现，则证明了这种危险有多么真实。

在哺乳动物还很弱小的时候，恐龙这种简单的生育方式并没有什么不妥。当时的地球上，几乎没有其他动物有能力毁坏恐龙蛋，恐龙就这样大大咧咧地满世界下蛋。正是从恐龙愚蠢的产蛋方式中，哺乳动物看到了崛起的希望。

恐龙蛋不会跑，也不会叫，而且营养丰富。只要打破外壳，不需要撕咬，不需要奔跑，甚至都不需要用火烤一下，哺乳动物就可以立即享受一道美味的野餐。更可怕的是，只要有一种哺乳动物学会了吃恐龙蛋，这种奇特的本领就会迅速传播开来。它们便会产下更多的后代，吃掉更多的恐龙蛋。最后的结果就是哺乳动物越来越多，恐龙蛋却越来越少。恐龙会灭绝，也就不足为奇了。

幸运的是，有一批恐龙进化成了鸟类。鸟类的优势很明显，它们会先在树上搭一个窝，然后再把蛋产在窝里。而且鸟类体型较小，孵化的时间也很短，一般十几天就可以完成任务。如此一来，哺乳动物要想吃到鸟蛋就困难多了。这就是恐龙已经灭绝，而鸟类可以繁衍到现在的重要原因。

我把这个解释恐龙灭绝的理论称为吃蛋理论。

其实吃蛋理论和陨石撞击理论并不冲突。我们可以这么理解，在陨石撞击地球之前，哺乳动物偷吃恐龙蛋已经将恐龙逼到日落西山的地步了。它们一直在辛苦产蛋，后代却莫名其妙地越来越少，那是生存竞争的最直接表现。

研究人员对多种哺乳动物的基因组进行分析后发现，在恐龙灭绝之前，哺乳动物就已经开始多样性分化，而且分化的速度在陨石撞击地球之后并没有明显改变。哺乳动物事实上是靠自身的实力战胜了恐龙，而不完全得益于陨石的撞击。有些肉食性哺乳动物后来已经具备了直接与恐龙对抗的实力，有时甚至可以猎杀恐龙。

总而言之，哺乳动物的崛起，导致恐龙灭绝成为一种必然趋势，陨石撞击地球只是压垮恐龙的最后一根稻草。在恐龙灭绝后不久，哺乳动物也开始改变生活方式，从夜间活动渐渐变成白天活动，从洞穴中走到了开阔地带。从此以后，天下归于哺乳动物，地球随之进入了一个全新的时代。

哺乳动物虽然渐渐成为大地的主人，长期的夜行生活习惯却留下了一个重要的后遗症，那就是色盲。它们虽然得到了地球，却无缘认识一个彩色的世界。哺乳动物对色彩并不敏感，它们眼里没有红花绿叶，也没有五彩缤纷的蝴蝶昆虫；没有彩虹横空，也没有绚烂的晚霞；目光所及之处，都是淡淡的橙黄色。

有人误以为斗牛容易被鲜艳的红布所激怒，其实不然。斗牛既然是哺乳动物，当然也是色盲，它们根本分不清红色和绿色。激怒斗牛的不是鲜艳的红布，而是斗牛士挥舞红布的幅度和频率。

简而言之，哺乳动物面对着五彩斑斓的世界，却过着灰暗单调的生活，数千万年来一直在双色世界里安然度日，并没有什么明显的不适。对于草食动物来说，双色视觉已经足够了，它们眼里的青草到底是黄色还是绿色，都不影响吃草的效率。草色变化最明显的时候，是夏秋换季时节。在那段较短的时间内分辨青草和黄草，对生存并没有什么重要影响。对于肉食动物来说，它们根本不吃草，对于绿色更是抱着无所谓的态度。比如狮子，它们只对羚羊感兴趣，至于羚羊到底吃的是青草还是黄草，毛发是红色还是绿色，都不影响狮子的胃口。羚羊需要提防的是狮子或者猎豹，它们的任务是骗过捕食者。既然狮子也是红绿色盲，那么羚羊就没有必要进化出绿色的毛发来，因为那样并不能骗到狮子。同样的道理，既然羚羊是红绿色盲，狮子也就没有必要进化出绿色的毛发，因为那并不能提高捕猎效率。由此可见，无论对于狮子，还是对于羚羊来说，绿色毛发都没有明显的保护价值。

我把这种观点称为色盲理论。

色盲理论的核心思想是，由于多数哺乳动物都有双色视觉，在它们眼里，橙色毛发和绿色毛发看起来大致相同，那么，绿色毛发对它们来说，就没有互相识别的价值，同时无法起到保护作用，它们自然就没有进化出绿色毛发的动力。

所以，现在问题已经发生了变化，从哺乳动物为什么没有绿色的毛发，变为哺乳动物为什么保留色盲性状，而没有进化出更为先进的三色视觉。

答案可能会让人感觉意外：对于哺乳动物来说，色盲虽然是夜间活动留下的后遗症，后来却变成了一种生存优势。

色盲的优势在于对黄色到棕黄色区间的光谱变化更加敏感。在人眼看来，黄色与棕黄色没什么不同，但哺乳动物能很容易地将它们区分开来，从而帮助它们识破天敌的伪装。也就是说，色盲的羚羊能够轻而易举地在枯黄的草丛中发现棕黄色的狮子。只要明白了这一点，你就会立即明白，为什么哺乳动物会保留色盲性状，因为那是生死攸关的大事。如果它们努力进化出了绿色色觉，却丧失了辨别黄色与棕黄色的本领，就更有可能倒在狮子的利爪之下。因为在许多环境中，特别是在非洲稀树大草原上，枯草期的时间相当长，以至于足以遏制三色视觉的进化。

逻辑是这样的。

以我们熟悉的内蒙古草原为例，枯草期一般从每年10月直到次年4月，长达半年。在狮子和羚羊活动的非洲稀树草原，枯草期则更长，因为当地降雨量较少，许多草本植物都变成了机会主义者，只会随着雨季的来去而匆匆发芽生长。雨季越短，枯草期就越长。热带稀树草原的枯草期一般都要长于青草期，这就给生活在当地的哺乳动物出了一道选择题：到底是三色视觉好，还是双色视觉好？它们用实际行动给出了答案。双色视觉虽然被称作色盲，却能让它们在枯草丛中有效发现隐蔽的目标，无论对于想要躲避狮子的羚羊来说，还是对于想要猎杀羚羊的狮子来说，都同样如此。如果是三色视觉，虽然能在青草期轻松发现其中的棕黄色目标，但青草期时间相对较短，其所带来的优势相对较弱。而且青草期往往食物丰盛，动物在这一时期的生存压力明显小于枯草期。相比之下，当然是色盲更有优势。这种优势在丛林中同样存在。哥斯达黎加有两种卷尾猴，一种是色盲，一种不是色盲。研究发现，色盲的卷尾猴每小时抓到的昆虫是非色盲卷尾猴的四倍，就算这些昆虫有保护色也无济于事。

色盲的优势还不止于此。在黎明或黄昏时分，光线暗淡、大地朦胧，在拥有三色视觉的动物眼里，世界一片模糊。这时候，拥有双色视觉的动物的视野反而更加清晰，目标也更加明确。所以，哺乳动物往往在傍晚时分狩猎，那时成功的概率更高。狮子就是黄昏狩猎的高手，它们倒逼羚羊也必须在黄昏时分保持警惕，以便更好地躲避狮子的追杀，所以，羚羊也不会轻易发展出三色视觉。

这也可以解释为什么人类存在大量色盲。

我不知道你是不是色盲，如果是，那么恭喜你，你马上就会获得更多的自信。如果不是，同样恭喜你，你不必自卑，因为你可以和我一样尽情欣赏这个七彩的世界。

先介绍一个事实：人类存在大量色盲和色弱，而且比例相对稳定。统计表明，约有7%到10%的男性存在色觉异常，而女性色觉异常的比例相对较低，大约在1%以下。

从遗传学的角度来分析，男性色盲的比例之所以比女性的高这么多，是因为色盲基因在X染色体上，是隐性的伴性遗传基因。隐性遗传的意思是，只要有一个正常的基因，隐性的基因就会被掩盖，因而不会发挥作用。因为女性有两个X染色体，只要有一条基因正常，就会压制另一条X染色体携带的色盲基因，因而表现出正常色觉。而男性只有一条X染色体，只要这条染色体携带色盲基因，男性就会表现出色盲症状。所以，男性色盲的比例远远高于女性色盲的比例。

一般认为，隐性遗传发生率大于5%时，就表明这种性状不是随机遗传的结果，而是具有一定的生存优势的。事实正是如此，从色盲基因的表现来看，它对男性的重要程度可能超过对女性的重要程度。或者说，色盲基因可能悄然为男性提供了某种难以察觉的优势，这种优势与其他哺乳动物的相同，即可以在枯草丛中轻易发现目标，因而在狩猎过程中发挥独特的作用。

原始人类被称为“狩猎猿”，绝非浪得虚名。人类的这种能力一直保留到了现在，据说第二次世界大战期间，色盲人群被专门雇佣去识破迷彩伪装的敌方阵地，以此确定轰炸目标。

正因为色盲的种种优势，哺乳动物才保留了色盲性状，它们多数都是典型的双色视觉。在双色视觉动物的眼里，无论绿色毛发、红色毛发还是棕黄色毛发，看起来都差不多。既然如此，那干嘛还要多此一举，进化出绿色毛发呢？

所以哺乳动物没有绿色的毛发。

至此我们已经基本回答了哺乳动物为什么没有绿色毛发的问题，但事情并没有到此结束。

既然在哺乳动物的眼里，红色毛发和绿色毛发区别不大，如果为了伪装，黑色或者灰色毛发就足够了，[43]那么为什么有些哺乳动物还要进化出红色和棕黄色的毛发呢？这是因为动物的毛发不只是为了伪装，还有比伪装更重要的生理作用，那与我们要讨论的第三步——毛发的热调节功能有关。

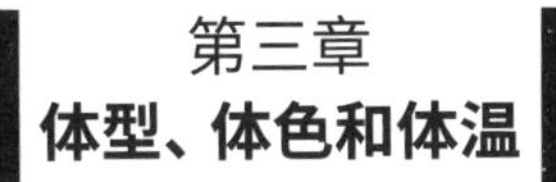

第三章
体型、体色和体温

学术界原本没有把动物的体色问题当一回事，至少没有高度重视这一问题，因为进化论先驱阿尔弗雷德·拉塞尔·华莱士早就认真思考过动物的体色之谜，并认为这个问题已经得到了解决。这一观念在很长时间内都对其他学者产生了潜移默化的影响，导致他们误以为动物体色的问题已经结案，然而事实并非如此。

华莱士是动物学专家，他根据自己的考察结果，亲自在马来群岛的地图上划出了一条华莱士线：在华莱士线以西，岛上动物的特征与亚洲大陆的相近，以胎盘动物居多；而在华莱士线以东，各岛的动物却与澳洲的相似，生活着很多有袋类动物。这条线至今仍然得到动物学界的认可。华莱士与昆虫学家亨利·沃尔特·贝茨是好朋友，而贝茨专门研究动物的体色，正是他提出了动物拟态现象。或许是受到了贝茨的启发，华莱士认为动物的体色并没有什么玄机，无外乎用于个体识别或者起到保护作用，此外没有什么复杂的名堂。

尽管如此，华莱士很难解释孔雀和天堂鸟的华丽体色，因为这些体色明显没有什么保护作用，如果仅仅用于个体识别，又似乎显得太过浪费，就好像给自己的孩子起了一个极其复杂的名字一样，根本没有必要。对此，华莱士并没有什么更好的解释方案，他只能借用自己的理论为复杂的体色辩解，这个理论就是“强达尔文主义”。

“达尔文主义”的基本意思就是自然选择，是华莱士亲自提出的名词，以此表示他对达尔文的尊敬。而后来“达尔文主义”又被分为“强达尔文主义”和“弱达尔文主义”。华莱士根据自己的理解，把达尔文本人划归为“弱达尔文主义”阵营，也就是认为生物性状有时并非自然选择的结果。华莱士自己则属于“强达尔文主义”阵营，坚信所有的生物性状都符合自然选择的要求，因而都具有某种适应性。这一划分表明，华莱士和达尔文之间存在明显的分歧，特别是在对动物体色功能的解释上，两人的冲突更是直接，甚至为此爆发了漫长的口水战。达尔文坚信，并不是所有动物的体色都具有适应性，恰恰相反，有些动物的体色其实不利于生存。为了给不利于生存的体色寻找一个合适的理由，达尔文需要一种独立于自然选择之外的力量。至于那是什么力量，我们将在后文详细解释。

作为强达尔文主义者，华莱士与达尔文针锋相对，他坚定地认为，所有生物的体色都是对自然环境的适应，不存在毫无道理的体色。如果存在，那肯定是因为我们还没有理解体色的真正作用。雄孔雀和天堂鸟的体色看起来难以理解，只是因为还有一些我们没有了解的因素在起作用。不是自然选择错了，而是人们懂得太少。

随着时间的推移，科学家对动物体色的了解越来越深入，未知因素的影响也越来越清晰。比如同为熊科动物的北极熊、棕熊和黑熊，就表现出了完全不同的体色。身份识别或者保护色理论都无法解释此类现象，所以学术界开始重新审视动物体色的价值。在华莱士研究的基础上，学术界对动物体色的功能进行了重新划分，目前主要分为三大类：第一种是隐藏功能，保护色就是隐藏功能的具体表现形式。第二种是交流功能，展示与炫耀、婚姻色、身份识别与幼仔体色等，都是体色交流功能的表现。体色的第三大功能，也就是生理调节功能，将是本章讨论的重点。

所谓体色的生理调节功能，是一大类复杂的生理活动的总称。也就是说，体色可能会影响到机体的方方面面，甚至通过神经系统和内分泌系统而影响整体代谢与免疫。举个简单的例子，要是你今天染了一个时尚新潮的发色，掩盖了花白苍老的本相，就会让你心情大好，你的内分泌也会因此而受到影响，你脸色红润、神采奕奕，免疫功能也得到了某种程度的提高，精神抖擞、信心十足，看上去简直就像换了一个人似的。不过，在这里我不打算就此展开全面讨论，因为本章的重点是体色的热调节功能。

目前的研究认为，隐藏和交流只是体色的次级功能，或者说是衍生功能。体色真正的功能是对环境温度做出反应。

对于动物来说，体温是牵一发而动全身的重要因素，所以体色的热调节功能格外重要。采用什么体色绝不是随意选择的结果，而要受到体温的严格控制。以昆虫为例，由于生命周期相对较短，它们必须利用一切机制确保身体处于合适的温度，以此保证合适的酶活性，从而维持合适的新陈代谢。昆虫无法控制自己的体温，只能随季节变化而变化，导致体色也具有明显的季节性，深色体色主要出现在温度较低的秋季及早春，浅色体色主要出现在温度较高的春夏季节。[44] 体色随季节变化而变化，是体色热调节功能的最好证据。以烟蚜茧蜂为例，它们的体色与环境温度直接相关，温度越低则体色越深。当气温从28°C 降到10°C 以下时，烟蚜茧蜂的体色也从浅黄色变为深褐色或者黑色，[45] 因为黑色可以吸收大量热能，有利于提高身体的温度。桃蚜在常温状态下有绿色和红色两种类型，[46] 在高温时体色则可变为纯白色，[47] 因为白色可以将大量阳光反射回去，有利于降低身体温度。[48]

正是色彩对体温的微妙影响，才决定了大量低等动物的奇特花纹，蜗牛外壳上的条纹就是很好的例子。

不同种类的蜗牛，其外壳都有不同颜色的条纹。动物学家对这些条纹的功能展开了细致的研究，确认条纹具有一定的保护效果。某些条纹可以使蜗牛很好地与环境融为一体，不容易被捕食者发现，但那只是条纹的功能之一。条纹还有一个基本的功能，就是热调节作用。

蜗牛行动缓慢，受到阳光的影响相对明显。一只在阳光下缓慢爬行的黑色蜗牛将很快因为吸热太多而被晒死，而一只躲在树荫下的白色蜗牛又会因为目标太过明显而容易被捕食者吃掉。蜗牛需要在两者之间寻找到微妙的平衡，它们的体色，很大程度上反映了平衡的结果。比如森林葱蜗牛外壳呈黄色，有黑色条带，条带数量不同，热调节能力也不同。颜色最浅的外壳上没有条带，中间类型的有两条条带，颜色最深的有五条条带。条带越多的蜗牛，越喜欢待在温度较低的地方，因为它们从深色外壳中吸收的热量足以满足身体的需求。[49]

无论低等动物，还是高等动物，都必须用适当的方式从环境中摄取热量。摄取热量的方式除了食物，还有物理途径，比如接受太阳辐射，或者接受热对流。太阳辐射主要来自太阳，热对流主要来自环境。在炎热的沙漠中就存在大量的热对流。太阳辐射是单向的，我们只会从太阳接受辐射，而很难将热量辐射回太阳。热对流则是双向的。如果身体的表面温度大于环境温度，热量就会从身体流失到环境中，反之亦然。动物的根本任务是设法维持身体的热量收支平衡，否则要么被冻死，要么被热死。不同的体色，会明显影响热量的收支平衡，所以动物选择正确的体色对于维持其体温尤其重要。只有在正确的环境中采用正确的体色，动物才有可能保护自己安渡难关，尽享生活。

把体温控制做到极致的动物，就是所谓的恒温动物，它们同时也把体色的热调节功能发挥到了极致。

恒温动物VS变温动物

鸟类和哺乳类动物都属于恒温动物。恒温动物，顾名思义，就是体温相对恒定的动物。其实这个词并不准确，因为动物的体温并不像我们想象的那么稳定。比如我们说哺乳动物的常规体温是37℃，这只是一种偷懒的近似说法。所有动物的体温在一天之中都会略有起伏，并受到环境因素的强烈影响。比如成人的口腔温度就在36.3℃~37.2℃ 之间变化，而沙漠骆驼的体温甚至可能高达41℃。所以动物学家并不喜欢恒温动物这个词，而是代之以“温血动物” 这种相对模糊的表述。

与温血动物相对应的是冷血动物，或者说变温动物，比如蜥蜴之类的爬行动物或青蛙之类的两栖动物，它们的体温都会随着环境温度的变化而变化。天气热一点，它们的体温就升高一点；天气冷一点，它们的体温就下降一点，其体温并不刻意维持在某一特定水平。不同的体温控制手段，导致恒温动物与变温动物采用了完全不同的生存策略。

相比之下，冷血动物的劣势非常明显。如果环境温度过高，它们必须躲藏起来，否则很容易因体温过高而死亡。当环境温度过低时，它们又需要寻找外部热源，比如找个合适的地方晒太阳，体温上升之后才能慢慢恢复运动；[50] 或者干脆进入休眠状态，什么事都不做。不过，无节制的休眠，其实是在浪费生命。

恒温动物很少浪费生命，恒定的体温为它们带来了明显的生存优势：恒温可以维持较高的酶活性，保障最佳的生化反应速度；体内的免疫系统基本处于活跃状态，能够抑制大量的细菌和真菌；大脑在恒温状态下更容易保持清醒，进而提高运动的灵活性，以适应多变的环境。所以，两极地区等寒冷地带生活着大量的哺乳动物和鸟类，却没有爬行动物的身影。它们去了也白搭，只会被冻成一坨冰块。

鸟类和哺乳动物能够保持体温恒定绝非偶然，因为它们都有独特的保暖措施，那就是羽毛和毛发。相对来说，鸟类出于飞翔的需要，代谢更快，因此体温更高，往往可达40°C 左右；而哺乳动物体温略低，多数维持在37°C左右。

那么新的问题就来了，哺乳动物的体温为什么是37°C，而不是20°C 或者50°C 呢？

可以肯定的是，恒温动物的体温是生物自身的需求与自然选择反复平衡的结果。标准体温越低，需要维持体温的食物就越少，反之亦然。动物必须吃得更多，才能维持更高的体温。寻找更多的食物则需要四处奔波，付出更多的能量。如果得到的食物不足以支付四处觅食消耗的能量，就会得不偿失。平衡之下，标准体温不可能太高。37°C 之所以成为哺乳动物的金标准，其实是哺乳动物对环境妥协的结果，37°C 也是最容易保持的温度。

如果标准体温低于环境温度，类似人类在酷热的夏天那样，动物就要到处找地方乘凉，要么打洞，要么下水，要么待在树荫下一动不动，否则就有中暑的风险。如果标准体温高于环境温度，就像我们在冬天面临的情况一样，动物就会不断流失热量，直至被冻死。由此可见，标准体温过高或过低都有麻烦，不是被冻死，就是被热死，所以，合适的标准体温是恒温动物生存的关键。

相对而言，相对较高的体温更容易维持，因为可以通过自身的努力而实现，比如多吃一点食物，或者保持运动。而相对较低的体温则很难维持，在没有空调的年代，动物应对的方法并不多。可以这么说，相对较高的标准体温，会迫使动物积极面对生活；而相对较低的标准体温，则鼓励动物消极面对挑战，能躲则躲、能藏则藏，甚至冬眠也在所不惜。

正因为如此，相对较低的标准体温受到的环境约束更多，动物很难自由行动，更谈不上征服世界。纵横天下的动物，往往都是恒温动物。

恒温动物必须保持相对较高的自身体温，并且要尽量高于大多数地区的气温，这样才能适应所有的自然环境，并通过自身的努力在各种环境中生存下来。37°C 正是这样一个极有进取意识的标准体温，[51] 体温过高或者过低，都不足以应对自然的挑战。

可想而知，如果哺乳动物的标准体温是20°C，那么在所有气温高于20°C的环境中，它们都将面临中暑的风险，我们就不可能再在热带雨林中看到哺乳动物的身影。假如哺乳动物的标准体温是50°C，那么它们就必须不停地进食，否则不能为身体提供足够的热量，但进食的速度可能根本赶不上食物消化的速度，所以没有哪种哺乳动物的标准体温是50°C，不是因为没有进化优势，而是因为代价太高。

综合考虑，对于哺乳动物来说，37°C 是性价比最高的标准体温，只需要适量的食物，就可以维持适量的代谢效率，从而过上相对舒适的生活，有时间睡眠，也有时间交配，甚至有时间读书学习。

除了最大限度地节省食物，37°C 的体温还可以最大限度地保障机体免疫力。

据不完全统计，生物圈中现有真菌大约一百五十万种，寄生在哺乳动物身上的却只有五百种左右，可算是微乎其微，而且极少致病。并不是真菌对哺乳动物敬而远之，而是被哺乳动物较高的体温拒之于门外。因为多数真菌都无法忍受较高的温度，70%的真菌无法在37℃ 以上的环境中生存，只有5%的真菌能够忍受41℃ 以上的高温，而那正是鸟类的标准体温。所以，鸟类的健康状况比哺乳动物的更好，它们基本没有真菌性疾病。如果体温略低，就很容易感染真菌，比如外挂的雄性生殖器，由于体外温度相对较低，往往是真菌攻击的目标。鸭嘴兽的体温只有32℃，所以非常容易感染真菌，它们的寿命也因此受到了严格制约。[52] 37℃ 也是哺乳动物在提高免疫力和食物供应之间反复平衡的结果。

有得必有失，哺乳动物为了维持37℃ 的体温，必须付出相应的代价。它们不得不比冷血动物更加努力，吃下更多的食物，为身体不断添加“燃料”。如果以全年平均气温20℃ 计，哺乳动物需要吃掉的食物是爬行动物的30倍，这样才能维持正常的体温。以成年小鼠为例，成年小鼠一天大约需要吃下6克饲料，而一只体重相同的蜥蜴只需吃下0.2克饲料就够了。为了维持体温，小鼠不得不到处寻找食物，它们的食物消耗量是蜥蜴的几十倍，如果不努力觅食，就会很快被饿死。蜥蜴很难被饿死，它们最多趴在某地一动不动，甚至可以好几天不吃不喝。

为了维持理想的标准体温，所有哺乳动物都必须做好热调节工作。如前所述，热调节是双向行为，不但要做好热量吸收，而且要做好热量散失。任何一方面出现偏差，都容易导致机体功能的崩溃。

比较而言，热量的散失相对容易。因为散热就像是把小球从山上滚下去，不需要做功就能实现。原始生命的散热过程基本就是物理过程，比如海洋深处的珊瑚，可以靠海水散热。巨大的鲨鱼也是基于同样的原理来实现散热，它们不需要依赖复杂的散热器官就可以很好地生存下去，因为海洋本来就是强大的散热器。至于像北极熊那样的极地动物，则更是省事，它们只要往雪地里一躺，或者在冰水里游一圈，就可以对身体起到很好的降温作用。

行走的重要优势。绝大多数开阔地带的哺乳动物都实行四肢行走，这绝非偶然的结果，而是太阳能驱动的结果。相比之下，森林中的灵长类动物对四肢行走的依赖程度远低于草原动物，因为它们无法通过后背获得更多的阳光。

四肢行走的哺乳动物还可以通过调节身体方向改变接收热量的强度，其实等于改变太阳板的受热面积。所以，在阳光直射之下，动物的行走方向具有一定的规律性。当需要吸收较多的阳光来加热身体时，它们的身体就会与光线的方向一致，以此接收更多的阳光。如果阳光过于强烈，而又没有树荫可以躲避时，它们就会尽量站着而不是躺下来，以此保持后背与阳光垂直，最大限度地减少阳光的照射面积。如果阳光照射持续加强，它们还会并肩站在一起，避免接受更多的太阳辐射。[58]

除了背部，面部的颜色也很重要。在炎热的沙漠地区或者稀树草原上，食草的有蹄类动物的面部或者臀部有明显的白色斑点，这些白色斑点可以有效反射阳光。为什么白色斑点会出现在臀部或者面部呢？因为这两个部位可以随意调节方向，可以朝着太阳，也可以背着太阳，以此调节接受阳光的强度。[59] 面部或者臀部尚且如此，背部一直朝上，更需要强化色彩的作用。

在热量的制约下，哺乳动物的毛色几乎没有选择的余地。深色毛发能够吸收更多的阳光，更适合寒冷地区的动物，[60] 所以北极麝牛披了一身黑色的毛发；白色则能反射所有阳光。总体趋势相当明确——黑色有利于保暖，白色有利于散热。关于这一点，科学家对跳羚的研究为我们提供了有力的证据。

跳羚主要分布于南非，四肢细长，容易受惊奔跑。为安全起见，它们经常结群觅食。跳羚的体色原本有黑色和白色两种，目前只在人工饲养的条件下才能见到，野生环境下最常见的跳羚是棕黄色的。对比研究表明，在气温较低的冬天，白色跳羚的日均体温相对较低，是三种体色跳羚中最低的，其次是棕黄色跳羚，体温最高的是黑色跳羚。这个趋势充分证明黑色与白色在热调节过程中的不同作用，并证明棕黄色是介于黑白之间的重要体色。

由于黑白两色的热调节作用不同，也造成了黑白两种跳羚行为习惯的不同。黑色跳羚体温相对较高，所以它不需要四处觅食也照样能够维持体温，懒一点不会影响生活，所以在冬季的活动强度明显减弱。白色跳羚则不然，因为体温相对低，需要补充大量饲料，它们不得不到处觅食，[61]所以白色跳羚在冬天远比黑色跳羚活跃，而活跃的跳羚将面临更多被捕杀的风险。

由此可见，哺乳动物选择黑色还是白色毛发，或者介于黑白之间的什么其他毛色，背后都有难以察觉的微妙逻辑。

自然条件下很少有纯白色的哺乳动物，因为白色会反射所有阳光，不利于保持身体温度。我们常见的白色动物，比如绵羊等，主要是人工育种的结果。野外偶尔出现的白色动物，其体色是白化现象所致，往往被视为病态，这表明白色完全不利于哺乳动物的生存，很容易被自然选择所淘汰。

不过，北极熊是一个著名的例外。北极熊的皮肤本来是黑色的，只是其毛发近乎透明，叠加之后呈现白色，并被许多人视作一种保护色。一身白色的毛发在冰天雪地中无疑可以起到很好的隐蔽效果，但这种隐蔽效果对北极熊来说并不显著，因为它们主要猎杀冰面之下的海豹，白色毛发并不会提供多少掩护。北极熊主要通过气味发现海豹，海豹也主要通过气味来逃避北极熊的猎杀，体色并不是它们的主要竞争武器。也就是说，白色毛发对于北极熊另有价值。

北极并没有充足的阳光可供利用，导致北极熊对阳光的依赖性大幅降低，所以有能力发展白色毛发，[62]毕竟白色毛发不需要合成色素，是一种比较廉价的毛发，就算把所有阳光全部反射回去，也不是什么大不了的事情，何况白色毛发还能提供一种额外的保护，那就是减少热量流失。

无论黑白毛发，吸收热量的能力都是一柄双刃剑。在强烈的阳光下，黑色毛发吸收热量固然迅速，但夜晚散失热量的速度更快。好比一个巨大的水管，虽然进水很快，漏水也很快。同样的道理，白色毛发吸热速度最慢，但热量散失的速度也相应较慢。[63]

这一理论在朝鲜战场上得到了一个意外的证据。20世纪50年代，以美国为首的联合国军队在寒冷的朝鲜作战，非洲军人被冻伤的比例最高，其次是中国军人。长津湖一战中国军队出现大量冻伤减员，数量甚至超过战斗损失，而欧美军人则很少出现冻伤减员。排除后勤的影响，肤色也是重要因素。黑色皮肤的热辐射速度要比白色皮肤的更快，也就是散热更快，在极端寒冷的环境下，非洲军人很难维持内脏的温度，所以最易冻伤。

科学家对跳羚的研究得到了相似的结果。在气温相对较高的春天，黑色跳羚的昼夜体温相差较大，白色跳羚的昼夜体温相差最小，那是黑白两色吸热与散热速度差异造成的结果。黑色跳羚白天可以吸收更多的热量，导致体温较高，而晚上热量流失加快，导致体温较低，如此一来，黑色跳羚的昼夜体温差就相对较大。

北极熊同样面临着吸热和散热的选择问题，要么用黑色毛发吸收更多的阳光，要么用白色毛发阻止热量散失，此外并没有更好的策略。既然北极阳光微弱，白色毛发当然是最佳选择。在极度寒冷的冬季，北极熊就会进入冬眠状态。对于躲在雪洞中的庞然大物来说，黑色毛发更是无法吸收任何阳光，此时最大限度地减少散热才是关键，白色毛发恰好能起到这个作用。

明白了北极熊的选择，我们同时也就理解了为什么洞穴生物容易出现白化现象。

洞穴生物的色素退化现象是一种常态，但其根本原因一直令生物学家感到困惑。只要明白了色彩与热量之间的关系，我们就会发现原因其实很简单。洞穴中没有光线，洞穴动物没有通过皮肤吸收热量的可能。既然如此，它们当然不需要合成任何色素，因为合成色素也要付出巨大的成本，白色不但成本最低，而且散热速度最慢，有利于最大限度地保持体温。你甚至可以认为，北极熊在某种程度上也是一种洞穴生物，它们一年中会有好几个月都在洞穴中度过，当然有理由采用相同的色彩策略。

理解了黑色与白色的热调节作用，介于黑白之间的其他颜色我们自然也就容易理解了。灰色可以看作是不同程度的黑色，可以应对不同程度的环境温度。所以灰色毛发基本不需要新的解释。

麻烦的不是灰色，而是棕色。

在自然条件下，除了黑色、白色与灰色，哺乳动物最常见的体色其实是棕红色，比如东北虎；或者棕黄色，比如狮子。为简便起见，我们统称为棕色。无论长颈鹿还是野马，狐狸或黄鼠狼，主要都以棕色的毛发示人。

我们前面说过，哺乳动物的毛色主要靠褐黑色素和真黑色素混合而成。黑色是最容易展示的颜色，只要黑色素不表达，就可以呈现白色。当褐黑色素和真黑色素有效混合时，哺乳动物的毛色就可以展示为棕色，此外不需要任何其他色素的介入。

这就是棕色的生化原因：色素合成相对简单。不过，这个解释不是终极原因。我们需要追问的是：哺乳动物的毛色为什么会大量呈现棕色呢？

在双色视觉的哺乳动物眼里，棕色和灰色基本上没有什么区别，都可以和各种环境背景相匹配，无论与绿色的青草还是与黄色的枯草相匹配，都能融为一体，是万能的保护色。不管是肉食动物还是草食动物，都可以从棕色毛发中获利。除此之外，棕色毛发的热调节能力也很优异，它不像黑色毛发那么强烈，也不像白色毛发那样无力，而是介于黑白毛发之间，白天吸收热量的速度不会太快，晚上流失热量的速度也就不会太快，在散热和保暖之间实现了完美的平衡。

以非洲稀树草原上的狮子为例，它们是纯粹的肉食动物，食物能量效率本来就很高，如果再用黑色毛发吸收所有的阳光，很容易因为灼热的阳光而导致体温失控。所以，它们需要把部分光线反射回去，但又不能反射太多，否则夜晚热量流失就会太快。红色光线与黄色光线就这样被舍弃了，因为这两种光波能量较低，是典型的垃圾光源。

所以热调节才是狮子毛发呈现棕黄色的终极原因。

明白了不同的体色对于热调节的不同作用，我们就可以理解另一种普遍的动物体色现象了，那就是动物腹部和背部之间的色彩差异。

一般来说，动物的背部色彩相对较深，而腹部色彩较浅。无论鸟类还是鱼类，甚至昆虫都是如此，我们可以笼统地称为腹背色差现象。只有很少的动物，比如北极熊和大熊猫等不存在腹背色差，这主要与它们特殊的生活环境有关。

至于为什么存在腹背色差现象，不同学者有着不同的看法。曾经有人认为，因为黑色素很难被细菌分解，所以具有天然的抗菌作用，[64]导致黑色毛发更加坚固耐磨。[65]而背部历经风吹日晒，往往更容易磨损，所以需要深色毛发提供机械保护。[66]这种观点很难解释沙漠动物的表现，因为沙漠动物最容易磨损的身体部位不是背部，而是腹部，比如沙漠壁虎，但它们的背部颜色仍然比腹部颜色更深，可见机械保护作用并不是造成腹背色差现象的根本原因。

另一种观点认为，腹背色差根本不需要解释。就像烤面包一样，面包放在烤箱中烘烤时，上面受到的辐射比较多，颜色总是比较深一些，下面受热较少，颜色则相对较浅。也就是说，烤面包也有“腹背色差”，那并不是什么适应性，而只是辐射上下分布不均的结果。对于动物来说，也是同样的道理，它们的背部受到的阳光辐射明显多于腹部，所以背部更容易被太阳烤出较深的颜色来。

可问题并没有那么简单，因为许多深海鱼类，同样也有腹背色差现象，而它们很少受到阳光的辐射。同样的道理，在树荫环境下和洞穴中生活的动物，依然存在腹背色差，可见，烤面包理论并不是最好的解释。

有一种经典的观点则在寻求更加广义的解释。

早在1896年，美国画家阿伯特·汉德森·赛耶根据自己的观察，对腹背色差现象提出了一种新颖的观点，他认为所有动物都是大自然的画师，全部遵循一般的绘画原理。腹背色差现象其实运用了一个基本的绘画手法，那就是补光技术——将被阳光照得最亮的背部色彩调暗一些，同时将受阳光照射最少的腹部颜色调亮一些，如此一来，就会出现意想不到的视觉效果。

假如你在桌子上放一个白色的乒乓球，然后用一束光照在乒乓球的上面，上半部分就会比较明亮，而下半部分受到阴影的影响，则显得相对暗淡。明暗对比，会立即呈现明显的立体效果，我们就可以清楚地看到那个立体的乒乓球。

现在请你对乒乓球稍作处理，用铅笔把乒乓球的上半部分的颜色稍微涂黑一些，下半部分则仍然保持白色，形成类似动物那样的腹背色差，然后再在光线下观察乒乓球，你就会立即发现情况突然变得完全不同了——由于乒乓球上半部分光线较明亮的地方被涂黑，部分中和了光线的亮度，而下半部分颜色较白的地方又部分抵消了阴影的影响，于是有光亮的地方颜色暗一些，而有阴影的地方颜色浅一些，基本抹平了上下明暗差，使得整个球体的立体效果被大幅削弱，不再像原来那样清晰。

由此看来，腹背色差具有隐形作用，这就是著名的赛耶定律[67]。

自我隐形等于自我保护，所以动物的腹背色差具有明显的伪装效果，而且对于捕食者和被捕食者来说同等重要。捕食者需要悄悄接近猎物而不被察觉，被捕食者则需要藏起来不被发现。狮子和羚羊这样一对天生冤家无疑都是腹背色差的受益者。由于光线可以起到对抗阴影的效果，所以这一理论又称为反影伪装假说。

到目前为止，反影伪装假说已经得到了多数动物学家的认可，因为它可以从多个层面解释动物的腹背色差现象。

首先，毫无疑问，腹背色差是一种巧妙的伪装，可以将自己有效融入环境中去，从而提高生存率。以鱼类为例，如果从上面看，鱼类深色的背部和深色的水面融为一体，很难被天敌发现；而从下面看，鱼类浅白色的腹部又与天空的色彩相近，因而不容易被下面的天敌所发现。有些深海生物，比如荧光乌贼为了强化腹部的浅色效果，甚至会借助生物发光而调整腹部的亮度，以便与上方水面的色调相匹配。如果没有荧光补光，从较深的水下看去，荧光乌贼就像慢慢掠过水面的一片阴影，很容易引起深水捕食者的注意，但当荧光乌贼将腹部的荧光打开时，再从下面看上去，其腹部的颜色就与水面的色调基本一致，大大降低了被发现的风险。就算是在复杂的丛林环境中，腹背色差同样可以起到隐形效果，比如一只落在树荫里的蟋蟀，由于背部色调较暗，就像一片树叶的阴影，当然可以起到隐蔽作用。

不过，此类观点很难解释鲨鱼和鲸鱼，它们也是背部色彩较深而腹部色彩较浅，难道它们会在乎有鸟类从天空发现它们吗？

所以，腹背色差还有第二种功能性的解释，那就是减少紫外线损伤。哺乳动物一般都呈现长条形的身材，并可随时将身体的方向调整为与阳光方向一致。比如阳光从东向西照射时，哺乳动物会调整头部指向西方，这样就可以用后背挡住更多的阳光，并用深色的毛发吸收多余的紫外线，[68]借此保护皮肤不被晒伤。

同样的道理，深色的背部可以吸收更多的阳光，用以维持热量平衡。由于腹部无法被阳光照射，深色的腹部并不能吸收更多的阳光，所以往往颜色较浅。浅色的腹部还有另外一项优势，那就是减少夜晚的热量流失，起到维持内脏温度的作用。

显而易见，腹背色差也具有热调节作用。无论鸟类还是鱼类，或者是哺乳动物，都可以通过腹背色差实现相同的热调节目标，即尽量吸收充足的阳光，努力补充身体的热量，以此减少对食物的依赖，同时努力减少腹部的热量流失，维持内脏的温度。这个观点已经在红罗非鱼的身上得到了证实。随着温度的升高，红罗非鱼背部皮肤的黑色素细胞数量会随之减少，[69]因为它们对阳光的依赖性随之下降了。

如此一来，动物可以通过腹背色差而一举数得，并且几个功能彼此并不冲突。腹背色差简直就是大自然赐予的最好装备。[70]

斑马条纹的秘密

把体色的热调节功能运用到极致的，当属斑马。

千万不要小看非洲斑马的条纹，在风景奇特的稀树大草原上，许多动物都有条纹，但都不如斑马的条纹那样高调张扬。环尾狐猴高高翘起的尾巴也布满了精致的条纹，然而它们的体型无法和斑马的相比，条纹的意义也完全不同；大角羚也有条纹，但看起来非常凌乱，就像是随便披在身上的破布条；非洲斑驴的条纹最接近斑马的，可惜斑驴已经灭绝，不具有比较价值；扎伊尔森林中还有一种奇怪的动物霍加狓，与斑马基本没有亲缘关系，身上也有明显的黑白条纹，只不过局限于屁股和腿上，其他部位则是模糊的一片，根本无法和斑马的精美条纹相比。更重要的是，霍加狓正处于灭绝的边缘，只有斑马仍然用夸张的姿势奔跑在非洲草原上。这都说明斑马的条纹确实具有一定的生存优势，问题是优势何在？

如果你已经对分子生物学研究感到心灰意冷，你可以去试试研究斑马的条纹，肯定会感受到前所未有的痛苦，因为这个问题已经难倒了大批动物学家。他们争论了一百多年，提出的理论比斑马身上的条纹还要多，但是很少有理论能够让人心服口服。因为他们不但需要解释非洲大陆的斑马为什么有条纹，还要解释亚欧大陆的野马为什么没有条纹。野马和斑马有着共同的祖先和相同的生活习惯，却进化出与斑马完全不同的体色，其中到底有什么不为人知的奥秘呢？

见多识广的达尔文可能是第一个严肃思考斑马问题的人，他认为斑马的条纹绝对具有适应价值，但肯定不是为了伪装，因为那些条纹太过招摇，根本起不到伪装作用，倒是很容易引起天敌的注意。达尔文认为，既然每只斑马的条纹都和其他斑马的不同，就像自然界的条形码一样，绝不互相混淆，那么斑马的条纹很可能被用作身份识别工具，以便斑马迅速找到亲人和配偶。有人根据达尔文的推测做过一个奇特的实验，试图让母斑马和公驴交配。公驴的体型和斑马的相差无几，相貌也差不离，但是母斑马就是对公驴没有兴趣。要是把公驴涂上黑白条纹，看上去像一匹斑马，母斑马就会欣然同意交配，没有任何心理障碍。

可是身份识别理论无法解释其他没有“条形码”的动物，比如亚洲野马，难道它们不需要身份识别吗？身份识别可能只是条纹的副作用，而不是根本原因。

继达尔文对斑马条纹进行解释之后，各种观点层出不穷。有人认为斑马条纹可以震慑天敌，但是研究发现，黑白条纹丝毫不影响狮子的进食兴趣；也有人说，斑马身上的条纹就像树枝投下的阴影，可以起到隐蔽作用。问题是斑马主要在开阔的草原上活动，那里连一棵像样的大树都找不到，更不要说密集的树影了。

另一种说法是，斑马集体奔跑时，黑白条纹会形成一条起伏的河流，斑驳的光影可以迷惑敌人，足以令捕食者眼花缭乱，很难发现躲藏在其中的小斑马，从而对小斑马起到保护作用。然而这种说法在事实面前根本站不住脚，狮子和鬣狗捕杀的主要目标恰恰就是小斑马，所谓起伏的河流并没有真正起到保护作用，起保护作用的是斑马强有力的蹄子。受到攻击时，成年斑马会围成一个圆圈，把小斑马围在圈内，然后用后腿猛踢对手。如果只靠条纹保护，恐怕所有的小斑马早已命丧黄泉。

研究人员进一步的调查还发现，斑马条纹和狮子数量之间没有任何相关性。也就是说，如果斑马的条纹能够保护斑马免受狮子的捕杀，那么某个地区斑马的条纹越少，狮子就应该越多才对，可调查表明，两者并不存在相关性。无论哪个地区的狮子，都很擅长捕捉斑马，不论斑马的条纹是多是少，都不影响狮子的捕食效率。狮子总是近距离捕食，它们会在捕食之前就已进入埋伏状态，特别是到了夜晚，在银白色的月光下，斑马的黑白条纹反倒比其他动物的体色更为醒目，根本谈不上什么保护作用。

另一些研究人员则关注条纹对健康的影响，认为条纹可能与驱赶蚊虫有关。比如有一种舌蝇，可以携带流感等多种血液疾病，或者传播锥虫病。感染锥虫的动物会出现发烧无力、神经紊乱等症状，严重的甚至可能死亡，而黑白条纹可能对舌蝇具有一定的防御效果。

为了验证这个理论，研究人员给普通的马涂上三种颜色，分别是纯白、纯黑和斑马条纹，然后再涂上一层胶水。结果发现，纯黑色表面吸引的舌蝇最多，纯白色表面次之，有条纹的地方粘住的舌蝇最少，这表明黑白条纹确实具有驱虫效果。

用于解释这一现象的理论却各不相同。有人认为，当斑马快速奔跑时，身上的条纹会产生明显的车轮效应，呈现强烈的视觉伪装效果，就像是理发店门口的旋转彩灯，明明只是水平运动，却会让人产生彩灯在做垂直运动的错觉。这种视觉错误可能会迷惑舌蝇，让它们搞不清斑马到底在向哪个方向奔跑，从而使斑马减少被叮咬的危险。

还有另外一种可能，与舌蝇对光线的判断有关。

相对白色而言，舌蝇更喜欢黑色。因为在舌蝇眼里，黑色表面反射的偏振光非常接近水波，它们会误以为发现了可以产卵的水源。黑白条纹可以破坏这种线索，让它们找不到正确的目的地。不过，这种保护作用主要在腿上有效，因为舌蝇主要叮咬动物的腿部，而斑马腿部的条纹与躯干的条纹不但粗细不同，条纹走向也不同。躯干上的条纹主要是竖排的，腿上的条纹则是横排的，两者很难具有相同的作用。麻烦的是，斑马的腹部几乎是纯白色，难道斑马的肚皮就不需要防止舌蝇叮咬了吗？更麻烦的是，斑马主要在开阔的草原上奔跑，可舌蝇则只在水池边活动，两者相遇的机会并不多。如此微弱的选择压力，似乎不足以让斑马改变体色，特别是很难解释角马为什么不需要黑白条纹驱赶舌蝇。角马的体型和斑马的相差无几，生活环境也完全一样，它们就不需要防范舌蝇吗？

针对这些难题，累赘理论则给出了最令人意想不到的解释。

有些动物会在身上进化出某种没有实际价值的累赘，比如大角羚形状奇特的双角，还有雄孔雀漂亮的大尾巴。动物进化出累赘的意义在于，它们可以通过累赘向竞争对手示威：你看我身上虽然背负着可笑的累赘，但我仍然生活得很好，因为我的身体很棒，你还是不要和我竞争了。这就是累赘理论的要义。

累赘理论认为，斑马的条纹可能也是一种累赘。因为斑马条纹确实可以制造视觉假象，但目的不是混淆奔跑方向，而是让自己看起来更矮。虽然我们无法与斑马沟通，问它们对有条纹的伙伴到底是何种观感，但粗大的竖形条纹确实会让斑马的躯干看起来更短，而细小的横纹又正好让四条腿看起来也很短，这种观感绝非巧合，而是表明斑马的条纹确实可能起到累赘作用。用累赘理论来解释斑马的黑白条纹，条纹中隐含的意思是：虽然我用条纹让自己看起来又矮又矬，但我根本不在乎，因为我的身体足够强壮。

累赘理论还能解释其他动物为什么没有条纹，因为不同的动物有不同的累赘标记方式，角马自有角马的累赘，长颈鹿也有长颈鹿的累赘，它们没有必要全部用条纹来展示自己处理累赘的能力。

这种观点虽然新颖有趣，似乎也有一定的道理，却无法证明。我们没有办法证明斑马的条纹是一种累赘，甚至连设计一个简单的理想实验都很难。比如相反的意见就认为，斑马条纹不是让斑马看起来很矮，而是让斑马看起来比实际体型更高大。对于这种纯主观的说法，我们实在难以判断对错。而且，无论为了保护还是作为累赘，红色条纹或者棕色条纹，都可以起到同样的效果，为什么非得是黑白条纹呢？

当这么多理论都遇到麻烦时，有些学者觉得必须严肃对待斑马的条纹。为了彻底解决这个问题，结束斑马条纹研究的混乱局面，美国加州大学洛杉矶分校的一个研究团队不惜投入大量资金奔赴非洲草原，开展大规模的调查研究。他们从非洲各地选取了十六个不同的斑马群，检测了影响斑马条纹的近三十项环境变量，最后写了一篇论文于2015年发表在《英国皇家学会开放科学》杂志上。这个研究团队的研究结果表明，斑马条纹不但和狮子无关，而且和蚊蝇无关，最显著的影响因素居然是环境温度——合适的条纹有利于斑马调节体温。

斑马种类不同，其条纹数量也不同，有的有二十多条，有的有八十多条。调查表明，越是靠近赤道，斑马的条纹就越清晰而密集；而在相对凉爽的南方，斑马的条纹就明显减少；当条纹细弱到一定程度后，斑马就会变成一匹灰马。

那么黑白条纹是如何调节斑马的体温的呢？

黑白条纹其实不是为了反射阳光，而是为了利用黑白两色对阳光反应的差异。黑色条纹吸热较多，白色条纹吸热较少，这样条纹上方的空气就会出现冷热交替，而在冷热之间很容易形成微小的气流旋涡，不但可以驱赶舌蝇，而且可以迅速降低皮肤温度。正因为如此，斑马的皮肤温度比其他哺乳动物的低两到三摄氏度，这在炽热的阳光下具有非同寻常的意义。[71]

这个结论却无法解释其他动物为什么没有黑白条纹，难道它们全部付不起条纹外套，不需要抵御阳光暴晒吗？

这与斑马自身的生物学特点有关。

斑马主要在稀树草原上活动，经常需要激烈奔跑，加上暴烈的阳光，都对体温平衡提出了巨大的挑战，它们需要一个额外的冷却系统。亚欧大草原上的野马则不然，野马与斑马体型相当，虽然也需要激烈奔跑，但亚欧大草原位于等雨线以北，那里的温度要比非洲草原的低很多，对散热的需求自然和非洲斑马的不同。野马更需要强化吸热能力，而不是散热能力。非洲野牛虽然与斑马处于相同的生态位，但野牛很少激烈奔跑，对热调节的需求自然也与斑马的不同。

非洲斑马的另一个劣势在于它不是反刍动物，与野牛相比，它们对草料的消化效率相对较低，导致它们需要吃下更多的草料，因此肚子比较大，需要长时间在太阳底下不停地吃草，散热的任务当然更重。野牛则可以有很多时间躺在树荫下慢慢反刍，生活显得悠闲许多，所以不需要黑白条纹来散热。至于狮子，它们是肉食动物，白天几乎一直待在树荫下，只在傍晚日落时分才出去捕猎，并且很快就能填饱肚子。所以，狮子不需要额外的散热系统，自然也就不需要黑白条纹。

难以解释的是大象，大象也不是反刍动物，为什么没有利用条纹散热呢？

那可能与大象独特的散热能力有关。大象为了提高散热效率，不但脱去了满身毛发，而且皮肤上布满了皱褶，大大扩展了皮肤的表面积，可以有效提高散热能力。也就是说，大象其实升级了身体的散热装备，它们对条纹没有兴趣。

可是问题还没有完，如果仅仅因为黑白之间可以形成空气旋涡，那么斑点图案也应该能达到同样的效果，而不必非要形成条纹，为什么我们看到的不是斑点马，而是条纹斑马呢？

其实自然界也有斑点马，但在非洲草原上，还是条纹斑马占优势，因为黑白条纹之间的界限长而有规律，可以形成更多的气旋，散热效率要比斑点图案更高。非洲的猎豹和鬣狗身上就布满了斑点图案，因为它们都是肉食动物，不需要长时间在阳光下吃草，因而可以花更多的时间躲在树荫底下乘凉，对散热的要求不如斑马的强烈，自然不需要精细的条纹，斑点图案就可以满足它们的要求。

但是，气旋理论仍然需要回答这样一个质疑：既然在黑白条纹之间可以形成散热的气流旋涡，斑马的条纹为什么主要是上下竖排呢，左右横排的条纹不也可以起到同样的效果吗？

这确实是一个很好的问题，不过这个问题可以从胚胎学研究中得到答案。

哺乳动物的毛色主要由体内的色素细胞，特别是黑色素细胞决定，它们都来自胚胎中的黑色素母细胞。黑色素母细胞在胚胎发育过程中顺着脊椎呈线性分布，随着发育的进行，黑色素母细胞会从背部向腹部一点点推进。而在从背部向腹部迁移的过程中，黑色素母细胞的数量会越来越少，导致腹部的色彩越来越淡。这是所有动物腹部颜色相对较浅的生理学原因。[72] 如果黑色素母细胞在脊椎处呈连续分布，从脊椎向着腹部全线推进，就会导致躯体全部变黑；如果黑色素母细胞在脊椎处呈不连续分布，在向腹部推进时就会形成黑色条纹。换句话说，形成白色条纹的地方，要么是黑色素母细胞没有到达，要么就是黑色素母细胞到达以后凋亡了，这就解释了斑马的条纹为什么是纵向的，而不是横向的。就像河水从山上流下来，只能形成纵向的河流。同样的道理，我们在斑马身上也只能看到从上到下的条纹，而不会看到从左往右的条纹。竖排条纹与热调节的策略无关，而只与胚胎发育的策略有关。

虽然黑白条纹有利于降温的观点仍然存在一些争议，但目前看来，这已经是最好的解释斑马条纹的理论。

由此可见，体色确实对哺乳动物的体温调节具有重要作用。既然如此，我们应该能从千姿百态的哺乳动物世界中发现一些简单的色彩规律：寒冷地区的哺乳动物的毛色应该相对较深，直至变成黑色。越靠近炎热的地区，哺乳动物的颜色就应该越浅，直至变成白色。其他地区的动物体色，均应介于黑白之间，可以是灰色，也可以是棕黄色或者棕红色。不过，当我们分析各种哺乳动物从北向南、由冷转热的地理分布时，却并没有发现一个黑白渐进的典型分布曲线。我们看到的是一个混乱而复杂的色彩布局，就像精神分裂的画家手里拿着的凌乱的调色板，几乎看不出任何规律。比如北极地区的北极熊是白色的，而同在北极地区的麝牛则是黑色的，而北极狐则有黑色也有白色，甚至还有灰色和棕色。

为什么会出现如此复杂的局面呢？

因为体色只是影响体温的因素之一，动物体温还受到很多其他因素的影响，比如捕食习惯和生活习惯等。肉食动物的食物能量效率较高，对阳光的依赖就相对较低；草食动物的食物能量效率较低，必然对阳光有着更多的需求。麝牛恰好是草食动物，而且无法冬眠，它们必须利用一切机会捕捉阳光中的热量，所以其体色才会呈现黑色。同样的道理，穴居动物和居住在岩壁上的动物，居住在热带丛林里的动物和居住在干旱沙漠中的动物，其保持体温的策略也都完全不同，体色当然也不会相同。

除此之外，还有一种非常重要的因素会直接影响哺乳动物的热调节能力，进而直接影响其体色，那就是体型。

吃货的收益与风险

说到动物的体型，很多人的头脑中会浮现出恐龙的形象，此外还有大象和鲸鱼，它们都以巨大的体型而给人们留下了深刻的印象。如果说有什么不同，那就是恐龙已经灭绝，而大象和鲸鱼仍然生存在地球上。

在生命起源之初，生物的体型都很小，大型动物后来居上，并且种类越来越多。尽管生物进化没有方向，动物不会专门朝着大型化方向持续演变，有些动物也会突然缩小体型，比如海岛上的大型哺乳动物有可能出现小型化的趋势，并因此而出现了侏儒大象和侏儒河马之类有趣的动物，但经过持续的筛选，大型动物还是不断涌现，并呈现越来越大的趋势，它们都是天生的吃货。

从进化的角度来看，体型巨大的动物必然出现，因为高大的体型会带来明显的生存优势。首先，大个子在近身肉搏时不会输给对手，而且个子越大越容易抢到配偶。至于觅食，则更是得心应手，谁敢跟大个子抢夺食物呢？

既然大型动物具有如此明显的优势，陆生哺乳动物为什么没有朝着体型更大的方向无节制地进化呢？比如进化出一头比金字塔还要高大的狮子，不是乖乖地蹲坐在金字塔前面，而是把金字塔像积木一样踩在脚下。我们并没有在自然界中看到如此恐怖的怪兽，其中的原因何在？

动物的体型受到许多因素的制约。简单的事实是，体型越大，对氧气的供应要求就越高，对四肢的骨骼强度要求也越严格，体型太大甚至可能将自己的骨头压碎。除了机械因素，还有一些隐蔽因素，直接限制了体型的无节制发展，比如著名的“德帕锐定律”。

1907年，德帕锐分析了大量古生物化石后提出：在古生物的每一个分支中，都是从小的体型开始，以后体型逐渐增大，最后达到最大体型。当达到最大体型时，这一分支也就到了灭绝的时刻，所以我们无法看到超级动物。当今世界，体型最大的动物就是蓝鲸，而它们也确实面临着灭绝的危险。

为什么体型增大最终会导致灭绝呢？

逻辑是这样的：体型越大，需要的食物也就越多，并由此而造成沉重的觅食负担。海洋中曾经生活过一种巨齿鲨，是非常可怕的海洋杀手，其重量高达六十吨。为了维持身体的高速运行，它每天需要猎取超过十吨的食物。巨齿鲨的食量与蓝鲸的相近，但蓝鲸主要吃磷虾，不需要开展激烈的捕杀活动，只要把嘴巴张开，靠鲸须过滤海水，就可以轻松填饱肚皮，捕食压力并不大。巨齿鲨则不然，它们牙齿巨大，根本无法过滤磷虾，只能靠猎杀其他海洋动物为生，而且不能猎杀小鱼小虾，那样效率根本不够，它们的最佳猎杀对象只能是鲸鱼。

问题是以鲸鱼的体型，鲸鱼要存活下来，本身就需要大面积的海洋支撑。当巨齿鲨以鲸鱼为食物时，就需要占据更大面积的海洋。这是所有大型动物都必然面临的困境：食物密度决定了地盘大小。体型越大，需要吃进去的食物越多，地盘要求就越大。假设有一种巨兽体型超大，食量当然也没有对手，甚至需要几百平方公里的海域或土地作为基本生活保障。在它的地盘上，它想吃什么就吃什么，想怎么吃就怎么吃，这都没有问题，可是它该到哪儿去寻找配偶呢？抬眼望去，方圆数百公里以内，只有它一个霸王级别的存在，根本没有对手，当然也没有配偶，那它又该如何留下后代呢？就算它有意解决这个问题，以强大的爱心容纳一个配偶在身边共同进食，但由于体型已经失控，现有的地盘只能供养一头巨兽，两头巨兽在一起，最终的结果只能是双双饿死，更不要说养活可能的后代了。

由此可见，对于大型动物来说，在食物供应与寻找配偶之间，存在着不可调和的矛盾，所以体型必须控制在适度的范围之内，否则要么没有配偶，要么没有食物，而任何一个困境都可以导致其灭绝。蓝鲸之所以可以长这么大，是因为它们在海洋里通过长距离的次声波通讯解决了寻找配偶的难题；侏罗纪时期的恐龙之所以可以发展出巨大的体型，是因为那时氧气充足，植物繁茂，可以提供足够的食物，恐龙不需要跑很远就可以找到配偶。它们的任务除了进食就是交配，那种饱暖思淫欲的简单时代已经一去不复返了，现代陆生哺乳动物不但缺少有效的远距离沟通渠道，而且缺少食物大量供应的理想环境，所以必须把体型限制在可以找到配偶的范围之内。大象与水牛的体型，基本已经达到了陆生草食动物的上限。

至于肉食动物，它们需要保持敏捷的身手才能捕捉到草食动物，所以肉食动物的体型要比草食动物的略小一些，狮子和老虎的体型已经是上限了。

不过德帕锐定律并不是限制动物体型增大的根本因素，还有一个因素也直接制约了大型动物的进化趋势，那就是热调节能力。

研究表明，动物体型越大，代谢速率就越低。体型小的动物正好相反。[73]代谢速率低意味着吃下相同的食物可以撑更长的时间。换句话说，大型动物对食物的利用率更高，这一点因此而成为驱动动物向着大型化方向发展的重要动力。

是的，你没看错，动物体型越大，越节省粮食。

为什么会出现如此反直觉的现象呢？

因为与体型较小的动物相比，体型较大的动物热量损耗反而较小，这与动物的相对表面积有关。

所谓相对表面积，就是表面积与体积之比。假设一个边长为1米的正方体，这个正方体的表面积是6平方米，体积是1立方米，相对表面积就是6:1，也就是6。当边长增加一倍，变成2米时，正方体的表面积就变成了24平方米，体积则为8立方米，相对表面积就是3，比上一个正方体减少了一半。同样的道理，当边长变为3米时，相对表面积就变成了2。趋势很明显：体积越大，相对表面积越小。这个原理对于动物来说同样适用，体型较大的动物相对表面积也就越小。

动物的表面就是皮肤，而皮肤是身体热量散发的窗口，对于维持体温至关重要。一旦体型变大，相对表面积变小，就意味着散热能力下降，同时意味着吃下少量食物就可以维持身体的代谢需求，所以，大型动物的食物利用率要高于小型动物。

问题在于，散热能力是一柄双刃剑。散热太快会造成浪费，散热太慢又会中暑。所有动物都必须根据环境温度的高低而控制自己的体型，以便在散热与吸热之间达成某种平衡。

根据这一原理，气温越高，越不适合大型动物生存，因为它们散热本来就慢，炎热的环境很容易造成其体温过高，为此热带动物都不得不限制自己的体型。寒冷地区的动物则可以变得更大，以此减少体内热量的散失。这就是著名的伯格曼和艾伦定律。这一定律指出：在同一种属的恒温动物中，或在密切相关的不同物种中，身体大小与环境温度呈逆相关。即温度越高，体型越小，反之亦然。[74] 现存的企鹅就是很好的例子。越是靠近南极的企鹅体型越大，反之则体型越小。最小的企鹅生活在加拉帕戈斯群岛，就在赤道附近。

这一定律可以用于解释许多有趣的动物现象。

五千六百万年前，最早的马科动物体型都很小，只有土狗那么大，但那还不是这一物种体型最小的时候。在随后的十几万年中，由于地球温度持续上升，原始马的体型不断缩小，小到几乎和猫差不多。当高温期过去后，地球开始降温，原始马的体型才开始不断增大，大得直到可以供人类骑坐。[75]

另一个证据是，水生哺乳动物的体型一般都要比陆生的近亲更大。以海狮为例，它是熊的近亲，但海狮的体型几乎是熊的两倍。系统的分析表明，在过去约六千万年的时间内，水生哺乳动物都在朝着更大的体型进化，而陆地哺乳动物则没有如此清晰的方向，它们有可能变大，也有可能变小，主要的原因就是水生环境往往温度较低，为了保持体温，水生哺乳动物必须减少相对表面积，也就是说，必须增大体型，才能避免被冻死。正因为如此，几乎所有的海洋哺乳动物体型都很庞大，比如鲸鱼。至于海豚或者海豹，其体型无法与鲸鱼的相比，就必须改用其他方式来保持体温，那就是大量进食、密集运动，以此产生足够的热量来维持体温。所以，海豚往往异常活跃，几乎一直在不停地冲刺前进，海豹则要花很长的时间在沙滩上晒太阳。至于鱼类，它们不是恒温动物，在海水中不必拼命维持体温，受到体型的限制反而少一些。因此，鱼类的体型可大可小，那只与捕食能力有关，而与保持体温无关。

据此推理，当动物体型达到一定程度时，就会受到散热能力的限制，无论大小。

如前所述，动物体型越小，相对表面积越大，热量散失越快。所以，哺乳动物的体型不能无限缩小，小到一定程度时，热量散失的速度就可能超过食物供热的能力，它们必须不停地进食，否则就可能被活活饿死，或者被活活冻死。雪上加霜的是，小型动物很难披上厚厚的毛发保暖。假设老鼠披上狐狸那么长的毛发，暖和肯定是要暖和一点，却可能把自己活活累死。

相比而言，大型动物的热调节优势非常明显。体型越大，相对表面积越小，散热越慢，需要摄入的食物也就越少。每头成年大象一天平均要吃下一百多公斤的食物，这个数字看起来非常惊人，但相对于几吨重的体重而言，大象吃得已经非常少了。与小鼠的进食速度相比，大象简直就是勤俭持家的典范。假设有一群小鼠体重相加等于一头大象，这群小鼠一天需要吃下的食物甚至是大象的好几倍。因为吃下的食物太多，所以小鼠必须提高代谢速率，比大象的快了近二十倍，这导致小鼠的寿命一般只有三年，而大象的寿命可以长达六十年，它们体内发生的代谢总量基本上处于同一个水平。小鼠等于用了三年时间，干了大象六十年才做完的事情。

大型动物的另一个优势是有能力披上更厚的毛发用于保暖，更容易维持标准的体温，但那并不意味着体型可以无限增大。当体型达到一定程度以后，相对表面积一旦低于临界值，就很难及时将体内的代谢热量散发出去。也就是说，体型太大的动物虽然不会像小型动物那样被活活饿死，却有可能被活活热死。

非洲大象深知散热的重要性。由于体型过大，大象的内脏温度是所有哺乳动物中最高的。为了应对高温的影响，大象长出了充满皱褶的皮肤，以此增大体表面积，强化散热能力。此外，大象的行动总是慢腾腾的，它们一般不会做激烈的运动，因为那会产生过多的热量，进而导致身体的崩溃。

综上所述，动物的体型确实可以影响体温，而体温又与毛发颜色直接挂钩，所以体型对毛发颜色也有直接的影响。

为了维持恒定的体温，所有哺乳动物都必须在体型和毛色之间寻找到平衡点。总的原则是，体型大、散热慢的动物，要尽量使用吸热慢的浅色毛发；而体型小、散热快的动物，则要尽量使用深色毛发。只有正确的体型配上正确的体色，才能在生存竞争中立于不败之地。所以，在非洲稀树草原上，大象和野牛都是灰色的，而不可能是黑色的，因为黑色吸收阳光辐射太多，会把大型动物热死。

这就是体型、体色和体温之间的内在联系。

那么，为什么没有绿色的哺乳动物呢？

那与绿色毛发的热调节能力有关，同时也与哺乳动物的体型有关。

为了深刻理解绿色毛发的热调节能力，让我们再次回顾一下可见光光波的组成：从长波到短波，依次是红、橙、黄、绿、青、蓝、紫。其中红光波长最长，紫光波长最短。随着波长的变化，光波中所蕴含的能量也呈现明显的波动。总地来说，在可见光区域，能量呈现一条典型的正态分布曲线。中间的绿光波段跨度较大，所含能量总量最高。青光基本就是绿光的分支，在绿光两侧的蓝光和黄光所含的能量都要弱于绿光的能量。

昆虫可以证明绿光的价值，它们的幼虫对温度的依赖性极高，因而对光源非常挑剔。蝗虫的幼虫在低温条件下常为浅红色，但在超过38°C 的极端高温条件下，多数幼虫都会转化为绿色，以便把强烈的绿光反射回去。[76] 由此可见，绿色在热调节过程中具有不可思议的重要价值，这就是植物叶片为什么要拼命反射绿光，以此避免光损害的原因。

值得一提的是，绿光之外的所有光源都会与植物出现竞争关系，在树荫下生活的动物很难获取红光，因为红光已被植物大量吸收，所以，植物吸收的光谱对于动物的体色有着决定性的影响。植物无处不在，许多动物都居住在植物环境中，与植物竞争光源无疑是极不明智的行为，最佳策略当然是顺应植物的统治。既然植物将绿光放弃，那么哺乳动物何不顺水推舟，将所有绿光全部吸收呢？对于植物来说，绿光是一种容易引起消化不良的高能垃圾食品；而对于恒温的哺乳动物来说，绿光则一跃而变成了维持体温的宝贵能源，绝对不能轻易丢弃。

可见热调节作用才是哺乳动物没有绿色毛发的终极原因。[77]

那么为什么有些动物可以呈现绿色？比如一些鸟类和爬行动物等，难道它们就不需要顺应植物的绿色统治了吗？难道它们就不需要绿光的热调节作用了吗？

绿色动物主要可以分为两大类，第一大类属于低等动物，比如爬行动物（如我们熟知的绿色的蜥蜴），还有两栖动物（比如绿色的青蛙）。它们有一个共同的特点——都属于冷血动物，体温往往随着环境温度的变化而改变，而且主要在温度较高的季节才会处于活跃状态，对于保持体温并没有特别要求，大可尽情展示各种色彩，并通过色彩来强化识别、保护、警戒以及交配功能，无论红色还是绿色，都不稀奇。

麻烦的是鸟类，因为鸟类与哺乳动物一样，也是恒温动物，也有保持体温的需要，为什么有些鸟类也是绿色的呢？比如绿毛鹦鹉便是如此。

虽然同为恒温动物，但体色对于鸟类和哺乳动物的意义并不相同。绿色的鸟类往往出现在热带丛林中，环境温度一般都高于体温。我们不可能在极地附近发现一只绿色的企鹅，相反，倒是有大量黑色的企鹅，它们采用与哺乳动物相同的体色策略，即背部黑色用于吸收阳光，而腹部白色以便减少散热。这两种极端色彩的配合，可以最大限度地保持企鹅的体温。

鸟类的另一个特点是体型相对较小，飞行模式可以比四肢行走产生更多的热量，导致鸟类的体温普遍高于哺乳动物的体温，它们放弃绿光也照样能维持体温，所以有资格展示绿色，还有其他花里胡哨的色彩。

尽管如此，鸟类的羽毛也不能随意涂色，热调节的限制并没有完全撤除，比如大型鸟类，如信天翁、白天鹅等一般都是白色的，很少有黑色的。黑色羽毛很容易使鸟类在长途飞行过程中热量超载，它们必须减少对阳光的吸收，否则体温就可能失控。至于黑天鹅则属于稀有物种，在自然界中并不占据生存优势，生态分布也不如白天鹅广泛。黑天鹅很少进行长距离飞行迁徙，其散热需求明显低于白天鹅的。17世纪之前，人们一直认为天鹅都是白色的，直到在澳大利亚发现了黑天鹅，才改变了这种观念。正因为黑天鹅比较少见，人们才用“黑天鹅事件”来形容那些非同寻常的事物。

至此我们全面论证了为什么哺乳动物没有绿色的毛发。

现在我们不妨略作休息，简单回顾一下前面的总体思路：对于双色视觉的哺乳动物来说，绿色的毛发在各方面都不占优势——既没有保护效果，也没有炫耀效果，热调节功能也远不如黑色或者白色。哺乳动物当然没有进化出绿色毛发的动力。

不过，问题并没有就此解决。

人类属于灵长类动物，与其他哺乳动物相比，具有许多独特的生物学特征，其中之一就是三色视觉。我们能够清晰地分辨红色、绿色和蓝色，就是三色视觉的结果。而这也提出了一个新的问题，色盲是哺乳动物的常态，甚至是一种优势，而且哺乳动物已经适应了双色视觉体系，并发展出了相应的体色系统，为什么灵长类动物反倒会丢掉这种优势，进化出三色视觉呢？

说起来令人难以置信，灵长类动物的三色视觉，居然与被子植物的进化有关。

为什么被子植物会促进灵长类动物的三色视觉？

要想理清其中的逻辑，首先要搞清楚花朵与果实的着色原理，那就是我们回答问题的第四步：花朵与果实的逻辑。

第四章

花朵、落叶和水果

三十五亿年前光合作用启动之后，生命就此拥有了稳定的能量来源。绿色植物因为有效屏蔽了绿光，避免了绿光伤害，所以提高了光合作用的投入产出比，从海洋不断向陆地进军，最终在陆地上得到了巨大的发展空间。从先后顺序上看，植物进化大体经历了五个比较重要的时代，依次是菌藻时代、裸蕨时代、蕨类时代、裸子植物时代、被子植物时代。每一个时代的代表性植物都对动物进化产生了不可思议的驱动作用，其中以被子植物对于灵长类动物的影响最为直接，效果也最为显著，最终为人类的进化奠定了坚实的基础。

植物进化的第一阶段为菌藻时代，也就是以光合细菌和藻类为主的地质时代。在菌藻时代前期，植物主要是各种光合作用的单细胞菌类和藻类，后来出现了红藻和绿藻等真核藻类。此后为了提高光合作用效率，强化竞争优势，藻类开始形成丝状和多细胞类型，并在九亿多年前出现有性生殖，大大提高了进化的速度。此后藻类开始出现急剧分化，在四亿多年前，所有藻类都已产生，在远古地球上，它们是当仁不让的主角，也是在地球上称霸时间最长的植物门类，前后大约持续了三十亿年，直到四亿年前仍然控制着地球。藻类源源不断地通过光合作用生产氧气，固定二氧化碳，[78]对地球产生了深刻的影响，永远而彻底地改变了地球的环境，至今仍然主导着地球气候变化的基本节奏，其吸收的二氧化碳仍然占新生二氧化碳总量的三成以上，[79]对地球气候起到了至关重要的调节作用。臭氧屏蔽了大部分紫外线，使陆地成为更加宜居的生态空间，为其他生物创造了良好的栖息地。地球这才欣欣向荣起来，变成真正的生命摇篮。

从原始的蓝细菌到绿藻和海带等光合生物的出现，其中最重要的变化是用叶绿素 b 替代了叶绿素 c，叶绿体就此成为专门进行光合作用的场所，大大降低了能量传递的损耗，提高了光合作用的效率，为植物登陆奠定了基础。

第一批尝试走向陆地的植物是原始的绿藻，它们是所有陆生高等绿色植物的祖先。由于面临着全新的环境和全新的挑战，小小的原始绿藻发动了绿色革命，不断进化出各种各样的植物，以适应不同的环境和气候，给原本单调的陆地带来了巨大的生机，所以这段时间被称为绿色革命时期，其中最重要的变革就是出现了叶片。

叶片的表面有一层透明的保护层，可以防止水分快速蒸发，从而有效锁住水分，同时不会影响植物对光线的采集。为了方便吸收二氧化碳并释放出氧气，植物又在保护层上开了一个个微小的孔洞，那就是精致的气孔，气孔可以随着光线强弱和温度变化而调节开口大小，成为叶片上的迷你空调。有了叶片和气孔，植物就可以朝着更为偏远的陆地进军了。

距离水源越远，一个重要的问题就越突出，那就是如何保障充足的水分和营养供应。植物在水中生活时，这些问题很容易解决，因为水体就是天然的营养池，有水的地方，基本就有营养。陆地环境让这个简单的问题变成了生死攸关的大事，如果不加以解决，植物将被永远限制在水体中，根本无法在陆地上生活。

正是为了应对这个困境，植物又发明了根。根最早的作用并非吸收水分和养料，而是将植物固定起来，使之不至于随波漂流或者随风飘走，这种只起固定作用的根叫作假根，比如海带和苔藓之类的植物就长着假根，假根不能运输水分，也不能输送养料，所以假根植物无法彻底摆脱水源的束缚，只能在水体与陆地的交界处试探性地尝试新的生活方式。此后根的结构不断升级，真正的根可以扎进土壤，并从中吸取必要的养料，然后通过内部通道将养料送到植株的各个部位。经过反复改良，蕨类植物终于出现了，它们是陆地上第一种广泛分布的植物，就因为根中已经出现了负责运输的维管系统。最原始的蕨类植物被称为裸蕨，它们开启了植物进化的第二个重要时代——裸蕨植物时代。

就在绿藻向陆地扩张的过程中，绿藻突然遇到了剧烈的加里东造山运动，这是地球历史上最重要的地质运动之一，在地球表面形成了许多山脉，导致海水不断退却，陆地面积随之增大，为陆生藻类提供了广阔的生活空间。有些藻类很快转型成功，其中的一个分支进化成了裸蕨。裸蕨与绿藻都含有叶绿素a和叶绿素b，都可以通过光合作用合成淀粉，并用纤维素构成自己的细胞壁，这是两者存在亲缘关系的重要证据。

与藻类不同的是，裸蕨拥有了原始的维管组织，可以直立生活在靠近水源的陆地上，将水分和营养在整个植株内重新分配，但它们没有叶片，没有真正的根，整个植株只有十几厘米左右，就像光秃秃的树枝反插在地面上。它们的生殖器生在枝条顶端，赤裸裸地暴露在阳光下，所以被称为裸蕨。

由于维管组织的出现，裸蕨成为真正意义上的陆生植物，它们开始在空气中进行光合作用，开始为地球披上绿装，地球的面貌从此变得不同。

裸蕨统治地球的时间并不长，它只是一种过渡类型。当新的特征出现之后，真正的蕨类植物开始登上生命舞台，并把植物的陆生能力推向了一个新的高峰。植物进化就此进入了第三个阶段——蕨类植物时代。

蕨类植物的兴起，也意味着裸蕨植物的灭绝，因为两者的竞争能力不可同日而语。裸蕨只是出现了原始的维管组织而已，可蕨类植物已经具备了基本的根、茎、叶等重要结构，维管组织高度发达，可以将水分和矿物质从根部运送到叶片，并将光合作用生产出的养分从叶片输送到根系，因此有能力支撑高大的植株，如芦木和封印木等，类似如今高大的乔木，无疑对十几厘米的裸蕨形成了碾压态势。裸蕨的生态空间很快被另一类植物苔藓填补上。苔藓类植物缺乏真正的维管系统，只有类似根茎叶的结构，但都很原始，根是假根，叶是假叶，茎也是假茎，因此又叫“拟茎叶体”。这些假货无力支撑高大的植株，导致苔藓类植物大多矮小而简单，与高大的蕨类形成了鲜明对比，因此得以在蕨类植物的阴影下顺利存活，在三亿多年前占据了低地空间。由于受到水分的制约，苔藓类植物无法分化出更高一级的植物类群。总地来说，苔藓类植物可以被看作植物在进化过程中走进了死胡同的一个侧枝，其进化地位在各方面都无法与蕨类植物相提并论。

蕨类植物最重要的价值已经不再是进行光合作用或改善大气环境，而是大量固定二氧化碳，为动物提供充足的食物，甚至可以养活恐龙这样的庞然大物。蕨类植物曾经是恐龙的最佳食物，与恐龙一道共同统治着陆地，但它们的命运和恐龙一样，面临着巨大的危机，因为蕨类植物有个致命的缺陷，它们的孢子离不开水体，必须有足够的水分才能萌发形成雌雄配子体，精子需要借助水力游向卵子，进而形成合子，然后发育为完整的植株。一旦水分缺乏，蕨类植物就不得不停止生殖活动。在恐龙灭绝之后，地球温度不断上升，空气日渐干燥，这更对蕨类植物的生存形成了巨大的挑战，迫使蕨类植物不断退缩，成了恐龙的陪葬品，只有少部分还能在雨水充足的潮湿地区生存。

真正将植物的潜力发扬光大的，是蕨类植物的后代——裸子植物，它们是植物进化到第四个阶段的主角，至今没有退出生命的舞台。

裸子植物取代蕨类植物，约在两亿到六千五百万年前完成统治，这一时期在地质学上叫作中生代，所以中生代又被称为裸子植物时代。从时间线可以看出，裸子植物和恐龙的兴衰过程高度契合，表明两者可能形成了协同进化关系，那应该与裸子植物的繁殖方式有关，它们已经可以产生真正的种子，所以裸子植物又叫种子植物。

在裸子植物出现之前，植物都依靠孢子而非种子繁殖。直到三亿多年前，裸子植物的生殖器官开始不断强化，雄性孢子变成花粉储藏室，雌性孢子则变成了胚珠。一旦传粉成功，胚珠很快就能发育成种子。凡能形成种子的植物，都叫种子植物。裸子植物就是最早的种子植物，不过它们的胚珠裸露在枝条上或叶片边缘处，种子没有被果实所包裹，这就是裸子植物名称的由来，就是只产生种子，没有果实，通俗地说就是没有可吃的果肉。银杏就是典型的裸子植物，只不过它的种皮比较发达，看起来像是果实罢了。

裸子植物没有草本类植物，几乎都是多年生木本植物。裸子植物将水分和养料运输分隔开来，中心木质部导管负责向叶片运输水分，而树皮中的管胞则负责从叶片向根部运输养料，形成互不干扰的双向“高速公路”，运输效率得到大幅提升，角质层和细胞壁木质化可以更好地锁住水分。叶片面积较小，失水较少，这使得裸子植物更加适应干旱环境，并在陆地上高高耸立，树形高大挺拔，能够获得更多的阳光。只可惜其水分与营养物质的运输效率略逊一筹，所以裸子植物的生长速度普遍较慢。不过那原本就是个慢节奏的时代，物种之间的竞争并不激烈，裸子植物有充足的时间长成高大的乔木，直至统治整个地球，让地球上到处都是茂盛的裸子植物森林。[80]

裸子植物虽然植株高大，寿命较长，但仍有一些重要的缺陷，除了生长较慢、种子较大、传播困难、发芽率低之外，还有些雌雄异株的植物开花时间不一致，导致传粉成功率不高，这都制约了裸子植物的进化。后来由于气候变化，裸子植物相继灭绝，幸存下来的仅有七百多种。

裸子植物的衰落，给后来者腾出了巨大的生态空间，地球因此迎来了高光时刻，植物进化也步入了第五个发展阶段，被子植物终于登场了，并很快接管地球，从此开启了被子植物时代。直到如今，被子植物仍然是地球上种类最多、分布最广、适应性最强的优势植物类群。

被子植物开出了真正的花朵，有雌蕊雄蕊，有花瓣花萼，所以又叫开花植物。美丽的花朵给地球装点了不同的色彩。开花之后，必然结果，各种类型的果实成为灵长类动物进化的最高奖品，直接影响了灵长类的诸多生物学特征，其中包括三色视觉，并最终驱动了人类的诞生。

可以这么说，如果没有被子植物，就没有人类。我们都是被子植物时代的终极受益者。被子植物跨越亿万年的时光来到我们身边，为我们呈现一个多彩的世界。

其中所有的辗转曲折，都要从小小的花朵说起，那可是困扰了达尔文一生的进化之谜。

第一朵花在哪里开放

人迹罕至的云南腾冲来凤山下，一位植物猎人穿过山花烂漫的峡谷，很快发现丛林深处躲藏着一只羽毛鲜艳的小鸟。随着一声枪响，小鸟受惊飞走，植物猎人却突然心脏病发作倒地不起。

这位客死他乡的植物猎人就是英国著名植物学家乔治 · 福雷斯特。从1905年起，他曾经先后七次踏足横断山脉，反复出入怒江流域，用二十八年的时间，采集了大量珍贵的植物花种运回英国，此外还有三万多份植物标本，其中包括一千多种活体植物，大大充实了当时的植物分类学内容，推动了英国乃至整个西方园艺工业的快速发展。

然而，福雷斯特如此频繁地出入这片神秘的山林，可能还有一个隐秘的目的，他的内心深处揣着一个巨大的科学谜题，而那个谜题与达尔文有关，这个谜题曾经是许多植物学家心中的圣杯。

达尔文在讨论植物问题时，最关注的就是花朵的进化，因为花朵看起来太独特了，无论色彩、形状、气味，都给人带来无尽的遐想。花朵简直就像自然界的精灵，只是过于美丽，所以略显古怪。

那么花朵是如何进化而来的呢？

根据渐变论的进化逻辑，万物都有开始，花朵必然有一个最早的祖先，它在地球的某个角落率先出现，然后慢慢散布四方。为此达尔文需要寻找到最早的花朵，否则进化论将面临可怕的困境，因为花朵以艳丽的色彩与对称的形状著称，似乎是精心设计的结果。如果真是那样的话，花朵背后必然存在着一位设计师，而那位设计师只能是上帝。这种推测与自然选择的进化论水火不容，但花朵又是如此的绚丽多彩，总有人坚持花朵是上帝精心设计的结果，是上帝送给人类的美丽礼物。要想反驳这种天真的说法，最好的办法就是找到花朵进化的源头。

可是从当时的化石记录来看，似乎所有花朵都在一亿多年前突然开放，好像没有开端，如同满天花雨纷纷降落，像是上帝专门用来装扮世界的点缀，完全不符合达尔文的推测。达尔文曾在写给朋友的信中指出：实在无法想象，目前的所有高等植物，怎么可能在那么短的地质年代里快速发展出来，那简直就是讨厌的谜团。

自那以后，与花朵起源相关的问题就被称为“讨厌之谜”。

达尔文提出讨厌之谜时年已古稀，且重病缠身，再也无力亲自寻找证据。与亿万年的地质年代相比，人类的生命极其短暂，达尔文没有等到任何证据就溘然长逝，在世间留下了另一个巨大的遗憾。

好在达尔文的追随者没有放弃努力，他们继续在世界各地默默地寻找讨厌之谜的答案。他们深知，要想解答讨厌之谜，就必须找到“第一朵花”，而要找到第一朵花，首先就要找到最早的被子植物。

切开苹果，我们会发现种子深深地埋在果皮之下，那就是典型的被子植物特征。松子外面只有一层坚硬的种皮包裹，而没有果皮，所以松树是典型的裸子植物。除了用果皮保护种子，被子植物还用各种策略强化种子的扩散效果：蒲公英借助风力把种子带向远方；苍耳则用倒刺把种子挂在动物的皮毛上；桃子干脆用鲜嫩的果实作为诱饵，引诱动物把果实吃掉，再把没有消化的种子排泄到其他地方。被子植物就这样运用不同的策略，以适应不同的环境，花朵是其实现这些策略的先锋。

那么被子植物最早出现在什么时候呢？

说来非常尴尬，自达尔文之后，古生物学家吵吵闹闹了一百多年，直到20世纪80年代，美国学者在澳大利亚发现了“最早的被子植物化石”，但化石中的被子植物的生存时间仍然停留在一亿一千万年前，对于解答讨厌之谜几乎毫无帮助。倒是1956年科学家在美国科罗拉多州发现的一块两亿年前的三明古叶化石，看起来像是被子植物棕榈树，可惜只有半片树叶，没有花粉也没有果实，因为证据不足而备受质疑。

对花朵起源的研究之所以进展如此缓慢，是因为花朵很难留下清晰的化石。最原始的开花植物在恐龙灭绝之前就已深埋地下，加上持续不断的风雨侵蚀和此起彼伏的地质运动，许多线索都已被地球彻底抹去，研究者很难找到原始的证据。

既然如此，科学家的任务就是像土拨鼠那样到处挖化石，但他们挖出来的化石依然很少，因为他们根本不知道应该到哪里去挖。他们的足迹几乎遍布各大洲，希望依然渺茫，有人甚至怀疑自己可能彻底挖错了方向。

那么正确的方向在哪里呢？

大约在东方。

中国云南有着得天独厚的地理位置和温润适宜的气候特征，尤其是在横断山区，地壳运动制造了雪山、云岭等高大的山脉，如同巨大的屏障般横断东西。其中山岭与河谷等隔断之间的气候差异极大，从热带到高山寒温带都得以次第呈现，所谓“一山有四季，十里不同天”，所以云南是物种多样性的天然实验室。鲜花在其中飞快地生长，为点缀这个世界而不断开放。

早在19世纪末期，中国西南地区丰富的植物资源就引起了西方的关注，大批植物猎人开始深入中国西南地区寻找珍稀植物资源，福雷斯特就是其中之一。当时他对云南罕见而奇特的被子植物惊叹不已，认为那里可能是被子植物的起源地，但他并没有发现有力的化石证据。

福雷斯特的观点之所以没有引起学术界的重视，表面的原因是没有发现过硬的化石，真正的原因是横断山区不具备典型的热带气候特征。因为地球上大约有三十多万种植物，其中二十多万种属于被子植物，它们主要生长在热带地区。所以，许多科学家认为被子植物的起源地应该在热带地区。出于淳朴的家园意识，他们都希望自己的家乡是被子植物的起源地。有人认为在非洲，有人认为在亚马孙流域，东南亚、大西洋沿岸及澳大利亚都是优秀的备选地点。此外，科学家还在巴西高原发现了古老的被子植物花粉。

这些相隔万里的地方都有一个共同点——它们都处于热带地区，热带地区植被茂盛，具有显著的生物多样性，满足被子植物起源的必要条件。木兰科植物就是直接的证据：由于木兰科植物的花朵具有原始被子植物的特征，而木兰科主要生长在热带地区，所以人们有理由相信，被子植物的祖先也应该出现在热带地区，这就是被子植物热带起源理论的主要根据。

除此之外，科学家还有一个共识，即无论被子植物起源于哪里，美洲也好，非洲也好，都应该是由高大的裸子植物进化而来的，而高大的裸子植物主要生长在陆地上。换句话说，被子植物也应该起源于陆地，这就是陆生起源理论。陆生起源理论与热带起源理论一起，构成了被子植物起源的两大前提。

无论热带起源理论，还是陆生起源理论，都只是给出了原则性的方向，而没有指明任何确切地点。麻烦在于满足这两个原则的地方非常多，古生物学家当然不可能把所有地方都挖一遍，讨厌之谜因此历经百年仍然扑朔迷离。

1990年秋天，解开这个谜题的工作终于有了新的进展。当时美国著名的植物学家大卫·迪尔切意外收到了一封来自中国的信件，信中展示了一块奇特的化石，落款是南京古生物研究所孙革。迪尔切立即明白了孙革的意思，他很快登上前往中国的飞机，因为孙革已经开始触及讨厌之谜的神秘面纱。

迪尔切和孙革有着一种奇妙的缘分。当年中国与英国就香港回归问题进行了数轮谈判，最终双方决定合作。作为补充协议的一部分，中国向英国派出了一批公费留学人员。作为首批入选者，孙革得到了去大英博物馆自然史部深造的机会，而迪尔切恰好自费到大英博物馆访学。两人共用一间办公室，相处了三个月。当时孙革每天都要通过琐碎的工序制备银杏叶角质切片，然后再观察切片的显微结构。在繁重的工作之余，他从迪尔切那里第一次听说了讨厌之谜，并从此和开花植物研究结下了不解之缘。

迪尔切没有想到，孙革回国之后，很快在被子植物起源研究方面取得了引人注目的成就。他当时还不知道，孙革后来居然要把被子植物起源的两个公认前提全部推翻，第一朵花将从不可思议的角落走向世界。

孙革发现的化石上有一条四厘米长的花序，其中有十三粒清晰的花粉。科学家通过显微镜分析，认为那是典型的被子植物花粉。这块化石采自黑龙江鸡西距今约一亿两千五百万年的地层，这意味着科学家在中国发现了最早的被子植物化石。为了向著名的古植物学家李星学院士致敬，这块化石被科学界命名为“星学花序”。

孙革之所以请来迪尔切，是想和迪尔切一起分析这块化石的价值，看它是不是可以作为解开讨厌之谜的钥匙。经过仔细观察，迪尔切告诉孙革一个意外的答案：星学花序可能并不是最早的被子植物，因为美国科学家已经在以色列发现了完全相同的花粉。

这个突如其来的消息对孙革来说无疑是个沉重的打击，难道他只是在重蹈潘广的覆辙吗？

那还是20世纪70年代的故事，有一个中国人突然宣称自己找到了最早的被子植物，他就是辽宁东北煤田地质局的地质工程师潘广。在下放辽宁锦西（即葫芦岛）期间，潘广偶然从一处含煤地层中发现了几块奇特的植物化石，形状像是榆树叶，但又与现在的榆树明显不同，地质年代大约在一亿六千万年前，大大早于当时公认的一亿一千万年，潘广认为那就是世界上最早的被子植物。此事曾经轰动中国，可是经过进一步核实，潘广发现的其实是苏铁鳞片化石——苏铁看起来像被子植物，其实是典型的裸子植物。虽然潘广仍然坚持自己的发现，但科学的真相并不以个人意志为转移，努力和坚持并非必然带来成功，所有研究都要承担失败和错误的风险，许多机遇都可能擦肩而过。

为此孙革必须做出抉择——继续研究，还是就此放弃？他最终选择继续研究下去。古植物学需要非常专业的科学训练，不但需要植物学知识，而且需要古地质学知识，孙革恰好具备这两项学术素养，那是他继续研究的基础。

孙革1968年毕业于长春地质学院，后来进入吉林区域地质调查队，开始了近十年的化石调查生涯，大多数时间都在和不同时期的古地层打交道，为其此后的化石研究奠定了基础。1979年，孙革考进南京古生物研究所攻读研究生，师从著名的古植物学家李星学院士。李星学曾经受到李四光的支持，在南京古生物研究所开辟了古植物学研究，并因首先发现华夏植物群而轰动世界。李星学的主要研究领域是裸子植物，他虽然没有涉及讨厌之谜，但每一位支持进化论的古植物学家都被这个谜题所深深吸引。孙革是李星学的第一位博士生，也是新中国第一批古植物学博士中的一员。1985年，孙革获得博士学位，第二年他就到吉林东部地区考察，在延边龙井敲出了几块被子植物化石。这些化石类型较多，化石显示植物的叶片较大，大约距今一亿一千万年，属于较为进化的被子植物。这些发现虽然算不上重大突破，却激起了孙革的研究兴趣。孙革断定，既然吉林存在古老的被子植物，那么在东北就可能挖出更早的被子植物化石。正是在这个信念的激励下，他和同事们才在鸡西挖出了距今约一亿两千五百万年的星学花序。想不到星学花序与以色列的花粉化石撞了个正着，两者地质年代几乎完全相同，星学花序对于研究讨厌之谜的价值自然大打折扣。

但是，孙革很快从失望中看到了希望。既然以色列的花粉化石和星学花序花粉的微观结构基本相同，那就意味着一亿两千五百万年前，在亚洲大陆西端的以色列和东端的鸡西地区，同一种植物开出了同样的花朵，它们几乎没有先后之分。如果同一种花能在相隔数千公里的两地同时出现，在此以前必定经历了漫长的传播过程。根据这个逻辑，世界上最早的花，至少应该在一亿两千多万年之前就已悄然开放，它绝不是“星学花序”，但在欧亚大陆的某个角落，肯定隐藏着解开讨厌之谜的答案。

可是究竟应该到哪里去寻找新的线索呢？

当孙革检查更多的鸡西标本时，他发现这些古老的有花植物虽然处于相同的地质时代，却分别归属于七个不同的植物类群。在外行看来，那只会把事情搞得更加混乱，孙革却得出了一个简洁的结论：如此复杂的多样性，说明它们都不是被子植物的最早祖先。也就是说，被子植物在此之前已经出现了明显的分化，就像一个家庭有七个不同的孩子，在这七个孩子之上，肯定还有年代更早的父亲或者祖父，而且，这个祖先应该在离鸡西不太遥远的地理区域内。

正当孙革摩拳擦掌，准备继续研究时，突然传来了一则更加惊人的消息：俄罗斯古植物学家在蒙古国境内发现了更为古老的被子植物古尔万果的化石。从外形看，古尔万果很像成熟的被子植物果实。这一发现同时超越了鸡西化石和以色列化石，顿时给孙革带来了巨大的压力。

说来也巧，1993年，刚刚当选为美国科学院院士的迪尔切邀请孙革去美国开展合作研究。两人共同分析古尔万果的化石细节后认为，化石保存并不理想，基本上看不出古尔万果的种子是否被果实所包裹，因此很难确定其分类归属，不能断定古尔万果就是被子植物的果实，因此并没有足够的说服力。如此一来，古尔万果完全可以被超越。

孙革受到了莫大的鼓舞，但他同时也意识到，要想取得新的突破，就必须找到更为古老的地层和真正的被子植物化石，只有这样，才可能找到更古老的花朵。

那么，到哪里去找更为古老的地层呢？

曾经造成巨大困惑的古尔万果，此时却给孙革带来了重要启发：在蒙古国发现古尔万果的地方，曾一度盛产狼鳍鱼化石。根据这一线索，孙革很快锁定了辽西，因为早在20世纪20年代那里就出土了大量的狼鳍鱼化石。

在一亿多年前，辽西地区河湖纵横，火山活跃，这样的地理特征造成了复杂多变的生态间隔，为生物多样性提供了充足的发展空间，使得辽西成为众多新兴物种的摇篮。孙革相信，复杂多样的古生态环境是裸子植物向被子植物演变的重要前提，而辽西完全满足这个条件。所以他开始带领课题组转战辽西，以北票市为切入点，在那里陆续挖掘了六年。不过，命运像是有意捉弄孙革他们似的，课题组前后收集了六百多块古植物化石，却没有一块是被子植物的化石。

从在吉林龙井发现被子植物化石算起，转眼已经过去了十年，但最早的花朵仍然不见踪迹。

孙革没有气馁，他告诉自己，就算找不到比古尔万果更古老的化石，至少也能找到类似的化石，以此作为对古尔万果的印证。这种可贵的坚持，最终给他带来了丰厚的回报。

事情几乎是在一夜之间出现了转机。1996年11月，孙革的一位同事从冰天雪地的辽西来到秋意深浓的南京，将三块化石交给孙革。孙革发现其中一块化石上的枝条类似蕨类植物，但叶子又和蕨类植物不同，这让孙革大惑不解。他用放大镜反复观察，意外地在植物的枝条上发现了四十多枚类似豆荚的果实，每枚果实里都包藏着三五粒种子。孙革顿时明白了，命运之神终于打开了大门——种子被果实包藏的类似豆荚的结构是被子植物的基本特征。更重要的是，这块化石采自大约一亿三千万年前的辽西义县组地层，地质年龄比古尔万果的还要古老。如果真是那样的话，他们就发现了最早的被子植物的化石。孙革当晚就把这块新发现的被子植物化石命名为“辽宁古果”。

第二年春天，孙革和同事再次来到辽西北票，这次辽西彻底敞开了怀抱，他们轻而易举地挖出了大量的辽宁古果化石。不仅如此，他们还在与辽宁古果相同的地层中，意外剔出了一些裸子植物化石。那并不奇怪，因为裸子植物本来就比被子植物古老。让孙革惊喜的是，他们在一株裸子植物化石上发现了一个奇特的果实，经过对比后发现，那居然就是古尔万果。这个有趣的发现证明，古尔万果真的不是被子植物的果实，而属于买麻藤类，是典型的裸子植物。

到此为止，情况已经非常清楚了，古尔万果无论处于哪个地质年代，它都失去了与辽宁古果一争高下的机会。也就是说，辽宁古果已经成为当时全球唯一证据确凿的最早的被子植物的化石。而且在随后的挖掘中，他们还发现了保存完好的雌雄同株的被子植物化石，虽然没见到花瓣和花萼，但种子已经被果实包藏，花朵已经不再重要了。

在如此完美的证据面前，美国《科学》杂志于1998年11月发表了孙革撰写的封面文章，向世界宣布了这一重要成果。经过校正，中国科学界明确了被子植物出现在距今大约一亿三千万年，甚至可能更古老的时代，辽宁古果已经遥遥领先于其他被子植物化石。

这一成果立即引起了国际古植物学界的广泛重视，全世界二十多个国家近百家媒体，以“世界最古老的花开在中国”为主题报道了这一发现。辽宁古果的发现被列入1998年中国十大科技新闻和1998年中国基础研究十大新闻。

辽宁古果虽然解答了达尔文的“讨厌之谜”，但一个新的问题也随之出现。孙革需要进一步回答，辽宁古果到底来自哪里，被子植物的起源地又在何处。

为了回答这个问题，孙革需要更多的资料。1998年到2000年，他的课题组共从野外采回数千块化石，其中有十七块辽宁古果。从数量众多的古果化石中，孙革隐约看见了一条指向起源地的线索，但他还需要一个有力的旁证。经过漫长的等待，新的证据终于在2000年7月中旬露出地面。

当时中国地质博物馆研究员季强意外地收到了两块产自辽西凌源的奇特植物化石，希望与孙革合作研究。孙革当即派人到北京，连夜将标本带到南京。经仔细研究，他们发现化石上面的植物不仅长有果实和雄蕊，而且保存着完整的枝条和叶子。从基本性状来看，化石上面的植物应该是一种古老的被子植物，与辽宁古果具有明显的亲缘关系，但绝不是辽宁古果，大致可以看作辽宁古果的“姊妹”。孙革与季强商议之后，共同将这一标本命名为“中华古果”。

初看之下，中华古果并不奇特，花、茎、叶的结构虽然原始，也并非不可思议，但在孙革眼里，中华古果却自有其不可思议之处——植株茎枝细弱，叶子细而深裂，根部不发达，这种植株理论上根本站不直，就像三岁小孩顶着一把大伞，很快就会被大风吹倒。所以，孙革有了一个大胆的猜测，他想到了那个几乎被人遗忘的观点——水生起源理论，即认为被子植物并非起源于高大的陆生乔木，而是起源于一种矮小的水生植物，但这种假设缺少坚实的化石证据，早已淹没在众多理论的波涛之下，很少有人提及。现在孙革把这个理论重新梳理出来，他突然发现，其中自有独特的魅力。

通过植株形态可以看出，头重脚轻的中华古果只有在一种情况下才可能站起来，那就是借助水的浮力。如果这个推断正确，被子植物的祖先当然就是水生植物，它们的结构特征和现代水生植物的几乎完全相同。我们可以合理推测，被子植物在进化过程中，经历了从水生向陆生演变的过程，然后再向陆地开拓更为广阔的生存空间，进行更加有效的光合作用，从而产生更多的花朵和种子，为全面占领地球陆地奠定了基础。

到此为止，被子植物的陆生起源理论和热带起源理论，都受到了孙革的挑战，孙革提出了新的被子植物起源观点，并为第一朵花找到了新的家园。

既然辽宁古果出现的年代与恐龙生活的年代有一定的重合，那么另一个有趣的问题自然而然就冒出来了：恐龙见过花吗？

恐龙生活的年代，正是被子植物剧烈扩张的时期，两者确实存在着某种交集。我们可以合理推测，有一部分恐龙可能看到过花，而另一部分恐龙可能没有看到过。那些在第一朵花出现之前就已灭绝了的恐龙，当然没有机会看到彩色的有花世界，它们甚至根本就是色盲。恐龙至少有近一亿年的时间处于无花的世界中，至多有一些像苏铁类的裸子植物，开着一些说不上是花的孢子叶球。

正是裸子植物与被子植物生殖方式的不同，才不断拉开了两者进化的距离。被子植物日渐昌盛，而裸子植物则慢慢衰落。

根据已有的发现，科学家已经大致勾勒出被子植物的进化路线图，以辽宁古果为起点，大量古果化石给出了一种可能性：从中国东北到西伯利亚一带的东亚地区，可以看作植物进化的舞台，似乎正是被子植物的最早起源地。这就是“被子植物的东亚起源中心”假说，基本否定了此前流行的热带起源说，东亚地区应该是全球最早的被子植物起源中心，或者至少是起源中心之一。

在支持热带起源论的学者看来，东亚起源假说非常别扭，因为东亚地处北温带，并不符合被子植物起源地的一般逻辑，好在板块构造理论已经提供了恰到好处的注脚。

现在东亚处于北温带，并不意味着一亿多年前也是北温带。由于受到板块漂移的影响，古大西洋不断裂开，海平面剧烈上升，地球温度也大幅升高，导致东亚一带气候潮湿而温暖，到处都是郁郁葱葱的森林，地面长满了繁茂的苏铁类、银杏类和蕨类植物，直至形成了细密的煤炭富集区。

时间如流水般不断抹去过去的痕迹，为我们呈现崭新的外貌，只有化石可以展示久远的秘密。

从时间上推测，被子植物的繁盛几乎与恐龙的衰败同时。原来被子植物只能躲在高大的裸子植物的阴影下勉强生存，恐龙灭绝后，地球温度急剧上升，裸子植物纷纷收缩地盘，给适应高温的被子植物创造了极为有利的生长空间，被子植物很快在生态圈中占据了主导地位。现在全世界的裸子植物总数不足一千种，而被子植物则多达二十五万多种。从细小的浮萍到巨大的乔木，都属于被子植物。从高山到深谷，从沙漠到雪原，到处都有被子植物的身影。全球现存的被子植物应该全部来自一个共同的祖先，因为有许多共同的性状提示了它们的身世。这就是被子植物的单源起源假说。最早的祖先可能是一种已经灭绝了的古老的种子蕨。[81]

被子植物成功的关键在于进行光合作用的速度极快，根茎能够快速完成水分和营养物质的运输，叶片则大量吸收二氧化碳，叶片面积也要比裸子植物的大得多。生产效率大幅提高，意味着被子植物生长迅速，可以用速度打败裸子植物，进而统治地球的生态系统。

快速生长也需要快速繁殖，否则生长就没有意义，因此被子植物的生殖器官也得到了同步进化，其受精方式与裸子植物的明显不同。被子植物授粉时，花粉先在柱头上萌发，然后穿越花粉管把精子运送到胚珠，并在那里形成种子，这一环节大大提高了受精成功率。裸子植物的花粉则可以直接到达胚珠而不需要提前萌发，对精子失去了初步筛选作用。

此外，被子植物的生殖模式也远比裸子植物的复杂。有的被子植物雌雄分开，要么是雌性，要么是雄性；还有的在同一植株上兼有雌性和雄性生殖器，可以是雌雄同花，也就是在同一朵花里既有雌蕊，也有雄蕊；也可以是雌雄同株，雄花只有雄蕊，雌花只有雌蕊，但它们长在同一植株上。无论哪种模式，都离不开雄蕊或雌蕊。七成以上的被子植物有两性花，它们要想成功繁殖下一代，就必须设法将一朵花的花粉传给另一朵花，而这个任务的完成只能交给花朵了，所以花朵才会成为被子植物的重要特征。

那么花朵到底是怎么完成这一重任的？花朵又为什么要展示美丽的色彩呢？

要想探究其中的缘由，则需要从红色的秋叶说起。那是继绿色的树叶之后自然界最伟大的发明，也是花朵色彩的生化基础。

红色秋叶背后的玄机

在高等植物成功登陆之后的很长时间内，大地都被单调的绿色所覆盖。因为当时植物还不会开花，也没有彩色的昆虫在枝叶间穿行，几乎没有其他色彩可以挑战绿色的统治地位。不过地球只是稍作等待，另一些色素已在悄然酝酿合成。每当秋天来临，亚欧大陆和北美大陆靠近北极圈的温带森林就会褪去绿色，换上一层红色外表，呈现“万山红遍，层林尽染”的壮观景象。

相对于绿色，红色是明显的变化，两者简直就是完全不同的生命形态。[82] 问题是即将凋落的树叶既不需要吸引昆虫和鸟类传粉，也不需要吸引松鼠传播种子，它们为什么要大费周章变成鲜艳的红色？

绿色的树叶反射了绿光，红色的树叶当然反射了红光。树叶在秋天由绿变红，根本原因在于植物对于绿光的态度发生了巨大转变。

很多人都知道，树叶在深秋季节会变成黄色。黄色并不难理解。当落叶植物体内的叶绿素大量被破坏，原本被叶绿素掩盖的叶黄素和类胡萝卜素暴露出来，叶片就会呈现黄色。[83]然后植物让黄叶脱落，以求平稳度过冬天。这一过程主要是为了淘汰旧的叶绿素，尽量回收叶片上的营养物质，并没有制造新的色素，损失并不严重，所以，我们不会对黄色的落叶感到奇怪。

但是，还有一些常绿开花植物，其树叶会在冬天到来之前变成红色，甚至落叶也是红色的。这就比较奇怪了，因为树叶变红与变黄不同。以枫树为例，叶片变红主要是花青素作用的结果，而不是叶黄素作用的结果。

其实，植物的叶片中除了含有叶绿素和叶黄素之外，还含有大量的其他色素，比如类胡萝卜素。在不同的酸性环境下，经过不同比例调配，类胡萝卜素可以呈现许多复杂的色彩。此外，叶片中还含有甜菜素，能够展示红色、紫色、黄色、白色等美丽的色彩。不过，显色效果最复杂的当属花青素。

在英语中，花青素的字面意思是蓝色的花朵。花青素可溶于水，核心部分叫作花色素，目前总计已发现十余种花色素分子。当不同的花色素与不同的糖基结合时，就能形成数以百计的花青素分子。只要调配得当，花青素可以呈现从红色到蓝色的一系列色彩，是绿色之外的决定性色素。花青素广泛存在于植物的花、茎、叶以及果实和根部组织中，有些植物的根部也会展示鲜艳的色彩，比如青萝卜与红萝卜，都是花青素作用的结果。

花青素并不存在于叶绿体中，而是存在于叶肉细胞中的液泡里。所谓液泡，就是植物细胞中的小泡泡，由一层膜包围着，与周围的细胞质相对分开，可以看作是花青素的办公室。根据液泡的酸碱度不同，花青素会呈现不同的色彩，比如紫叶李的叶片呈紫色，红花继木的叶片呈红色。

令人难以理解的是，秋天的红叶，如枫叶中的花青素原本并不丰富，而是在落叶之前大量合成的。花青素先使叶片变红，然后让叶片随着寒风一道飘落，这看起来是巨大的物质浪费。所以，科学家对花青素的出现百思不得其解。时已深秋，寒冬将至，木叶萧疏，不日凋零，植物却在此时合成大量的花青素将叶片染成红色，到底有何意义？

有些植物生理学家相信，植物在秋天批量合成花青素并没有直接的生理意义，而只是新陈代谢的副产品，或者直白点说，合成的花青素只是垃圾而已。证据就是，每当光合作用积累的糖分较多时，花青素也会随之增多。[84] 糖分对花青素合成的影响仅次于光照，两者相互作用，共同控制花青素的着色效果，协调树叶的最终色彩，[85] 其中以蔗糖、葡萄糖和果糖等作用最为明显。原因很简单，葡萄糖是花青素的前身，也是构成花青素的重要组成部分，[86] 糖分越多，代表制造花青素的原材料越多，而秋天是植物体内糖分含量最高的时候，因此也是花青素大量积累的时候。既然花青素是糖分积累的副产品，当然不需要特殊的解释。

这种观点的说服力并不强。科学家进行的进一步生化分析表明，糖分越多，并不意味着花青素必然越多。反之亦然，花青素越多，叶片中的糖分也不会成比例增加。也就是说，相对于糖分来说，花青素浓度具有一定的独立性，糖分与花青素存在许多复杂的转换环节，绝不是简单的兑换关系。[87]

另一种观点认为，花青素确实没有直接的生理价值，那只是植物和天敌协同进化的结果，有时用于对抗蚜虫。对于昆虫来说，红色是一种醒目的警戒色，可以劝阻它们不要啃食叶肉。

红色的叶片为什么会对昆虫具有警戒作用呢？

花青素属于多酚类物质，本身并无毒性，之所以能对昆虫起到警告作用，是因为红色经常出现在落叶上，因而被赋予了一种明确的含义：本树叶并不好吃，也没有什么营养，吃了也是白吃，所以拜托各位速速远离，另寻美味。

这就是叶片的红色警戒理论。

红色警戒并非空城计，许多红色的老化树叶营养确实已被回收一空。花青素则是一种醒目的标记，相当于饭店门口的打烊公告。只要花青素出现，就意味着树叶已经没有营养了。切叶蚁清楚地知道这一点，它们会切下大量树叶搬回蚁穴培养真菌，但轻易不会去切红色树叶，因为红色树叶对真菌生长毫无价值。从这种意义上说，红色对植物确实具有保护意义。有时这种保护作用甚至会延伸到下一个生长季节。

许多热带地区的树木都有紫红色的嫩芽，那其实是在模仿秋叶，试图欺骗昆虫不要来吃自己，更不要在自己身上产卵。[88]蚜虫就很听话，它们基本不会在红色的树叶上产卵。因为经过亿万年的基因传递，蚜虫早已知道，鲜红的色彩意味着树叶的营养已大量流失，在红色的树叶上产卵是没有前途的错误行为，只会饿死自己的后代。一旦形成这种刻板印象，那么来年春天万物萌发时，它们仍然会避开新生的红色嫩芽。如此一来，秋天的红叶等于为春天的新叶造就了一个安全的生存环境。尽管那时红叶已经归于尘土，但后来者依然郁郁葱葱，足以告慰先辈们的一片苦心。

不过红色警戒理论无法解释那些叶片没有变红的植物，它们为什么可以照样度过寒冬？难道它们就不需要警告病虫害吗？

事实上，越来越多的研究表明，花青素不但具有明确的生理功能，而且重要程度直逼叶绿素，远远超出了红色警戒的范围。

合成花青素需要付出巨大的代价，所以花青素必定物超所值，否则就没有合成的必要。花青素已经用实际行动证明自己是一种价廉物美的分子，绝不是中看不中用的花瓶。它的关键价值主要体现在营养回收上，而不是红色警戒，或者说红色警戒只是营养回收的副作用而已。要想做好回收工作，就必须防止过度光照，努力保护营养物质的活性。[89]只有在红色花青素的掩护下，植物才能实现这一目标，从而有效提高营养回收率。[90]

在所有营养物质中，回收的重点是氮元素。不像氧气和二氧化碳，氮元素无法随意从空气中获取，因而成为植物成长的制约性因素。叶绿体中含有大量的氮元素，如果在叶片凋落之前，不把叶绿素分解回收，就会造成巨大的浪费。问题是氮元素早已被固定在叶绿体中，要想重新动员氮元素，就必须先把它从叶绿素上解离下来。[91] 可叶绿体崩溃之后，大量的叶绿素被迅速释放，就如同洪水决堤，危害相当惊人。只要有光照和氧气，叶绿素碎片就很容易产生高活性的氧自由基 [92]，通过光氧化作用危害叶片细胞，[93] 这就是光损害。

植物要想继续健康生长，就必须努力缓解叶绿素崩溃造成的危害，一个重要的措施就是把叶绿素碎片贮存在液泡中，那里正是花青素的地盘。液泡就像是垃圾集中处理中心，花青素可以在那里从容不迫地就近清除氧自由基。[94]

拆除叶绿体绝非易事，就像建筑工地拆除脚手架那样充满了危险，好在花青素可以全程保护拆除过程，因为它们可以将叶绿素崩解之后所产生的光敏物质牢牢地控制在液泡中。同时，花青素在蓝光和紫外光区域有强烈的吸收，[95] 可以切断叶绿体碎片捕获能量的通道，避免制造大量氧自由基，以此保护细胞持续回收氮元素，最大限度地减少光损害。[96]

这就是花青素最具标志性的功能，即光保护作用。

与春暖花开的时节相比，秋天的树叶就像步入暮年的老人，对抗逆境的能力大大减弱，稍微受到一些伤害，叶片都能敏感地察觉到，同时全力应对，正如老年人会拼命服用各种保健品一样，花青素就是强化动员的产物，因此才会在秋天大量合成。[97] 有一个现象支持这种观点，总体来说，原始的植物种类在叶片老化以后，营养回收率要低于新近物种，因为原始植物没有花青素合成机制，无法建立有效的适应机制以度过寒冬，[98] 正因为如此，原始植物才会被不断进步的新近物种所取代。

问题是为什么要由花青素来执行这个保护功能呢？叶片中早已存在大量的叶黄素，主要任务就是对抗过度光照，[99] 何必额外合成花青素呢？

因为花青素是吸收绿光的“最佳人选”。

生化分析表明，与叶黄素相比，花青素具有许多优势。最重要的优势就是可以大量吸收绿光，[100]所以花青素不会呈现绿色。绿光其实是被叶绿素放弃的能量。也就是说，在叶片中存在大量没有被吸收的绿光，它们甚至能够穿透叶片表层细胞，直达叶肉深处，并在那里激发有害的生化反应。[101]及时清除绿光，才是花青素最重要的任务。就算是在夏天，叶片细胞中也含有大量的花青素，用以缓冲绿光的影响，只不过浓度不高，所以被叶绿素的色彩所淹没。而到了秋天，其时霜华初起，寒意渐浓，叶片温度无法达到最佳生理区间，叶绿素的光合作用活性不断降低，而分解作用渐次增强，无法掩盖花青素的颜色时，花青素开始大显身手，叶片才会显得艳丽起来。[102]

花青素可以大量吸收绿光，并把绿光封存在液泡内，导致液泡内的分子发生剧烈振动，然后以热能的形式散发掉，这样不但避免了制造多余的自由基，而且可以有效提升叶片温度，尽量维持叶片的生理活性。在相同的环境条件下，富含花青素的红色叶片的温度要比绿色叶片的温度高出几度，[103]光合作用的强度也要高于绿色叶片的，[104]同时可以有效延迟落叶时间，这对寒冷地区的植物来说无疑具有重要意义。所以，枫树等温带落叶植物的叶片中都含有大量的花青素。这就是温带森林在秋天看上去万山红遍的终极原因。[105]有时温度越低，叶片反而越红，[106]可见花青素是叶片对抗低温的有效策略。

由此可见，花青素对绿光的强烈吸收，是与叶绿素互补的巨大优势，不但能够防止叶片在夏季被绿光灼伤，而且能够防止叶片在秋季阳光不足时被冻伤。如此正反皆有效的优秀色素，除了花青素，很难再找出第二种。

问题还没有结束。既然花青素如此重要，为什么其他植物不大量生产花青素呢？在秋天，我们应该看到红叶满山的景象才对啊，但是我们对秋天的印象明明是黄色的，为什么仍有大量植物在秋天并不变红呢？

事实上，植物有好几种策略应对秋季降温。热带作物的策略最为简洁，它们生活在宜居地带，在春夏之季已经积累了足够的营养物质，并不在乎秋天那短暂而柔弱的阳光，所以早早地就将叶绿素分解干净，将营养物质彻底回收，这些任务交给叶黄素完成绰绰有余。有些植物，比如银杏，以及西北边陲枝干张扬的胡杨树依靠类胡萝卜素解决问题，那时叶片就会变成绚丽的金黄色。还有一大类开花植物，比如石竹并不生产花青素，但会合成甜菜碱而让树叶变成鲜艳的红色，甜菜碱同样具有大量吸收绿光和清除自由基的作用。也就是说，不同的植物会通过趋同进化而产生相似的色素，起到相同的保护作用，这就是不同地区到了秋天会展示不同色彩的原因，因为不同植物应对绿光伤害的生化机制不同。

生物进化有一个重要技巧，就是一样发明不会只局限于某个器官或者某种功用，而是会尽可能地挖掘其潜在的价值，甚至发挥意想不到的作用。花青素原本是应对绿光破坏能力的色素，但在让秋叶展示红色的同时，还为花朵染上了相同的色彩，那就是典型的副作用。

正是花青素的副作用，我们才得以看到姹紫嫣红的美丽景观。

花朵为何如此娇艳

只要认真思考一下，你就会觉得奇怪，同为植物的组成部分，花朵和树叶的色彩居然形成了鲜明的互补——树叶基本上都是绿色的，而花朵可以呈现各种颜色，就是几乎没有绿色。树叶和花朵似乎达成了某种默契，花朵仿佛有意回避树叶的颜色。

为什么极少有绿色的花朵呢？

所有生物都必须重视生殖大业，植物也不例外。作为植物的生殖器官，花朵中含有大量的生殖细胞，要么是雄性的花粉，要么是雌性的卵子，花朵的根本任务是促使花粉和卵子成功结合。

根据花粉的归属，被子植物的传粉可分为自花传粉和异花传粉。自花传粉是指花粉散发在同一花朵的柱头上，这种传粉方式很好办，雄蕊一般会比雌蕊高一些，花粉会自动掉落在雌蕊上，基本不需要外界帮忙。比如小麦、大豆等，就是典型的自花传粉，所以农民伯伯不必为作物的授粉工作而操心。不过自花传粉的植物占比较少，多数被子植物都实行异花传粉，就是一朵花的花粉要散发到另一朵花的柱头上才行，另一朵花可以在相同的植株上，也可以在不同的植株上，总而言之，花粉需要从一朵花跑到另一朵花上。问题是花粉自己并不会跑，需要借助外界力量才行。茫茫大地，云起云落，万物各司其职，各自谋生，谁会闲极无事，来帮助植物传粉呢？除了匆匆掠过的清风，就只有那些贪图便宜的昆虫或者鸟类等小型动物了。

植物学中有个简单的分类，那些借助风力传粉的花朵，就叫作风媒花。风媒植物一般都是高大的乔木，它们迎风而立，可以更好地借助风的力量传播花粉，比如常见的杨树、柳树的花朵等，就是典型的风媒花。风媒花大多是柔荑花序，几乎没有花瓣，空气可以在花朵表面自由流动，同时将花粉轻易带走。

有些小草的花朵也是风媒花，但需要长在空旷的原野才行，否则得不到风力的作用，就无法完成生殖大业。这些植物往往会抢在早春开花，那时气候干燥，其他植物刚发芽，还没有来得及长出繁茂的树叶，不会影响花粉的飞行路线。

风的缺点是漫天飞舞任意来去，没有准确的传粉目标，不会特意将某一朵花上的花粉吹到另一朵花上去，也不会对某一种花情有独钟。由于无法精确定位，因此传粉效率较低，大量花粉都白白散落在荒野之中，所以只能靠数量取胜，比如一朵榛树花中就含有二十五万粒花粉，而一朵山毛榉花中居然可以含有多达六十万粒花粉。可以想象，满树的花朵究竟会产生多少花粉，它们只有一小部分才有机会和雌花中的卵子结合，其他的全部浪费掉了。好在风媒花几乎没有花蜜，节省了一部分能量可以弥补这种巨大的损失。

风是廉价的使者，它对色彩没有任何偏好，无论绿色还是黑色，都不影响风的心情。对于风来说，所有色彩都不具备进化优势。这让花朵很开心，要想讨好风之使者，策略其实很简单，只要大大简化花朵结构，让风容易把花粉吹走就好。至于颜色嘛，是什么并不重要。所以，风媒花大多都长得很随便，不但形状很随便，而且色彩也很随便。正因为如此，有些风媒花确实是绿色的。还有些野生植物，比如野燕麦，以及小麦和水稻等，都能开出绿色的花朵。它们的花瓣很小，花色很浅，基本没有观赏价值。尽管大片农田中长满了水稻和小麦，但从来没有人会摘一束水稻花去送给情人，因为它们都是风媒花。

除了风以外，有些植物还依赖水流传播花粉，所以叫作水媒花。水生植物大多都是水媒花，花粉可以在水面上传播，也可以在水体中传播。当然，水生植物有的也借助风力传播，比如眼子菜，虽然叶片浮在水面上，开花时却会生出长长的花柄，将花朵高高举起，从而借助风力传播。相对于水力传播，风力传播的距离更远，效率也更高。

无论水力传播还是风力传播，它们都对花的颜色没有特殊要求。我们说的没有绿色的花朵，其实指的是虫媒花，也就是依靠昆虫传粉的花朵。

与无欲无求的清风相比，昆虫的目标很不单纯，它们在空中飞来飞去需要消耗许多能量，因此不可能义务为植物传粉，而是要从花朵身上获取花蜜作为补偿。至于传粉，只是顺水人情。好在经过花朵的精心谋划与配合，昆虫的传粉效果还不错。相比于风媒花的漫天撒网，昆虫传粉定位精确，效率更高，可以为植物节省大量营养，因此在竞争中占有不小的优势。所以，虫媒花得以后来居上，迅速成为自然界的主角。我们平时观赏的花朵，基本上都属于虫媒花。

作为虫媒花，根本任务当然是吸引昆虫前来传粉。要吸引昆虫，首先必须得让昆虫看见。要做到这一点，并没有什么捷径可走。考虑到昆虫多是三色视觉甚至是四色视觉，花朵的颜色必须与绿色的树叶分开才行，否则很容易被绿色的海洋所淹没。那时纵然昆虫有心传粉，也不得其门而入。正因为如此，虫媒花可以反射各种光线，呈现各种颜色，唯独不会呈现绿色，那样无异自绝于昆虫，灭绝只是迟早的事情。有些夜间开花的植物，花朵全部是单一的白色，以便夜间出没的昆虫发现目标。所以，自然条件下几乎没有绿色的虫媒花。

那么，最早的花朵到底是虫媒花还是风媒花呢？

花瓣很难留下化石，我们无从得知花瓣的形状，更难了解它的颜色，但是有个小东西留下了重要的线索，那就是小到肉眼都看不见的花粉。因为花粉壁通常不受酸碱侵蚀，比花瓣和叶子更容易变成化石，有经验的学者通过花粉的外形就可以判断出那是风媒花还是虫媒花。在显微镜下，花粉的玄机尽显无余——如果花粉外形光滑，一般都是风媒花；如果表面有网状的装饰，或者有些类似棱角的结构，那就可能是虫媒花，这样的花粉更容易被昆虫的口器刮取，或者挂在昆虫身上被带走。科学家根据花粉化石判断，虫媒花出现的时间比风媒花的更早，表明风媒花可能只是虫媒花退化的产物。

一种有趣的远古昆虫可以作证。早期虻类昆虫为了获取花蜜，大多具有访花习性。有一种喜花虻类曾经出现爆发式进化，其时间和地点可以指示被子植物出现的时间和地点。巧合的是，喜花虻类恰好在一亿三千万年前大量出现在中国东北和西伯利亚一带。与此同时，虻类化石也呈现出较高的演化多样性，表明被子植物也开出了各不相同的花朵，争奇斗艳、摇曳多姿。那是花朵与昆虫妥协的结果，为此花朵必须将绿色彻底雪藏，而绿色的风媒花又极不显眼，所以给了我们这样一种错觉——以为没有绿色的花朵。

至于依靠鸟类传粉的鸟媒花，也存在类似的色彩选择。由于鸟类对红色和橙色敏感，因此鸟媒花主要以红色或橙色为主，很少出现其他颜色，它们全部都避开了绿色。[107]

到目前为止，我们只是解释了为什么极少有绿色的花朵，却没有解释为什么除了绿色之外，花朵会呈现如此缤纷的色彩。

如果只是为了吸引昆虫传粉，花朵其实并不需要复杂的颜色。理论上，只需要一种与绿色形成鲜明对比的色彩就可以了，比如红色或者黄色，特别是红色，与绿色是对立色，两者绝对不会混合。对于昆虫来说，单一的花色也大大降低了对视觉的挑战，它们不需要进化出复杂的视觉处理能力，而只需要从绿色的树叶中一眼看出红色的花朵就可以了。这对花朵和昆虫来说都是好事。

现实并非如此。自然界不但有红色的花朵，而且有各种颜色的花朵，以至于人们创造了大量的词汇来加以形容，诸如五颜六色、万紫千红等。

问题是花朵为什么需要如此复杂的色彩？像绿色的树叶那样，用单一的色彩完成单一的任务，难道不好吗？

事情当然没有那么简单。除了传粉习性，花朵的色彩还受到很多因素的影响，比如气候环境、开花季节、花朵的形状与大小等。屏蔽绿色是为了保障生殖效率，展示其他色彩同样也是为了保障生殖效率。毕竟花朵是生殖器官，而不是徒有其表的噱头。

那么，花朵的色彩又是如何影响花朵的生殖效率的呢？这要从花朵特殊的结构特征说起。

所有的花朵都有一个共同的特点，它们非常娇嫩脆弱，几乎经不起任何风吹雨打。问题是如此重要的器官，为何如此脆弱呢？坚硬结实的花朵难道不是更适合完成生殖大业吗？

当然不。生殖固然重要，但必须控制在合理范围内。没有哪种生物可以一直处于生殖状态，因为生殖活动属于紧急状态，不但影响营养摄入，而且需要消耗大量的能量，无疑会影响正常的生存。在生存状态和生殖状态之间，所有生物都必须把握基本的平衡。正因为如此，许多动物都只在发情季节才会积极交配，其他时间则心如止水。植物同样深谙此道，它们会在特定的时间迅速完成生殖任务，然后尽快回归正常生活。一直忙于生殖的植物，一年四季不停地开花结果，纵然可能会留下很多后代，但植物体本身将无法得到足够的营养供应，从而失去继续生长的基础。皮之不存，毛将焉附，生殖大业也将随之付诸东流。

对于植物来说，提高交配成功效率的关键主要有两点：一是释放生殖细胞的时间要短，二是制造生殖细胞的数量要多。对于时间节点的控制是重中之重。道理很简单，只有在较短的时间内释放大量的生殖细胞才有意义，十亿花粉在一天之内全部释放和在一年之内缓慢释放，其意义完全不同。就像用鸟枪打麻雀，你对准目标一次打出一百颗子弹，和一次打出一颗子弹，连续打一百次，效果是完全不同的。子弹越密集，成功率就越高，无论交配还是打鸟，都是同样的道理。

基于这个道理，在自然环境中，野生植物的交配期限都很短，少则几个小时，多则几天。除了人工培育的植物之外，很少有哪种植物可以从春到夏、再从夏到秋持续开花。

快速交配策略决定了花朵只能是临时器官，既然如此，就没有必要投入大量物资，毕竟它很快就会凋零。正因为投入不足，很少有木质素等支撑结构，所以花朵一般都很娇嫩，就像临时搭建的过渡房，很快就要被拆掉，根本无法和高楼大厦的质量相比。

不过凡事都要适度，花朵虽然柔弱，却也不能完全不当回事，否则就无法完成生殖任务。正因为如此，柔弱的花朵才需要特别的呵护，而粗糙的树叶则无缘消受。

植物对花朵的保护措施分为两个方面：一方面，要努力保护花朵不受强光伤害。另一方面，还要努力保证花朵得到适度的光照以维持合适的温度，以此保证生殖细胞的活性。这是一对矛盾的需求，偏废任何一方面都会造成灾难性的后果。花朵因此面临着两难选择，它们并不能随机选择开花的时间，不可能今年在春天开花，明年又移到秋天开花，所以很难灵活地避开强烈的阳光，但又必须防止强光对花瓣造成高温伤害，同时避免紫外线灼伤，毕竟紫外线可以直接破坏生殖细胞中的DNA，摧毁基因的传递链，所以花朵防止强光损害的任务要比树叶的更加艰巨。麻烦在于，花朵并不含有叶绿素，无法将光能转化为化学能贮存起来，它们又没有办法彻底避开阳光。

那么花朵到底该怎么办呢？

前面已经说过，叶片应对强光伤害的主要策略就是合成花青素，这个策略在花朵身上同样适用。不同之处在于，花朵需要更多的花青素。由于花朵彻底放弃了光合作用，没有了叶绿素的遮掩，花青素可以得到尽情展示，而花青素在不同环境下会呈现不同的色彩，比如在酸性条件下呈紫色，在碱性条件下呈蓝色，那就是花朵五颜六色的根本原因。牵牛花早晨可以是蓝色的，随着太阳东升，日照增强，花朵内部的pH值随之改变，就有可能呈现红色和紫色，再与适量的类胡萝卜素混合，显色效果就会更加艳丽。只有这样，花朵才能不断地将各种光波反射回去，以此缓解强光伤害。

由此造成的结果是，阳光越是强烈，花朵的色泽就越是艳丽，保护能力就越强。高山植物往往会开出更艳丽的花朵，因为高山上紫外线较强。同样的道理，向阳的地方花朵也更艳丽。艳丽的花朵事实上是一种声明：阳光太强烈啦，我快受不了啦。按照这种逻辑，我们把花搬到阳台上才能欣赏更美的花朵，那其实是对花朵的严重摧残。

也就是说，花青素等于为花朵撑起了一把阳伞。但是呢，阳伞也不能太多，倒不是担心浪费，而是因为花朵还需要获取部分阳光照射，以此维持花朵内的温度，那就是另一方面的任务。

植物由细胞构成，而细胞需要合适的温度才能保持较高的活性。对于花朵内的生殖细胞来说，尤其如此。温度过高或过低，都会影响授粉成功率。为了把温度维持在正常水平，花朵必须妥善处理阳光的得失问题，它不能将所有阳光全部反射掉，也不能全部吸收，而要视环境不同而确定不同的吸收策略，并因此而呈现不同的色彩。

低温环境下，花朵的调控方式与高温环境明显不同，除了依靠阳光与色彩调控温度，花朵还会通过开花生热效应自主产生热量，主动调控温度，[108] 使花朵的温度明显高于周围环境的温度，以此维持生殖细胞的活力。[109]

很多人容易忽略这样一个事实：植物也要进行新陈代谢，而新陈代谢必然产生热量，所以植物产生热量是很正常的现象，只是不像动物那样剧烈和明显罢了。有时植物产生热量的速度甚至抵不上热量散失的速度，所以我们不容易感受到植物的热量，[110] 不可能在碰到一片树叶时感觉烫手。花朵却是个例外。有些植物的花朵摸上去确实会让人感到温热，因为它们会在短期内通过分解糖分而产生大量热能，迅速提高自身的温度。有的花朵温度甚至与环境温度相差35°C，比如生活在冰冻沼泽中的臭菘，在寒冷的冬天照样可以开花，[111] 它们除了凭借佛焰花序从太阳中获取能量外，主要依靠代谢产热维持温度。

事实上，开花生热是一种普遍现象，只不过对不同的植物来说，开花产生的能量各有不同而已，因为花朵必须为生殖细胞提供良好的保护，否则容易出现低温冻伤的情况。常见的荷花就有明显的开花生热现象。荷花生在水面上，很难维持合适的温度，所以需要主动生热。而且温暖的花朵还可以促进花香的释放，更容易吸引昆虫光临。[112]

花朵应对高温和低温的不同策略，造就了绚丽多彩的花色。每一种花色都有自己的道理。比如在自然界中我们很少看到黑色的花朵，因为黑色的花朵几乎会吸收所有的阳光，存在花朵温度过高的风险，进而影响生殖细胞的活性。

以种类计算，花色排名第一的其实是白花。白花可以将阳光大量反射回去，从而有效地保护生殖细胞。而且，白花几乎不需要特殊的色素，开花成本最低。这两大优势决定了白花在数量上拔得头筹。

排名第二的是黄花。黄花之所以成绩这么好，是因为黄花主要靠类胡萝卜素显色，而类胡萝卜素本来就是植物体内的第二大色素，仅次于叶绿素，合成类胡萝卜素既不会占用太多的物质成本，也不会占用太多的基因信息。既然花朵不含叶绿素，类胡萝卜素自然就有了展示的机会，而类胡萝卜素最常见的色彩就是黄色。对于虫媒花来说，黄色是除白色之外性价比最高的色彩，既便宜又简单，对昆虫也有足够的吸引力，因为黄色是蜜蜂最敏感的颜色之一。

排名第三的是蓝花，蓝色是由花青素制造的真正色彩。花青素在碱性条件下呈蓝色，而植物很容易维持碱性，所以蓝花的占比相对较高。全世界开蓝花的植物约为三万种，是所有热带和温带被子植物种数的十分之一，并且主要分布于温带地区[113]。蓝花的竞争优势在于反射蓝光，避免了高能量的蓝光伤害，从而有效地保护了生殖细胞。

至于红花，与很多人的直觉相反，排名反而非常靠后，在开花植物中只占第四名。人们之所以会误以为红花很多，是由于人类的眼睛对红色敏感，容易对红花留下深刻的印象。为了迎合人们的偏好，人工培育的鲜花都以红色为主，导致红花成为公园或者花卉市场的主角，但在自然环境中并非如此。

为什么红花这么少？

那不但与花瓣的pH值有关，而且与红光在光谱中的排序有关。

可见光光谱的能量从低到高排列，依次是红光、橙光、黄光、绿光、青光、蓝光、紫光。红光是能量最低的光，而紫光能量最高。根据光保护理论，为了保护花朵不受强光伤害，应该把能量高的光波首先反射回去，所以蓝光和紫光被反射得最多。红花之所以很少，是因为红光能量相对较低，对花朵的伤害相对较小，所以大部分红光都被花朵吸收了，导致红色的花朵反而较少。

正因为自然界红色的花朵占比很低，直接影响了昆虫的视觉，这就是典型的协同进化。以蜜蜂为例，它们虽然有着强大的四色视觉，却无法感受红光和红外光，也就是说，蜜蜂看不到鲜艳的红花。红色的花朵在蜜蜂眼里，就是一片灰色的垃圾，很难引起应有的注意。表面看来是因为昆虫无法看到红光，所以红花的数量很少。根本的原因却是，因为红花数量很少，所以昆虫才没有进化出观察红光的动力。

那么，红花又是如何完成传粉工作的呢？

红色花朵一般不依靠昆虫传粉，而主要依靠鸟类传粉，此即所谓的鸟媒花。因为鸟类视网膜中有红光受体，可以有效获取红花信息，同时避免和蜜蜂竞争蜜源。毕竟蜜蜂是传粉工作的先行者，选择被蜜蜂放弃的红花，才是聪明的做法。

鸟类的数量远少于昆虫，而且并非所有鸟类都是尽职尽责的花粉传播者，它们的工作热情远远比不上昆虫，毕竟鸟类还有其他的谋生手段，只有蜂鸟之类的小型鸟类才会以花蜜为生。体型稍大一些的鸟类，比如麻雀，则转而去吃种子。更有甚者，有些鸟类还是昆虫杀手，吃昆虫的鸟儿要比吃花蜜的鸟儿多得多。在这种情况下，如果昆虫和鸟儿竞争同样色彩的花朵，无异于自杀。同样的道理，过度依赖鸟类传粉的花朵，也需要应对更多的不确定性。既然鸟类数量不足，鸟媒花的数量当然也相对较少，红色花的占比也就可想而知了。

由此可见，花朵的色彩受到阳光和温度的显著影响，对各种因素折中处理之后，才呈现出我们所看到的花朵色彩。

如果说使花朵呈现五彩缤纷的色彩是花青素的一个副作用，那么，使成熟的水果呈现艳丽诱人的色彩，则可以看作是花青素的另一个副作用。总体而言，果实在成熟之前往往呈现绿色，成熟之后却会变成红色或者紫色，这种独特的着色策略更是直接塑造了灵长类动物的视觉能力。

来自水果的诱惑

果实不需要传粉，但需要传播种子，它们必须吸引其他动物来把自己吃掉，再把种子排到别处去，否则所有种子就会堆积在树根旁边。所有后代竞争相同的生态空间，无异于自相残杀。

为了完成传播种子的任务，果实的色彩模式与花朵的明显不同，它们需要在不同的时间执行不同的策略：在成熟之前，果实当然不希望自己被吃掉，所以应该保持低调；而在成熟之后，就是应该被吃掉的时候，又必须主动吸引传播者注意。这两套不同的策略涉及不同的着色方案，未成熟的果实往往是绿色的，无论香蕉、苹果还是葡萄，青涩的果皮中都含有大量的叶绿素，与树叶颜色相同，不容易被鸟类或者其他采集者发现，具有明显的保护作用，毕竟未成熟就被吃掉是没有意义的。对于采集者来说，绿色也是一种声明：我还没有成熟，味道并不鲜美，请过一段时间，待我披上红装再来享用。

在成熟之后，果实的工作重点转移到吸引食客上来，此时色彩对比就显得非常重要。由于鸟类在寻找果实的过程中非常依赖色彩对比，成熟的果实必须与绿色的树叶背景区分开来，不然将大大影响种子的传播效率。[114]所以果实一旦成熟，就如同待嫁的美女，马上就会转变显色策略，努力把自己装扮起来，真正做到秀色可餐。

果实变色的生化原因很简单。果实中的生长激素可以促进花青素的合成，而花青素可以帮助果实吸收更多的阳光，提高水果新陈代谢的速率，从而加速成熟进度，抢占最佳播种时节。[115]越到成熟晚期，果实中的生长激素浓度越高，花青素积累越多，色泽也就越鲜艳，[116]直至由红变黑。测量表明，黑葡萄中的花青素含量是红葡萄的两百倍。

花青素的另一个功用是阻止淀粉与蔗糖的分解。[117]由此形成的链条是，花青素含量越高，色泽越是艳丽，则果实中积累的糖分就越多，越是香甜可口。[118]如此一来，艳丽的色彩就变成了美味与营养的标志，很容易从绿色的树叶中脱颖而出，为果实打出最佳的广告。广告的意思是：这里有美味可口的免费食物，大家快来进餐吧。这样的广告对动物极具诱惑力，食客不需要付出任何代价，只需要准备肚皮尽情享受即可，那是自然界最实惠的交易。

这样看来，似乎果实的色彩很好理解，并不需要过多的解释。事实并非如此，有些微妙的进化逻辑，并非那么容易一眼就能看穿，比如果实成熟之后以红色或黑色居多。既然同为花青素作用的结果，为什么果实不像花朵那样呈现万紫千红、争奇斗艳的局面呢？

有人认为，果实的色彩只是随机出现的副产品，什么颜色并不重要，因为许多营养丰富的果实都来自多年生植物，它们的生活周期很长，一年播种的效率不够，下一年还可以继续传播。在某个年份暂时处于下风，并不会直接导致灭绝，所以果实颜色也就随便显示一下就行了，碰巧出现了红色和黑色，大家也不要奇怪，就算有几个蓝色的水果，不也照样生存了下来吗？所以这件事没有什么好讨论的。

这种观点听起来似乎有点儿道理，却很难解释红色水果和黄色水果偏多的现象。既然是随便显示一下，那就应该各种颜色的占比都差不多才对啊。

另一种观点认为，果实的颜色可能与果实的素质有关。果实怀璧其中，身负重任，物理结构自然要比花朵的结实。结实的果实并不担心受到阳光的暴晒，有时甚至渴望得到更多的阳光，因为阳光可以加快果实成熟。[119]这一策略转变，直接影响了果实的显色机制。

果实营养丰富，美味可口，必然成为很多动物垂涎的对象，但果实并不是来者不拒。有些顾客吃相难看，对传播种子没有任何好处，自然不受欢迎。比如像野牛这样的反刍动物，会把所有种子磨个粉碎，肯定不能算是理想的食客，它们对播种没有任何帮助。正因为如此，果实需要付出较大的精力拒绝劣质食客。对付反刍动物的策略是加大果实中的糖分含量，糖分容易在反刍动物长长的消化道中过度发酵，甚至会导致反刍动物腹胀而死。所以，反刍动物宁愿吃草，而对甜美的果实避而远之，因为它们根本无福消受。

昆虫也不受果实的欢迎，它们虽然是传粉的功臣，在传播种子时却只会起到破坏作用，以至于被视为病虫害。所以，果实对待昆虫的态度与花朵对待昆虫的态度有天壤之别。昔日的座上贵宾，已经沦为处处受到提防的梁上君子，所谓此一时也，彼一时也。

为了驱赶昆虫，果实采用了一套新的策略，那就是改变味道，让果肉呈现一定的酸性或者变辣，使昆虫难以下嘴，甚至中毒而死。花青素在酸性条件下主要呈红色，这就是红色果实较多的主要原因。巧合的是，鸟类对红色非常敏感，所以成为红色果实的主要传播者。一旦这种传播机制获得成功，其他没有营养的果实也会偷偷模仿红色果实，以此欺骗鸟类来吃自己，[120]那其实就是植物界的拟态现象。通过连续的进化，最终出现了果实以红色为主的局面。

有些学者对此观点不以为然，红色的果实固然可以吸引鸟类，但鸟类不只是受到色彩的吸引，它们还对果实的味道感兴趣，红色其实另有原因。

果实为了免受病虫害的袭击，会主动合成大量单宁，[121]而单宁味道苦涩，且对消化道有一定的毒性，可以有效抵制昆虫的侵扰。然而为了吸引鸟类，这种涩味在成熟之后就必须消除，否则种子就传播不出去，因为鸟类才是传播种子的主力军[122]。为此果实合成了大量的花青素。花青素可以与单宁结合形成复合体，从而解除单宁的涩味。至于色彩，只是解除涩味工作的副作用，并无实际价值。同样的道理，吸引鸟类也只是副作用，事实上鸟类对颜色并不挑剔，它们主要是对味道挑剔。它们不单吃红色的果实，也吃黄色的果实，鸟类关注的其实是果实中的花青素含量。

在自然条件下，水果对于鸟类具有双重诱惑。花青素本身是重要的抗氧化剂，在动物体内同样可以起到抗氧化作用。或者说，动物如果想要获取足够的抗氧化能力，就必须摄入大量的花青素，而果实是花青素的重要来源。动物要想健康，就必须识别含有花青素的果实。事实正是如此，鸟类对于果实中花青素的含量具有相当敏锐的探测能力。在不同的果实类型中，鸟类会优先选择花青素含量较高的水果食用。因此，花青素被用作果实奖励信号，也就顺理成章了。

与此同时，鸟类对类胡萝卜素的兴趣则明显不足，它们几乎不会去吃富含类胡萝卜素的食物，因为类胡萝卜素的抗氧化能力与花青素的相比略逊一筹，这恐怕也是黄色水果占比明显偏低的重要原因。

好在吃水果的不只是鸟类，还有其他动物。有十分之一的种子依靠哺乳动物传播。问题是哺乳动物多是色盲，而在色盲眼里，红色看起来呈暗黑色。正因为如此，有些果实在成熟之后变成黑色，相对于红色来说并没有什么劣势。[123]

明白了这个逻辑，我们就可以理解为什么其他颜色的水果非常少见。

众所周知，我们很难看到蓝色的水果。当然，罕见不等于没有，除了人工培育的品种之外，自然界确实有些果实是蓝色的，比如蓝靛果和蓝莓等，还有一种亮叶忍冬也可以结出漂亮的蓝色果实。不过，与红色水果相比，蓝色水果无疑属于少数派，这种现象与色素调配程序有关。

花青素在中性条件下可以呈现蓝色，问题在于，为了对抗昆虫，水果细胞很难表现出准确的中性，自然很难表现出蓝色效果。

果实中还有一种色素可以呈现亮丽的蓝色，那就是金属花青素，是由花青素和金属离子构成的复杂大分子。[124]这种显色方式过于复杂，毕竟植物无法自主获取金属元素，而必须依赖土壤环境，这就等于增加了某种不确定性。不确定性越大，出现的概率就越小。依靠小概率的色素来展示色彩，无疑会在生存竞争中处于劣势。

也就是说，果实的色彩受到色素生产流程的限制。生产流程越复杂，色素含量就越少。特别是当生产流程中涉及稀有元素时，产物数量就更少。所以，我们很少看到蓝色的水果。

异色水果较少的另一个原因是，当红色与黑色成为成熟果实的重要标志之后，其他色彩就很难再占据主流位置，因为果实的传播也存在激烈的竞争。当某些色彩，比如红色和黑色，已经成功指明了成熟的果实之后，其他色彩的指示作用就会大大降低，因而在竞争中处于下风。这就好比在岔路口竖起一块指示牌指出正确的方向后，其他方向当然就很少有人再走了。

由于如此复杂的作用，非主流的水果色彩在自然界很少见。不只是蓝色的水果少见，而是各种复杂色彩的水果都少见。只有红色、黑色和黄色，才是深受大家喜爱的颜色，其他颜色很少得到食用者的信任。要想吃到红色的水果，就需要超越双色视觉的观察能力。逻辑很简单，要想吃到红色的水果，首先得看见红色的水果，所以，水果理所当然地成为驱动视觉进化的重要动力。正是在如此简单的动力推动下，灵长类动物才具备了三色视觉。

被子植物的开花、结籽和传播种子，这三个简单行为的发展完善，与灵长类动物的崛起在时间上高度一致。我们可以认为，被子植物成就了灵长类动物，灵长类动物同样成就了被子植物。被子植物不但用鲜艳的花朵与果实塑造了灵长类动物的视觉，而且用复杂的枝杈结构塑造了灵长类动物的生活习惯和行为模式，并进一步影响了灵长类动物的身体结构。我们之所以拥有五根手指而不是四根或者六根手指，我们之所以失去尾巴，可以方便地坐在椅子上玩电脑，而不是像其他哺乳动物那样拖着长长的尾巴招摇过市，都与被子植物的指引息息相关，同时也与三色视觉彼此照应，这些因素使得灵长类动物最终一骑绝尘，为人类的出现铺平了道路。此事说来话长，那就是我们要讨论的第五步——手指与尾巴的逻辑。

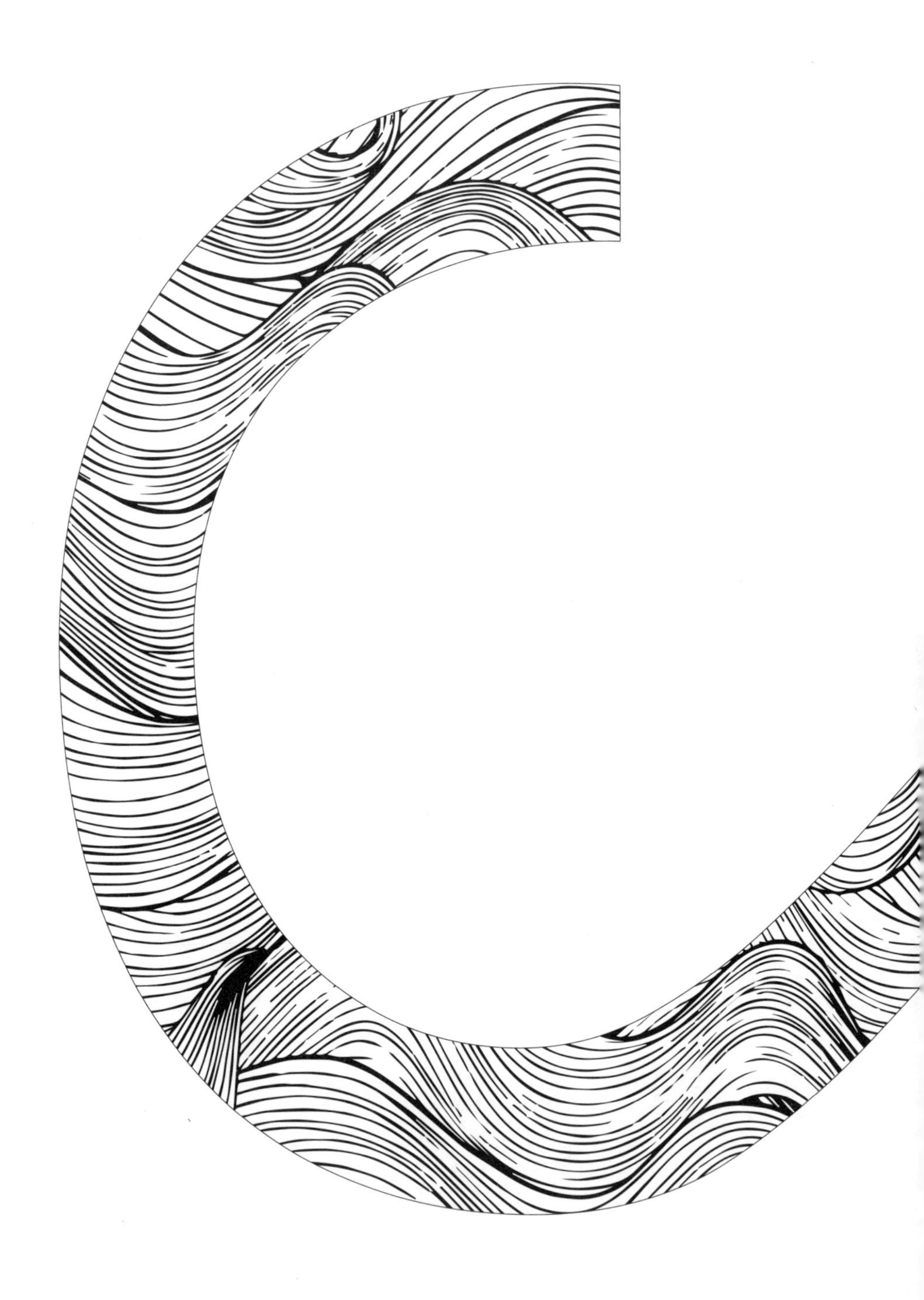

第五章
视觉、嗅觉和尾巴

动物和植物原本是一家，因为它们来自共同的祖先，只不过随着时间的推进，不同的生物需要适应不同的环境，才渐渐出现了动物与植物的区分。事实上，至今仍然有些生命介于动物和植物之间，你可以说它们是动物，也可以说它们是植物。比如有一种草履虫和绿藻共生，不但可以进行光合作用，而且可以四处游动捕食。如果你觉得草履虫太简单，那么有一种绿叶海蛞蝓可算是相当复杂了。事实上，它们被动物学家归为软体动物，它们的整个身体却像一片巨大的树叶，其中充满了叶绿素，能在清澈的海水中通过光合作用获取足够的营养，可以好几个月不吃不喝，完全就是植物的做派。不过，这些又像动物又像植物的生物数量极少。任何事情都需要专业精神，脚踏两只船并不利于生存竞争，因此绝大部分动物都与植物决然分开，导致动物界和植物界最终成为两个完全不同的门类。

最原始的多细胞动物大约出现在十二亿年前，但科学家对它们了解很少，直到五亿多年前，寒武纪生命大爆发时，大量的复杂动物才不断涌现，比如三叶虫和奇虾等，它们已经进化出了完备的眼睛，可以四处游动捕捉食物。由于资源有限，这些海洋动物很快出现了激烈的竞争，它们面临着和植物同样的命运抉择，需要在适当的时候登上陆地，寻找新的发展机遇。

可能在奥陶纪早期，也就是四亿多年前，就已经有动物做出了勇敢的尝试，但确切的证据要到三亿五千万年前才出现，科学家已经发现了那时的昆虫化石，并把它们命名为节肢动物。

节肢动物的身体被坚硬的几丁质包裹着，形成所谓的外骨骼，具有强大的保护作用。由于其肢体的外骨骼具关节，因而被称为节肢动物。节肢动物是当前动物界中最大的类别，至少包括一百多万种无脊椎动物，占据了全部动物种数的半壁江山，常见的蜘蛛、龙虾都是典型的节肢动物。

为了适应复杂的陆地环境，节肢动物不断分化，形成了各种各样的昆虫，比如会飞的蝴蝶、会爬的蚂蚁、会吸血的蚊子、会唱歌的蟋蟀、会放屁的放屁虫等。当然，动物学家不好意思用放屁虫这个词，而是用了一个更文雅的名字——椿象——来指代这些会放臭气吓跑敌人的小家伙。它们和斑蝥一样，都是昆虫界的放屁大王。

昆虫的出现促进了开花植物的传粉工作，使得被子植物日渐兴盛，而被子植物的兴起，事实上为动物提供了更多的食物，于是更加能吃的动物开始不断登上生命舞台。它们有的专吃植物，有的则以昆虫为食，其中最著名的代表就是青蛙，它们可以生活在水里，也可以生活在陆地上，因此被称为两栖动物。

两栖动物是追踪昆虫成功登陆的第二大类动物。

两栖动物的意思是水陆两栖，它们兼用皮肤和肺呼吸。它们无力摆脱水源的约束，适应能力因此受到了严重的制约，至今仍然只能生活在池塘、热带雨林或者洞穴等潮湿环境里。体型最大的两栖动物是娃娃鱼，它们的栖息地是山区溪流的洞穴。娃娃鱼能像青蛙一样大声鸣叫，以此吸引异性，只不过其叫声与青蛙的略有不同，听起来像孩子在叫，所以被称为娃娃鱼。事实上，娃娃鱼既不是娃娃，也不是鱼，它们之所以被误认为是鱼，是因为它们根本离不开水。

真正摆脱水源控制而向陆地深处进军的，其实是爬行动物。与两栖动物不同，爬行动物皮肤干燥，表面覆盖着坚硬的鳞片，能有效锁住体内的水分，因此可以在干燥的陆地上生活，我们熟知的恐龙就是爬行动物的代表。事实上，恐龙远远算不上成功，它们的灭绝就是最好的证据。真正成功的爬行动物应该是那些体型适中而且生存能力更强的鳄鱼，当然，乌龟、蛇、蜥蜴也都是爬行动物。它们在生殖方面有一个共同的特点，这个特点和昆虫及两栖类动物并没有本质区别，那就是卵生，通俗地说就是下蛋。直到鸟类出现，这种生殖方式都没有发生真正的改变。

鸟类来自一种原始的爬行动物，只是这种爬行动物出现了一些新的特征，诸如长了满身的羽毛，羽毛除了保暖，还可以帮助飞行。始祖鸟的化石研究表明，鸟类在一亿五千万年前就已经在天空中翱翔了。飞行能力大大提高了迁徙效率，所以鸟类迅速成为地球上分布最广的陆生恒温脊椎动物。

不过鸟类仍然保留着类似爬行动物的特征，那就是卵生。好在鸟类对后代的投资明显高于爬行动物，出现了复杂的育雏行为，它们会筑巢、孵化，然后最大限度地为子女提供食物和安全保护，有效地提高了后代的成活率。

基于这些简单的优势，鸟类迅速超越爬行动物，击败了同在空中飞行的翼龙，基本上控制了远离地面的生态空间。翼龙灭绝以后，鸟类迅速分化，先后有一千多种现代鸟类登上生命舞台，并向世界各地蔓延，这些鸟类不但可以生活在树上，而且可以生活在水中。

自从恐龙灭绝之后，爬行动物的统治地位一去不返，很快失去了地面控制权，因为另一支力量已经悄然兴起，那就是哺乳动物。

早期爬行动物有两个重要的进化方向，先后出现了两大分支，一支是鸟类，另一支就是哺乳动物，它们后来都成了爬行动物的掘墓人，其中以哺乳动物的工作更为出色。

哺乳动物，顾名思义，就是会给后代喂奶的动物，那是哺乳动物放弃产蛋实行胎生的结果。胎生虽然加重了雌性的负担，却大大提高了后代的成活率。因为胚胎一直在母亲的子宫中成长，所以要比把胚胎放在蛋里然后产在体外成长安全得多。母亲对后代成活较有信心，而越是有信心的事情，就越值得加大投资。这就好比你买股票，如果能确定某只股票肯定挣钱，那么就值得投入大量资金。

相比之下，昆虫会产下大量的卵，至于卵的未来，昆虫只能听天由命。因为风险不可控，所以昆虫对每一个卵的投资都很少，它们只能靠数量取胜。两栖类动物采用类似的策略，产卵虽多，尺寸却很小，这样就可以产下更多的卵，后代依靠概率成活。爬行类动物的卵倒是增大了许多，但在相同体型下，尺寸仍然无法与鸟类的卵相比，因此爬行类动物对卵的照看水平远不如鸟类，它们基本不会出现孵化行为，将卵埋在土里略加保护就算不错了。

卵生模式的缺点在于不可控风险太多，后代自我保护能力相对脆弱，容易受到环境因素的显著影响。一旦环境发生改变，鸟类的灭绝速度普遍高于哺乳动物的灭绝速度。比如有名的渡渡鸟和恐鸟等大型鸟类的灭绝都给人们留下了极深的印象，那不过是无数灭绝鸟类的代表而已。鸟类在外来物种的入侵面前抵抗力极弱，老鼠、猫、狗等都会对鸟类造成极大威胁，而这些动物都是哺乳动物。所以，尽管鸟类比哺乳动物起步早，却在恐龙灭绝之后很快让位于哺乳动物，根本无力形成统治态势。

哺乳动物对后代的投资远远超过鸟类，它们不但让胚胎在体内成熟，而且在出生以后还要用珍贵的奶水加以喂养，哺乳动物因此也获得了高额的回报。如今的世界是哺乳动物的天下，就是最好的证明。它们进化出了满身毛发和恒温机制，因此具备了强大的行动能力和适应能力，发达的神经系统又提高了反应能力，那都是加大投资的结果。哺乳动物再也不是恐龙那样又呆又笨的傻瓜，它们一旦出现，就立即呈现无可抵挡的优势，对爬行动物实行全面压制，一举成为地球的绝对主宰，直到哺乳动物最杰出的代表——灵长类动物的出现，又给这个世界增添了异样的风采。

如果说被子植物是植物进化的巅峰，那么灵长类动物就是动物进化的巅峰。两类巅峰生物居然跨越亿万年的时空在地球上相遇，绝非偶然事件。

在被子植物之前，裸子植物的树枝以单轴分枝为主，这种分枝方式的优点是不断向上生长，可以形成粗壮的主干，相对侧枝而言具有明显的优势。松、柏、杉等裸子植物都采用这种分枝形式，枝杈结构相对简单，树干又粗又直，是优秀的建筑材料。被子植物则不然，随着韧皮部和木质部的不断加强，被子植物的树枝越来越结实，在单轴分枝的基础上进化出了合轴分枝。采用这种分枝方式的主干生长缓慢，而侧枝却相对粗壮。树枝在向上生长的同时，也在不断拓展水平空间，形成了浓密的冠盖结构。合轴分枝可以抢占更多的水平空间，有效扩大光合作用的面积，是大多数被子植物的分枝方式。高大的乔木尤其如此，它们在远离地面的地方构筑了一个安全的生活环境。那里除了纵横交错的枝杈、层层叠叠的绿叶，还有各种美丽的花朵和美味的果实，并且远离地面捕食者的威胁，简直就是理想中的天堂。除了鸟类和部分像松鼠那样的小型哺乳动物，基本没有竞争对手。

灵长类动物立即抓住了这个空当，不断从地上转入树上生活，从此全面进入兴盛时期。[125] 它们有的吃花蜜，可以帮助被子植物传递花粉；有的吃果实，可以为被子植物传播种子；有的吃昆虫，可以消灭害虫。所以灵长类动物的兴盛也推动了被子植物的进化，两者相辅相成，共同为地球打造了一幅全新的自然景观。在灵长类动物的进化过程中，埋下了人类起源的所有伏笔，其中最重要的线索，来自灵长类动物的味觉。

视觉与嗅觉的拉锯战

灵长类动物的最早起源争议很大，原因很简单，时间过于久远，研究者都缺少有力的证据。普遍接受的观点是，大约一亿多年前，被子植物已经遍布全世界，在许多地区构建了茂密的森林，为灵长类动物打造了全新的家园。

五千多万年前，灵长类动物起源于一种类似于松鼠的哺乳动物，主要栖息在树冠上，简称为树居动物。树居动物起初以昆虫为食，昆虫受树冠花粉的吸引而来，结果被灵长类动物打了埋伏，所以昆虫是灵长类动物进化的第一桶金。后来，昆虫无法满足灵长类动物的需求，灵长类动物需要开发新的食材，被子植物就这样被写进了灵长类动物的食谱。食谱上的第一道大餐是水果，第二道大餐是树叶。这两道大餐分别推动着灵长类动物几大重要生物学特征的进化，无论味觉还是视觉、形体还是相貌，都受到了被子植物的直接影响，最终合并的结果，就是为人类的出现埋下了伏笔。

我们先来说第一道大餐水果如何影响了灵长类动物的命运。

所有水果都有自己的味道，味道其实就是一种语言，可以向动物传递清晰的信息：欢迎品尝或者暂停营业。对于果实的味道语言，动物有着自己的接收系统，那就是味觉。

灵长类动物几乎可以食用被子植物的所有部分，不管根茎叶，还是花果实，都在它们的食用范围之内。可是，植物也没有坐以待毙。为了阻止动物采食，植物会分泌大量毒素，足以让嘴贱的家伙后悔莫及。

要想远离中毒风险，动物必须尽量谨慎，不能见到什么就吃什么，而是要略作鉴别。鉴别的方法，就是使用味觉。

味觉对于评估食物营养成分和防止摄入毒素意义重大，凡是无所畏惧吃嘛嘛香的家伙，基本上都在数千万年前就成了植物毒素的牺牲品。要想不被毒死，最基本的策略是不要吃有毒的植物，但动物在动口之前没办法问一问植物是不是有毒，它们的基本策略是以苦味作为准入门槛。动物的苦味受体会对毒素进行识别，[126]并转告大脑：这东西有毒，别吃！

苦味受体是一种分布在味觉细胞表面的蛋白质。既然是蛋白质，当然就受到基因的控制。每种动物体内都有控制苦味受体的基因，正是这些基因在时刻提醒着主人，哪些植物能吃，哪些植物不能吃。

相对而言，肉食动物比杂食动物对苦味更加敏感，而杂食动物又比草食动物敏感，草食动物必须适当容忍植物的苦味，否则就无法摄入足够的营养。[127]为了应对有毒物质对身体的损害，草食动物只能尽量减少食材的多样性，没有哪种动物可以吃尽天下所有植物，而只会吃几种基本的植物。大家知己知彼，可以最大限度地降低中毒风险。这就是为什么它们往往只吃这种草而不吃那种草的原因，[128]因为它们不想面对过多的不可预测的中毒风险。还有一种策略则是先把食物吃下去，然后再在体内解毒，比如反刍动物摄入大量草料后，就需要通过发酵来分解摄入的毒素。[129]

灵长类动物是典型的杂食动物，苦味受体基因相对多样化。不同的灵长类动物，因进化水平不同，苦味受体基因的序列也有所不同。不同的序列决定了对苦味的敏感程度不同，比如猕猴的苦味基因由于早期发生了突变，对苦味的敏感性急剧下降。[130]敏感性下降的结果就是可以吃下更多的植物类型，就算有些毒性也被味觉系统忽略了，那事实上等于扩大了食物来源，副作用是增加了中毒的风险。应对之道是强化肝脏的解毒能力，或者索性破罐子破摔，让身体处于慢性中毒状态，然后在慢性中毒致死之前结束生命。所以，苦味敏感性越低的动物，其寿命相对也越短，猕猴在饲养状态下寿命很难超过三十岁。相反的情况是强化苦味受体基因，比如黑猩猩与人类的苦味受体基因相对复杂，对苦味的敏感性要比猕猴更高，寿命也比猕猴的更长，黑猩猩在饲养状态下寿命甚至可以达到猕猴的两倍。

在人类与黑猩猩之间，苦味受体基因也存在一定的差异。相对而言，人类对食物更加挑剔，苦味受体能够识别更多的天然毒素，对异硫氰酸酯、氰苷等高度敏感。黑猩猩则必须容忍一定的食物毒性，否则就要挨饿。所以，黑猩猩的自然寿命不如人类的。

如果说苦味具有被动防御功能，甜味感觉则更加主动。

所有哺乳动物的味觉都可以分为五大类：酸和苦代表有害物质；甜味代表糖类；咸味代表离子，可以维持细胞渗透压；鲜味代表蛋白质。追求甜味是灵长类动物的重要特征，刚刚出生不到一天的婴儿就会表现出对甜味的喜爱。但海洋哺乳动物，比如鲸鱼，则失去了包括甜味在内的大部分味觉，因为它们食物单一，根本不需要通过复杂的味觉对食物加以辨别，而且根本没有机会吃到水果，对甜味自然毫不在意。与此类似，许多肉食动物都丧失了甜味受体基因。人类非常享受的甜品，猫和狗吃起来，可能味如嚼蜡。

对于灵长类动物来说，甜味不可或缺。正是为了满足对甜味的渴望，它们才会不辞辛苦地在丛林中穿梭，只为享受吃下水果的刹那幸福。正是在刹那幸福之中，蕴藏着永恒的希望。它们对甜味的偏爱程度与其体重成正比，体型越大，越喜爱甜味，因为它们需要更多的能量维持身体代谢。黑猩猩和人类在灵长类动物中的体型相当突出，所以我们比其他灵长类动物更喜欢甜食，否则不足以摄入足够的糖分。

有些植物利用灵长类动物的这一特点，居然进化出假甜味能力来欺骗它们。这些植物尝起来很甜，却并不含有足够的糖分，这其实是植物欺骗灵长类动物为自己传播种子，同时又不愿意付出太多的能量所进化出来的策略。[131]

明白了灵长类动物对甜味的特殊追求，我们就可以理解为什么灵长类动物会进化出三色视觉。

灵长类的很多生物性状都与其他哺乳动物的一脉相承，视觉能力自然也不例外。早期灵长类动物其实也是色盲，但是后来事情发生了变化。大约在四千万年前，灵长类动物的一个分支发生了一次感光基因突变，出现了可以辨别红色光波的能力。这种变化具体表现在当前的灵长类地理分布上。一般来说，亚欧大陆和非洲大陆的灵长类动物，包括人类在内，都是三色视觉；而美洲大陆的灵长类动物，基本都是双色视觉。

感光基因突变主要发生在狭鼻猴身上。所谓狭鼻猴，也就是鼻中隔狭窄的灵长类动物。它们鼻尖狭窄、鼻孔向下，主要分布在亚欧大陆和非洲，包括人类、猿类和部分猴子。[132]调查表明，所有狭鼻猴都拥有相似的三色视觉。[133]

问题是它们为什么需要三色视觉。

前面我们已经讨论过，色盲对于哺乳动物来说其实是一种优势。既然如此，那三色视觉就可以看作是天然的缺陷。从基因的角度来看，红光感受基因并不是新的基因，而是绿光感受基因重复拷贝的结果，多出来的一段光波被灵长类动物强行解读为红光。灵长类动物因此而为自然界的不同物质贴上了不同的标签，诸如这是红色，那是绿色，两者的区别一目了然，而不再像普通哺乳动物那样混为一谈。此后这种错误来不及修正，以至于一直延续到了现在，却为灵长类动物提供了意外的优势，并帮助它们从哺乳动物中脱颖而出。这个意外的优势就是寻找水果。

被子植物的两大特征——开花和结果——对灵长类动物产生了深远的影响。适应了树冠生活的灵长类动物为了满足对甜味的需求，同时摄入大量的营养，就需要四处寻找红色的果实，而为了寻找红色的果实，就必须进化出三色视觉。

这就是解释灵长类动物三色视觉的水果假说。[134]

水果假说的核心观点是：灵长类动物的三色视觉与开花植物存在典型的协同进化。三色视觉可以帮助灵长类动物发现成熟的水果，并为开花植物传播种子。被子植物的果实也因此而进化出特别鲜艳的色彩，以此吸引灵长类动物的关注。[135]

有研究表明，三色视觉在寻找红色水果方面效率更高，[136]特别是有些灵长类动物不吃树叶，只吃水果，就会强烈依赖三色视觉，它们必须及时发现更多的水果，否则就会饿肚子。除了吃水果，三色视觉还可以帮助灵长类动物吃到更多的嫩叶。因为新鲜的嫩叶会用红色来警告昆虫，不过这一招对于灵长类动物已经彻底失效，毕竟灵长类动物要比昆虫聪明多了。一旦识破其中的诡计，灵长类动物就会专门挑选红色的嫩叶来吃，因为红色嫩叶中富含蛋白质而且没有粗糙的木质素，要比成熟的树叶好吃多了，而三色视觉可以从层层叠叠的绿叶中迅速定位红色的嫩叶。[137]

到目前为止，水果假说似乎完美地解释了灵长类动物为什么会进化出三色视觉，但仍然存在一些疑问：如果水果可以促进三色视觉，难道其他哺乳动物都不需要吃水果吗？它们为什么不为了吃水果而进化出三色视觉呢？

这要从被子植物的进化时间谈起。在被子植物兴盛之前，世界是裸子植物的天下。裸子植物没有像被子植物那样鲜艳而又美味的果实，哺乳动物并没有合适的水果可吃，后来也没有进化出吃水果的能力。松鼠倒是吃松果，但松果和水果相比，无论口味还是营养，都差远了。更重要的是，松果的颜色和水果的比起来，完全不可同日而语。

更多的哺乳动物主要靠吃昆虫或者吃草为生，就算对被子植物形成了依赖，也仅局限于食用根茎叶，因为许多哺乳动物都存在一个天然的缺陷——不会爬树。既然不会爬树，当然就很难吃到被子植物的果实，比如马和山羊，都不可能靠蹄子摘下水果来吃。同样的道理，对于兔子来说，进化出彩色视觉去发现红色的苹果是没有意义的，它们只要看见青草就足够了，水果对它们来说可望而不可即。后来进化出的大型哺乳动物具备了肉食能力，基本也都避开了营养丰富的水果。既然如此，它们当然不需要三色视觉。

另一方面，果实的营养虽然丰富，却不是草食动物的首选美味，因为水果的季节性太强，没有哪种植物可以一年四季提供果实，但根茎叶一直都存在，只要环境不出现巨大的变动，草食动物仅靠吃植物的根茎叶基本就能吃饱。所以，草食动物虽然种类繁多，专吃水果的却不多。在长期的吃草过程中，草食动物已经形成了强大的纤维消化能力，更是轻易不敢吃水果，因为水果在消化道中停留时间过长，会很容易造成发酵中毒。也就是说，动物要想成功吃到水果，至少要学会爬树，而且有灵巧的前肢，可以把水果摘下来送到嘴里去，然后再顺利消化掉。能做到这一点的动物并不多，除了果蝠等小型动物之外，野猪和熊也吃水果，但是水果在它们的菜单上的比重并不大，而且它们只能捡食掉落在地面上的水果，纯粹靠天吃饭。

真正的吃水果大户，还是鸟类和灵长类动物。鸟类的优势自不待言，它们拥有三色视觉，甚至四色视觉，可以轻而易举地发现水果。而且鸟类在空中飞行，与水果之间没有物理障碍。鸟类的飞行迁移能力也很强，可以四处寻找成熟的水果。哺乳动物就很难做到这一点，就算是灵长类动物，也面临着季节变化的挑战，所以灵长类动物也不完全以水果为生，它们被称为杂食动物，不但可以吃昆虫，也可以吃花与果实，甚至直接吃树叶，有时逼急了还会捕猎，偶尔吃点肉类食物。

也就是说，其他哺乳动物没有对水果形成强烈的依赖性，所以对色彩也没有迫切的要求，三色视觉自然可有可无。只有灵长类动物改以开花植物的果实和嫩叶为主要食物，所以促进了它们进化出三色视觉。

结论就是，如果没有被子植物，就没有红色的水果。如果没有红色的水果，就没有灵长类动物的三色视觉。如果水果假说正确，那么灵长类动物的三色视觉就是合理的。

问题并没有就此结束，水果假说并不能解释有些美洲大陆的灵长类动物仍然是色盲。它们为什么没有进化出三色视觉呢？奇怪的是，它们有时也吃水果。

美洲大陆灵长类动物多为阔鼻猴，在四千多万年以前就与狭鼻猴分化开来，从非洲穿过大西洋到达南美洲，从此走上了独立进化的道路。它们的感光基因与狭鼻猴的不同，[138]视觉情况也非常复杂。在全部约一百三十多种的美洲大陆猴中，只有极少数例外，大部分雌性和全部雄性都是色盲。[139]在少数例外中，一个是夜猴。[140]出于适应夜行生活的需要，夜猴的视网膜中只有一种感光色素，所以无色觉功能。另一个例外是吼猴，尽管吼猴不属于狭鼻猴，与亚非大陆的灵长类动物也没有基因交流，却照样独立进化出了三色视觉，[141]只不过它们出现三色视觉的时间要比亚非大陆的灵长类动物晚了两千多万年。吼猴的例子证明了一个事实，进化出三色视觉并非遥不可及的神话，仅仅在灵长类动物身上，在四千万年内就发生过两次。那么为什么有的灵长类动物进化出了三色视觉，有的却没有呢？为什么美洲大陆的灵长类动物会呈现如此复杂的视觉差异，它们与亚非大陆灵长类动物的区别又何在？

有一种理论试图解释这种现象，那就是与水果假说相对应的昆虫假说。

昆虫假说认为，美洲大陆的小型灵长类动物主要吃昆虫，而双色视觉有利于发现草丛中的昆虫，所以小型灵长类动物以双色视觉为主。亚非大陆的灵长类动物一般体型较大，很少以昆虫为生，因此不需要依赖双色视觉。另一方面，在亚非大陆存在大量猫科动物，许多都是灵长类动物的天敌。所以，亚非大陆的灵长类动物必须提防捕食者，而三色视觉有利于躲避捕食者，否则就会被捕杀殆尽。

北美大陆的情况则完全不同，在两千多万年前，猫科动物还没有到达北美大陆，那里的灵长类动物没有躲避天敌的压力，三色视觉自然就可有可无了。[142] 当猫科动物到达之后，情况就变得复杂起来。体型小于四公斤的小型灵长类动物要么吃水果，要么吃昆虫，而水果和昆虫对视觉有着不同的要求。吃水果的主要是三色视觉，吃昆虫的主要是双色视觉，所以美洲大陆的小型灵长类动物表现出复杂的色觉多样性。

体型大于四公斤的大型灵长类动物很少以昆虫为生，它们很难依靠捕捉昆虫填饱肚皮。既然不需要捕捉昆虫，基本上没有必要保留双色视觉。吼猴就是典型的代表，它们体型较大，主要吃树叶，必须小心识别树叶中潜伏的捕食者，[143] 所以进化出了三色视觉。吼猴的三色视觉进化的时间相对较晚，部分双色视觉的基因没来得及在进化过程中被全部替换而得以保留。[144]

体型更大的蜘蛛猴的情况与此相反，它们就像小型灵长类动物一样，存在色觉多样性，也就是有的是三色视觉，有的是双色视觉。主要原因可能是受到的捕猎危险比较小，对三色视觉的依赖性不强。有些灵长类动物的情况更为复杂，比如松鼠猴，所有雄性都是双色视觉，而三分之二的雌性都是三色视觉。[145]

为什么雌性相比雄性会对于色觉有特殊的需求？那可能与美洲大陆特殊的生态环境有关。

由于气候原因，美洲丛林中的植物往往会在树冠区域生出红色的嫩叶，然后迅速生长，要抢在被灵长类动物吃掉之前长成绿叶。所以，树冠看起来总是斑斑驳驳、杂色共存。而附近的植物未必同时长出嫩叶，因此食物分布就显得非常不规则，这就要求动物的眼睛高度灵敏，不然无法发现足够多的嫩叶。非洲丛林则很少出现这种情况，因为非洲的气候更加稳定单一。

水果则不然，同一种植物的水果会同时成熟，空间分布均匀，只要定位一棵树上的水果，附近的水果也就唾手可得。这种情况下，只要空间记忆就可以了，不需要强大的视觉能力照样也能吃到足够的水果。正因为如此，吃水果的群体并不需要所有个体都是三色视觉，只需要部分是三色视觉就够了。这个任务往往由雌性来承担，因为它们肩负着繁重的生育任务，对食物的需求更加迫切。某个雌性一旦对水果进行目标定位，其他个体只要追随而去，就可以在附近找到足够的食物。这就是有些美洲大陆的灵长类动物仍然保持双色视觉，而且雌雄色觉差异明显的原因，它们只要有部分三色视觉的雌性导航员就可以了。

可以看出，水果假说和昆虫假说并不冲突，恰好可以解释不同食性对视觉的不同影响，同时帮助我们理解灵长类动物的色觉多样性。

三色视觉一旦出现，等于在感官世界里推倒了一块多米诺骨牌，引发了一系列的感觉变化，为灵长类动物提供了强大的适应能力，其中的一个重要作用就是立体视觉，那也是与被子植物密切相关的特征。立体视觉的获得，又与嗅觉的改变有关，其间存在曲折的连锁关系。

灵长类动物获得三色视觉的同时，其嗅觉能力同时遭到代偿性削弱。[146] 在视觉与嗅觉之间，存在一种微妙的拉锯战。在进化过程中，各种能力常会出现此消彼长的情况，即一种感官退化，会引起其他感官的代偿性增强。哺乳动物视觉退化，嗅觉却得到了加强。相对而言，强大的嗅觉对于捕猎和寻找配偶的意义更加重要，对于夜间活动的动物尤其如此。我们身边就有一个很好的例子：狗是色盲，其嗅觉能力就远远超过人类。

由于视觉与嗅觉功能存在特殊关联，灵长类动物在选择三色视觉的同时，必然导致嗅觉退化。基因分析也表明，灵长类动物的嗅觉退化与视觉进化是同步进行的。人类和老鼠都有相同数量的嗅觉感受基因，但人类的嗅觉基因有60%失去了活性，只有40%在起作用。老鼠则有80%的嗅觉基因保持着活性。与此对比，美洲大陆双色视觉的灵长类动物，其嗅觉功能也比人类的发达，可见三色视觉确实以嗅觉退化为代价。而鼻子作为嗅觉器官，必然也在嗅觉退化的过程中受到直接的冲击。三色视觉的进化就这样引发了一系列连锁反应，并造成了惊人的结果。

为什么所有的狭鼻猴都拥有三色视觉？其中可能存在某种内在的因果

关系。

三色视觉导致嗅觉退化，而嗅觉退化必然导致嗅觉器官随之退化，狭鼻猴的鼻子就是嗅觉器官退化的证据。由于三色视觉在生存竞争中处于优势地位，没有三色视觉的阔鼻猴在欧亚大陆遭到了全面淘汰，最后保存下来的只有狭鼻猴。

那么嗅觉退化会对狭鼻猴造成哪些影响呢？

嗅觉器官的大幅收缩，直接导致狭鼻猴的面部变小变平，而不是像牛的面部那样突出在外面。扁平的面部则造成了另一个后果：原本被鼻子隔开，分布在脑袋两侧的双眼开始向同一个平面靠拢。不同的灵长类动物进化程度不同，双眼靠拢的程度也不同。人类以及人类的近亲，比如黑猩猩和大猩猩，还有东南亚丛林中的红毛猩猩，双眼已经移到了正前方，由此造成了一个意外的结果，它们因此而获得了强大的立体视觉。[147]

所谓立体视觉，又叫双眼视觉，就是双眼可以分辨目标远近及立体形态的能力。与立体视觉相对应的，是眼睛分布在脑袋两侧，彼此独立视物，无法形成有效的立体图像，也很难判断目标物体的远近，可以称为单眼视觉。

我们都知道，鸟类、鱼类和一部分哺乳动物的两只眼睛都分布在脑袋两侧，这种结构的好处是让它们几乎拥有了全景视野，也就是前后左右尽收眼底。我们很难悄悄溜到鸟类或者鱼类的身后而不被发觉，就是因为它们拥有全景视野。但有得必有失，拥有全景视觉的代价是两只眼睛必须分布在脑袋两侧，因而无法产生典型的立体视觉。

当然，双眼视觉与单眼视觉都是相对而言，就算典型的单眼视觉动物，也有可能获得某种程度的立体视觉。比如壁虎，在明亮的光线下，瞳孔几乎收缩成了一条缝，但这条缝并没有完全闭合，而是会留出四个凹点，如此一来，就等于在一只眼睛上制造了四个小型瞳孔，每一个瞳孔都会在晶状体上形成一个影像，四个影像重叠在一起，就可以形成立体图像。还有一些动物，比如鸟类，左右眼也会在前方拥有一片重叠的视野范围，同样会得到一定的立体视觉，有助于它们精准捕捉昆虫。无论壁虎还是鸟类，它们的立体视觉都无法与人类的相比。只不过我们每天都用立体视觉看东西，没觉得有什么好奇怪的。其实立体视觉一度是难解的科学谜题。既然大量的哺乳动物的眼睛都在脑袋两侧，只在眼睛正前方的部分区域才有立体视觉，它们都很好地生存了下来，为什么灵长类动物需要广角的立体视觉呢？

有一种观点认为，立体视觉有利于提高狩猎成功率，但这种观点缺少证据支持。许多草食性的灵长类动物也有立体视觉，比如银背大猩猩属于严格的草食动物，它们从不捕猎，却照样双眼如炬，直视前方。银背大猩猩还可以否定另外一种观点：立体视觉有助于对目标准确定位，不致在树枝上跳跃时错失目标摔下地来。可银背大猩猩基本不上树，它们主要在地面上吃草。另一方面，松鼠也没有典型的立体视觉，却照样在树上飞来蹿去，几乎从不失手。现实生活中也有这样的例子，有些人因某种原因失去了一只眼睛，却几乎不会影响正常生活。我们在射击时，甚至还要有意闭起一只眼睛。

那么，立体视觉的优势究竟体现在哪里？

做一个很简单的实验，你就可以清楚地理解立体视觉的意义。伸出手去，哪只手都行，然后张开五指，让手指像小树枝一样挡在眼前，适当调整一下距离——当然不能直接盖在眼睛上——然后观看书本上的文字，注意手指也不要直接压在书本上，而要保持适当的距离，比如大约二十厘米以上。你会发现五根分开的手指事实上并没有将书本挡住多少，你仍然可以大体判断文字的内容，基本可以忽略手指的干扰。你再把两只眼睛依次闭起来试试，就会发现单眼视觉的困境。你的每一根手指，都会实实在在地影响对目标的判断，你看到的是文字的碎片，而不再是完整的句子。

双眼视觉的情况则完全不同。由于双眼可以从两个侧面互补，你不仅能够看到目标的立体形状和远近，而且可以穿透一些碎片化的遮挡物，比如树叶，只要树叶比你两眼之间的距离稍窄一些，你就能看见树叶后面的情况。如此对比的结果就是，如果有一片树叶挡在你和松鼠之间，你可以看见松鼠，而松鼠却未必能看见你。

这才是立体视觉在丛林世界中最重要的优势，只不过现代生活已经远离丛林，我们才很难察觉这种优势的价值。

透过障碍物观察事物，这就是所谓的立体透视能力。[148]

拥有双眼立体视觉的动物，看到的事物往往是一个整体，就算有一些障碍物，也能被双眼所洞穿，这就大大提高了它们对目标判断的准确度。对于单眼视觉的动物来说，眼前的事物会被树叶之类的障碍物切成很多碎片，从而干扰它们对目标的判断，甚至导致对目标视而不见，应对危险的能力自然会有所下降。为了减少危险，小型动物必须时刻处于运动之中，来回跳跃、四处张望，从不同角度获取不同的视觉信息，以此弥补单眼视觉的不足。

无论在草丛中还是在灌木丛中，立体透视能力都极其重要，甚至可以决定动物选择栖息地的习惯。

根据单眼视觉和双眼视觉的程度不同，动物对栖息地的选择也不同。一般来说，有一个总体趋势：单眼视觉的动物往往不喜欢树叶多的环境，因为树叶会把它们的视野分割成大大小小的碎片，最终弄得乱七八糟；双眼立体视觉的动物，特别是大型动物，则偏爱树叶多的环境，因为树叶并不会影响立体视觉的观察效果，[149] 反而会带来一定的优势。所以，大型灵长类动物都很适合在丛林中生活，其中就包括人类。

那么，哪里树叶比较多呢？当然是树冠！

不要忘了，被子植物与灵长类动物存在明显的协同进化关系，被子植物兴盛之后，在高空形成了密集的树冠层，为灵长类动物提供了良好的生态环境。在树冠环境中，三色视觉可以及时发现水果，立体视觉则可以帮助灵长类动物灵活地在树枝之间任意穿梭，游刃有余。由此可见，从三色视觉到立体视觉，是个连锁的进化过程。在灵长类向人类演变的几个基本环节中，三色视觉起到了重要的驱动作用。[150] 立体视觉是三色视觉的副产品，反过来又强化了三色视觉。两者互相补充，相得益彰，把被子植物带来的生态优势发挥到极致。它们的总体目标，都是为了获取更多的水果。

要想顺利吃到水果，只有视觉的帮助是远远不够的。看到水果只是前提，把水果摘下来吃进嘴里，才算真正的成功，为此灵长类动物的四肢也发生了明显的变化。甜味受体基因分析证明，灵长类在进化过程中一直在不断地提高对甜味的敏感程度，表明它们对果实的依赖性在不断强化。与此同时，前臂也在不断长长，有利于它们在丛林间攀缘寻找果实，以满足自己的口腹之欲。人类的前肢，我们称之为双手，灵巧的双手是成功摘取水果的基本前提。我们不可能看到某只山羊爬上树去，然后摘下苹果来吃，它们的前肢根本没有形成相关的适应性状。所以，灵长类动物前肢的进化，也是水果假说的重要副产品。

前肢的进化包括手的进化，只有灵巧的双手，才能完成吃水果的最后一个步骤。这时一个有趣的问题又出现了，为什么我们的手指是五根，而不是四根或者六根呢？难道和吃水果有什么关联吗？

手指为什么正好有五根

我们中国人对五根手指早已司空见惯，甚至因此形成了偏爱“五”的文化传统，比如阴阳五行、春秋五霸，事实上春秋并不只有五霸，但选出五个似乎更好听些。此外，我们还有五岳、五经、五脏、五谷杂粮、五音不全、五湖四海、五体投地等词语，随处可见“五”的影响。

出于对“五”的偏爱，我们也喜欢“五”的整倍数“十”，所以才有一五一十、十全十美、五光十色、十年寒窗、神气十足、十恶不赦、十面埋伏、十年磨一剑等词语。十年磨一剑倒不是真的要用十年时间去磨一柄剑，那样认真磨下来，可能连剑柄都给磨完了。我们只是比较喜欢“十”的完美感觉。

可是为什么人类恰巧是五根手指，而不是四根或者六根，或者更多呢？

这个简单的数字背后，难道隐藏着什么神秘的进化逻辑吗？

人类只是灵长类动物的一个代表。与人类相同，其他灵长类动物同样也都是五根手指。事实上灵长类动物的五根手指也并非特例。其他哺乳动物虽然没有分出手脚，但四肢末端大多同样是五个分支，统称为五趾型附肢，只有部分动物例外。为了简洁起见，我们在讨论时不分手指和脚趾，统统称为五趾结构。大量脊椎动物都保持着五趾结构，灵长类的五根手指，只是五趾结构的延续。所以，与其问人类为什么会有五根手指，不如问脊椎动物为什么会保持五趾结构。

这看似是一个简单的问题，却是一个重大谜团。自然界可供选择的数字很多，没有任何法律规定长了四个脚趾将会被杀掉，那么为什么许多动物都会保持五趾结构？

从化石证据来看，三亿多年前的两栖动物就已经出现了五趾结构。同时存在的原始动物，比如棘龙有八根趾骨，鱼龙有七根趾骨，它们主要在水中生活。这说明五趾是脊椎动物从水生向陆生进化的重要节点。从那以后，这个世界就出现了大量长着五根脚趾的动物，它们可能是两栖动物，也可能是爬行动物，或者是鸟类和哺乳动物。

毫无疑问，要想在陆地上方便地活动，就需要用四肢支撑起身体，四肢不能太粗，也不能太细。太粗超出实际需要，就是浪费；太细不足以支撑身体，就是废物。合适的四肢应该在粗细之间寻找平衡。

有了合适的四肢，还需要合适的趾骨，而趾骨必然受到四肢的约束。简单的逻辑是，所有趾骨都必须长在四肢末端，就像一根粗壮的树枝分出细小的树杈一样，细小的枝杈只能在大树枝的基础上发育，它们不能比主干还粗。趾骨也一样，它们的总体数量与粗细程度，必须符合实际需要，并受到四肢粗细的制约，问题是几个趾骨才是合适的数字呢。自然选择给出的答案是：五个。几乎所有脊椎动物都遵循这一原则，灵长类亦然。[151]

任何事情都有例外，趾骨的数量也一样。比如鸟类的趾骨出现了合并现象，一般是三趾向前，一趾向后，只剩下了四趾；鸵鸟的合并更进一步，只剩下了三根脚趾；有的种类甚至只保留了两根脚趾，比如猪属于偶蹄类动物，顾名思义，就是只有一对脚趾；马则只保留了一根脚趾，所以称为奇蹄动物；改变最彻底的当属蛇，它们不但没有脚趾，索性连四肢也一并退化了，因为它们根本不需要支撑身体。也有的动物在增加趾骨，比如熊猫就有六个手指，可以更好地握住竹子以方便咀嚼。居住在地下的鼹鼠也有六趾，可以更加高效快速地挖掘洞穴。

有人据此认为，五趾结构并非必须，自然界已经出现了从零趾到八趾甚至更多的脚趾。这些例外似乎表明，五趾结构只是自然界发生的无数偶然事件中的一件而已，并没有什么深刻的道理。或者换句话说，五趾结构并不是适应的结果，也不会带来什么生存优势，当然不需要特别的解释。

不过偶然性的解释无法让人信服。如果任何现象都用偶然性加以解释，那还要科学家干吗？所以认真的态度是寻找真正的解释，而不是用偶然性蒙混过关。

另一种观点认为，五趾确实是一种必然，且不去考虑什么复杂的分形几何问题，仅从自然选择的角度考察，五趾结构是一种典型的生物学现象，因而必然有其独特的适应价值，具有内在的生存优势，这种优势未必直接关乎生死，却可能日积月累，在漫长的时间内不断表现出生存差异，最后不符合五趾结构的劣质性状遭到了淘汰，剩下的只有五趾结构，并成为陆生哺乳动物的稳定结构。

问题是，五趾结构的优势到底是什么？

现在科学家认为，五趾动物的祖先之所以登陆成功，是因为五趾在支撑身体与灵活程度之间达到了平衡。直白地说，既然来到地面生活，趾骨就应该有能力支撑起身体，这是最基本的要求，而支撑能力与趾骨数量密切相关。四肢分化的趾骨越少，趾骨也就越粗；趾骨数量越多，趾骨就越细。进一步的，趾骨越粗，支撑能力就越强；而趾骨越细，灵活性也就越高。所以，我们可以在陆生哺乳动物中发现这样一种趋势——体型越大，趾骨数量就越少，因为它们需要强大的支撑能力。虽然马的体型不如水牛与河马的，但马的奔跑速度更快，对趾骨的冲击力更强，所以马只保留了一根粗壮的趾骨，其余的趾骨全部退化。水牛与河马虽然体型巨大，但是行动缓慢，河马甚至有很长时间都待在水里，大大减轻了对趾骨的压力，所以两根趾骨也足以支撑，这是它们成为偶蹄动物的主要原因。

不过大象是个例外。

大象是现存体型最大的陆生哺乳动物，从理论上来说，为了支撑如此庞大的身体，它们也需要粗壮的趾骨，当然应该像马那样，只保留一根趾骨才对。事实上，大象的趾骨并不少，因为大象面临着一个两难困境——要想维持强大的支撑力，它们需要减少趾骨数量，但与此同时，又必须维持适度的脚趾灵活性，因为大象有时需要用脚来挖掘水源和草根。为了在粗壮与灵活之间保持平衡，大象出现了一种奇特的趾骨结构。以亚洲象为例，它们前肢有五趾，后肢为四趾，因为挖地主要靠前肢，对灵活性要求较高，所以保留了五趾，有时还会额外增加一根假趾来强化支撑力。后肢主要起支撑作用，所以减少了一趾。作为对照，非洲象的体型比亚洲象的更大，支撑体重的要求更高，趾骨比亚洲象的更少，变成了前四后三的结构。那些不需要趾骨支撑体重的水生哺乳动物，比如鲸鱼和海豚，却有可能出现六到八趾，因为更多的趾骨在游泳时划水效率更高，方向控制也更灵活。

我们再来看看人类的趾骨结构，情况似乎更为复杂。

人的体重当然不如大象的，但人类采用了一种奇特的行走方式——直立行走，体重全部由双腿承担，压力比四足动物增加一倍。按照这个逻辑，以成年男性平均体重七十公斤为例，应该采用与体重一百四十公斤的动物相同的趾骨结构才对，那大致相当于野猪的体重，而野猪是偶蹄动物。也就是说，正常情况下，人类本来应该只有两个脚趾。

但是且慢，人类面临的麻烦并不只有体重，还有长途奔跑的挑战。在所有哺乳动物中，人类的长跑能力可谓出类拔萃，甚至可以与马一较高下，英国每年都要举办一场人与马的长跑比赛。体重是制约长跑的重要因素，我们从来不会看到飞奔的大象，它们多数情况下都在慢慢行走，因为体重太重，四肢很难承受奔跑的冲击。人类体型适中，可以长途奔跑，但对脚的要求同样很高，脚趾应该更加粗壮才行，甚至比偶蹄动物还要粗壮。比偶蹄动物脚趾粗壮的只有奇蹄动物，难道人类应该和马一样采用相同的趾骨结构吗？

你没有看错，事实正是这样。从本质上来看，人类其实是奇蹄动物。我们的双腿并不依靠脚趾支撑，那五个笨拙的脚趾已经处于退化的边缘，小脚趾甚至都快要消失了。很少有人用脚趾弹钢琴，因为脚趾的灵活性已经大幅降低，只剩下维持平衡的功能。支撑体重与承受奔跑冲击力的重任，其实落在了脚后跟和脚掌上。只要看看脚后跟的粗细，你就会立刻明白，那简直就相当于马的蹄子。

虽然双脚失去了灵活性，好在我们的双手已经被解放了出来，人类的双手在所有动物中是最灵活的，多少弥补了一点脚的损失。

可问题仍然没有解决，如果我们的双手只是为了灵活，那么多一根手指岂不是更灵活？

人类确实有长出六根手指的能力。有一种疾病叫作多趾症，属于基因突变疾病，无论人、狗、猫还是老鼠，都可能出现这种突变。得这种病的患者会无故多出一根趾骨，而且多出来的趾骨与附近的趾骨相似，比如大拇指旁边多出来的是一根大拇指，而不是小指。多趾症是一种常见的隔代遗传疾病，轻易不会从群体中消失。大约每五百个新生婴儿中，就有一个六指畸形。试想一下，在一个两万人的大学内，至少应该有四十名学生是六指（趾），但我们很少看见有六根手指的人，因为现在治疗多趾症很容易，一般患者出生时医生就将其多余的手指直接剪掉了。

我们有长出六指的能力，现实中六指的比例却非常低，这暗示了一种可能，即多趾性状不但没有优势，反倒会造成生存障碍，研究人员已经在小鼠身上发现了多趾症制造的麻烦。

在实验室中，当小鼠胚胎的发育调控功能受损时，更容易出现六趾。多出来的一趾并没有提高灵活性，相反，由于在有限的空间里出现了多余的趾骨，导致趾骨容易因挤压而变形弯曲，甚至无法平放在地面上，从而使小鼠失去了正常的行走能力。这个研究表明，五个脚趾似乎已经是陆生哺乳动物的极限。

小鼠还有一种基因突变疾病，叫作双足突变，即每只脚都长出十个脚趾，结果四只脚都完全失去了行走能力，只能靠脚踝行走，在自然状态下肯定无法生存。所以，小鼠的多趾性状受到了严格控制。分子生物学已经证明了这个观点。

科学家发现，有一种重要的基因控制着身体的发育进程，那就是Hox基因，它决定了各种器官的定位和排序，其中有一部分基因掌管着五趾发育，姑且称之为五趾基因。共有五个五趾基因分别控制五个手指和脚趾，这五个基因之间存在微小的差别，导致了五趾大小不同。因为只有五个明确的基因编码区域，所以只能产生五个趾骨，而不是更多。如果不小心多了一份基因拷贝，只是简单复制了附近的趾骨基因，外在的表现就是多趾症，就会多一个趾骨。万一五趾基因发生突变，当然可以产生新的趾骨结构，但是同时也将对胚胎发育造成致命的影响，因为五趾基因还控制着其他发育环节。就像外卖小哥的车篓里已经整齐摆放了好几份外卖，如果非要再放一盒进去，就可能导致所有饭盒全部变形。这种同一个基因控制不同效果的现象，就叫作基因多重效应。[152]

在胚胎发育过程中，从神经胚形成直到完成体节发育这一阶段至关重要，因为在这一阶段将要决定个体长成什么样子，科学家称之为系统发育阶段。研究发现，制约趾骨数量的五趾基因在这一时期相对活跃。在系统发育阶段，身体各部分之间存在强烈的互相诱导信号，即各组织与器官通过互相发送激素信号表明自己的状态。某一器官的发育状态将会影响其他器官的发育状态，这就是互相诱导。这种连锁诱导机制将胚胎连成了一个动态的整体，任何一个部分都不能出现错误，否则就会引发连锁错误，最后形成畸胎。[153]就像在黑夜里行军的部队，彼此没有手机，也不能说话，只能靠拍巴掌保持整体队形，一旦某个人的位置错了，就会影响其他人的位置发生错误。错误不断放大，最终会导致整个队伍崩溃。

为了保证发育过程不出问题，最优秀的策略就是按照此前正确的发育步骤来。五个趾骨就属于被反复探索过的正确的发育进程，是一个相对成功的安全策略。一旦这个发育策略被改变，系统发育就会出现连锁反应。所以，趾骨数量的多少不仅仅是数字的增减问题，而是一个涉及身体发育的系统性的问题。有一种疾病叫作手足生殖器综合征，即手足发育与生殖器发育连锁。一旦手足出现畸形，生殖器也同样出现畸形。既然手足发育与生殖器发育有关，当然不能轻易突变，否则将造成比阳痿还要严重的后果。这只是我们知道的连锁关系，未知的连锁关系可能更加复杂，一旦被破坏，后果也更加可怕。所以，五趾基因不能随意突变。

我们可以看出，基因多重效应是保护复杂机体正确发育的重要机制，一旦发育错误，就会导致死亡，这是一种自我约束系统，除了推广正确的发育机制，还能确保这个世界不会出现我们无法理解的奇异动物，这就是五趾结构可以一直保持到现在的根本原因。

有些动物多趾或者少趾只是假象，它们的发育本质上仍然遵循基本的五趾机制。以前人们相信，鱼龙可能有多达九根趾骨，但经过仔细分析，鱼龙真正的趾骨仍然是五根，只不过每个趾骨都出现了分叉，所以看起来似乎是九根。其他比如熊猫、鼹鼠等，都没有进化出真正的六趾，只是用腕骨上的突出部分冒充六趾，多出来的那根趾骨本质上其实是骨质增生的结果。这从另一个侧面证明，五趾结构具有不可替代性。多于或者少于五趾，只是增生或者简并的结果，并不影响“五”的权威性。

不过仍然有例外，比如青蛙。

青蛙的脚趾似乎相对随便，多数青蛙往往前肢是四根脚趾，后肢是五根脚趾。东南亚有一种六趾蛙，顾名思义，就是长有六趾的青蛙，而且是真正的六趾，并非用骨质增生冒充。六趾蛙不像普通的青蛙那样以捕捉昆虫为生，而主要以植物的花朵与果实为食。这种趾骨结构在某种程度上削弱了跳跃能力，不过并不影响觅食效率，多一根趾骨反倒更方便游泳。但问题是，它们为什么不担心基因多重效应的影响呢？

根本原因是，青蛙是从水生动物向陆生动物转变的先行者，这种转变进程至今没有彻底完成，它们仍然是两栖动物。两栖动物的意思是，它们既需要游泳，又需要在陆地上行走，所以多一根趾骨或者少一根趾骨，似乎都有一定的好处。青蛙正是采取了某种折中策略，有四根趾骨，也有五根趾骨，还有六根趾骨，关键是它们该如何回避基因多重效应的制约。

这与两栖动物独特的发育机制有关，它们在肢体发育阶段具有很强的自我组织能力，四肢发育相对独立，不与其他器官产生明显的互动，肢体发育的波动不会影响系统发育，基因的多重效应因此大为减弱。正因为这一特征，青蛙是移植器官的良好实验对象，科学家甚至可以让青蛙的头部长出腿来，但用哺乳动物来做这一实验就很难成功。也就是说，两栖动物的肢体发育比哺乳动物的具有更大的弹性，所以我们才有机会见到六趾的青蛙。

基因多重效应暗示了一种可能：六趾只是看起来无害，医生处理时也只是切除了多余的那根趾骨，并不会提供更多的医疗建议。然而分子生物学的研究结果表明，六趾可能意味着基因层面的突变，虽然不会立即致命，却可能通过基因多重效应在更长的时间内对身体造成慢性的损害。这种猜测已经在狗的身上得到了证明。人类在家养环境下培育了很多狗作为宠物，因而有机会观察多趾症的后果，它除了对奔跑造成影响，还会对心脏与免疫功能产生不同程度的抑制作用。如果在野外，它们根本没有机会生存下去。[154]

六趾容易造成发育空间拥挤，那么为什么四趾也很少出现呢？

对人类来说，与六趾相比，四趾更为少见。医学调查发现，趾骨减少症的发生率只有万分之六，远远低于多趾症的发生率。这是一个奇怪的现象，按照一般逻辑，丢失某种东西要比得到某种东西容易得多，就像丢失钱包容易，但找回钱包很难一样。趾骨基因却很难丢失，这从另一个侧面证明了控制趾骨发育的基因异常重要，丢失造成的损害要大于增加造成的损害，那其实是基因多重效应的另一种表现形式。

对于穿行在树冠中的灵长类动物来说，五趾结构更是有着不可替代的优势。一方面，五趾结构可以牢牢地抓住树枝，特别是大拇指与其他手指对握，这种抓握能力是其他哺乳动物都没有的。你不可能指望一匹马爬上树去，然后在树冠之间来回游荡，它们的五趾已经退化到只剩一趾，无论如何也没法完成如此高难度的抓握动作。所以，五趾结构是保证灵长类树居生活的前提。另一方面，五根手指还可以灵活地摘取树梢上的果实。如果只有两根或者三根手指，摘取果实的能力就要大打折扣，可见五根手指是在力量与灵活性之间取得平衡的结果。如果是六指，则力量太弱；如果是四指，则灵活性不足。只有五根手指，才是最完美的设计。试图违背这一原则的灵长类动物，要么容易跌下树摔死，要么因为摘取果实时灵活性不足而饿死，它们用自己的死亡淘汰了所有非五趾的结构，人类只不过是顺应了自然的潮流而已。

只要对比一下同样实行树居生活的慢腾腾的考拉，我们就能看出灵长类动物的优势。考拉的学名叫作树袋熊，它们的生活习惯比较特别，只是一味地咀嚼难以消化的桉树叶，苦味受体基因几乎全部失活，只能用强大的肝脏解毒能力来维持生活，因为根本不吃水果，它们对于甜味也没有任何追求。尽管它们也有五趾结构，但其灵活性根本没法与灵长类动物相比，简直就像是山寨版的设计，只要能帮助它们爬上桉树就万事大吉了。正因为灵活性不足，绝大多数考拉都不是生病死的，而是从树上掉到地面摔死的。

树懒就更别提了。它们的行动比考拉还要缓慢，五趾已经退化成了三趾，显著提高了趾部的支撑能力，甚至可以将整个身体倒挂在树上，灵活性却彻底丧失，因为它们同样只吃树叶，既然树叶不会跑，那它们又何必紧张呢？

由此可见，人类的五指并非偶然的发明，而是自然选择的必然结果。

说起来生物性状之间的连锁反应真的是无比曲折，有时几乎到了匪夷所思的地步。大概很少有人会想到，正是无比灵活的五根手指，居然最终导致人类失去了尾巴。

那么在灵活的手指和消失的尾巴之间，又存在怎样有趣的联系呢？

人类的尾巴哪儿去了

在我们的印象中，尾巴似乎是很多动物的标准配置。其实有些动物的尾巴并不是真正的尾巴，比如蝎子和龙虾，它们的尾巴只是消化道的延伸而已。只有脊椎动物的尾巴是脊椎延长的结果，尾巴中包含脊椎骨和密集的肌肉组织，以及丰富的神经，可以灵活地摇来摆去。

只有少数几种脊椎动物没有尾巴，最常见的例子是青蛙。蝌蚪原本是有尾巴的，长成青蛙以后却丢掉了。因为青蛙体型较小，需要敏捷地跳跃，它们的跳跃就像是抛掷石块，距离短，速度快，不需要尾巴的平衡。加上青蛙还没有用四肢将身体支撑起来，而是经常呈四十五度角蹲坐在地上，如果拖着一条长尾巴，肯定会出现严重的磨损，不如索性把尾巴丢掉。蝾螈虽然也是两栖动物，但大部分时候生活在水中，这才保留了尾巴。至于壁虎，尾巴可以用于诱骗天敌，本来就是一种快消品。蛇的尾巴虽然拖在地上，却已用鳞片保护了起来。鳄鱼的尾巴强壮而有力，可以有效提高捕猎的效率。

鲸鱼和海豚是生活在海洋中的哺乳动物，为了适应海洋生活的需要，它们的尾巴已经变成了像鱼类那样的尾鳍，成为趋同进化的典型例子，趋同进化就是不同的动物为了相同的目标而进化出了相似的器官。与鱼类不同的是，鲸鱼的尾鳍是水平的，只能上下摆动；而鱼类的尾鳍却是垂直的，只能左右摆动。如果只是为了拨动水流向前游动，这两种生长方式都有效。鱼类和鲸类的尾鳍之所以具有不同的方向，与它们不同的生活方式有关。

鱼类为了追逐食物或逃避敌害，需要垂直尾鳍实现快速的左右变向。与鱼类不同，鲸鱼是哺乳动物，时常需要浮到水面换气，然后再潜入水中觅食，所以需要水平的尾鳍进行上下运动。正因为水平的尾鳍，鲸鱼才有机会用力拍打水面，形成壮观的鲸跃，而拍打水面产生的次声波又可以作为鲸鱼之间交流的语言，可谓一举数得。

真正将尾巴的潜力发挥到极致的，还要算陆生哺乳动物。

陆生哺乳动物的尾巴最重要的功能就是驱赶蚊虫。在野外生活，它们不可避免地会遭到蚊虫袭扰，既然没有别人来替它们驱赶蚊虫，那就只能自己解决。它们把身体分为两部分，然后分片包干，前半部分主要由脑袋负责，后半部分则主要由尾巴负责。马、牛、狗、老虎等都是这么干的。如果没有尾巴的帮助，它们的屁股就可能会被叮成漏勺。

北极熊是个例外，它们的尾巴很短，因为尾巴根本没用。北极并没有蚊虫，尾巴也就失去了驱赶蚊虫的功能，仅有的一点作用大概只是保护肛门，免得裸露的肛门被严寒冻伤。棕熊也很少受到蚊虫的侵扰，它们满身厚厚的毛发足以抵挡蚊虫的叮咬。棕熊甚至敢去掏蜂窝，小小的苍蝇蚊子更是不在话下。

松鼠在树上来回跳跃时，需要尾巴来起平衡作用。所有需要在开阔地带高速奔跑的动物，也都离不开尾巴的平衡调节，否则很容易在急转弯时脱轨摔倒，这就是猎豹的尾巴很长的原因。相反的例子还是考拉，就因为没有尾巴，所以别名又叫无尾熊。为什么考拉没有尾巴呢？因为它们根本不需要尾巴。它们行动缓慢，不会在树枝间跳跃，也不会下地奔跑，当然不需要尾巴来平衡身体。由于长年吃桉树叶，考拉的身上有一种古怪的气味，连蚊虫都避而远之。与考拉情况相似的树懒倒是残留着一点尾巴，事实上也形同虚设，基本上算是消失了。树懒身上披着浓密的毛发，毛发间长满了苔藓，蚊虫纵然想叮，也无从下口。

马达加斯加岛上的环尾狐猴的情况比较特别，它们不但长着尾巴，而且尾巴又粗又长，上面环绕着黑白相间的环形条纹，行动时会将尾巴高高挑起，就像在身后竖起了一面信号旗，同时还向空气中散发强烈的气味，以此宣示自己的社会地位。对环尾狐猴来说，尾巴越长，代表社会地位越高，因为能把那么长的尾巴撑起来也是一种能力。浣熊的尾巴与环尾狐猴的类似，也是又粗又长，而且更炫酷，配有白棕相间的环形条纹，看起来华丽富贵、招摇醒目。它们的尾巴都可以成功吸引异性的关注，道理和雄孔雀的尾巴相同，尾巴越华丽，身体就越强壮，越容易得到雌性的青睐。如果某个家伙的尾巴又短又细，环形条纹也不规则，看起来一点儿美感都没有，还是不要妄想去挑战强者的地位了。

两只老虎并排散步时，会把尾巴纠缠在一起，有时还会用尾巴轻轻拍打对方的后背，以此传递亲昵之意。毕竟它们没有双手，无法互相拥抱表达自己的热情，尾巴就成了重要的情感交流手段。狗的尾巴是情感交流的典范，所有爱狗人士都能读懂狗尾巴的语言。这种信息交流功能有时会拓展到其他方面。比如野猪的尾巴平时总是绕来绕去显得很惬意，一旦情况有变，尾巴就会立刻竖起，有时尾尖还会打一个小卷。同伴一见，就知情况不妙，马上就会警觉起来。羚羊的短尾巴也可以用于报警，在遇到危险时，羚羊会高高跃起，白色的小尾巴不断摇摆，等于不断摇晃的小白旗，可以让同伴一眼看见，以此提醒大家都要小心。有一种松鼠遇到蛇时，也会晃动尾巴与同伴交流。如果晃动一次，意味着暂停进攻。晃动两次，表示准备再次进攻。晃动三次，表示准备集体强攻。也就是说，尾巴晃动的频率越高，情况越是紧急，快速摇动等于紧急动员，要求大家全力以赴，与敌决战。

若在平时，松鼠的尾巴还有一个妙用，不但可以在睡觉时当枕头，而且可以当被子。黄鼠是一种生活在草原上的小动物，因为草原缺少树荫，所以黄鼠会拿尾巴当遮阳伞。当气温升高时，黄鼠就会背对阳光，把毛茸茸的大尾巴高高举起，效果比遮阳伞还好。所以，黄鼠在炎热的夏季可以照样活跃。

尾巴不但可以当遮阳伞用，而且可以当饭盒用。有些动物会把多余的养分贮存在尾巴里，鸭嘴兽、狐猴、绵羊、红颈袋鼠等都是这方面的专家，而尤以红颈袋鼠的表现最为突出。它们的尾巴相当发达，可以像驼峰一样贮存营养和水分，等到食物匮乏时再拿出来消耗。

袋鼠的尾巴可以算是尾中之王，因为袋鼠主要靠两条后肢跳跃前进，尾巴基本上承担了第三条腿的作用，袋鼠甚至可以坐在尾巴上休息，所以它的尾巴必须强壮，否则就会一屁股坐到地上去。

尾巴的功能如此种种，不一而足。无论如何，尾巴对哺乳动物都具有举足轻重的作用，所以绝大多数哺乳动物都有尾巴，区别只在于长短粗细不同而已。

那么，同为哺乳动物，为什么狮子的尾巴那么长，而羚羊的尾巴却那么短呢？

其实不只是狮子和羚羊，这种格局是一种普遍现象，即肉食动物的尾巴往往很长，比如猎豹的尾巴几乎和躯干一样长，而草食动物的尾巴往往很短，我们都知道“兔子尾巴长不了”。你只要注意一下，就会发现，不只是兔子的尾巴很短，几乎所有草食动物的尾巴都很短，比如绵羊和梅花鹿等，很少有例外。

为什么会这样呢？

因为尾巴不是想长就能长的，而是需要一定的资格。

决定动物尾巴长短的因素，不是具体的功能，比如驱赶蚊虫之类，那只是尾巴的副作用。前提是要有能力让尾巴长出来，对于有些动物来说，尾巴长短是生死攸关的大问题。一只拖着长尾巴的兔子更容易被狐狸捉住，那时它们的尾巴就再也没有机会驱赶蚊虫了。所有草食动物都面临着同样的问题，它们不能为了赶蚊子而丢了性命，尾巴太长就会成为累赘，以至于使自己成为肉食动物优先猎杀的目标。所以，草食动物的尾巴一般都很短，相对较短的尾巴才是相对安全的尾巴，不会让它们在逃命过程中被杀手咬住。只有少数几种草食动物是例外，它们有着相对较长的尾巴，因为它们基本能够保证自身的安全，不会成为长尾巴的牺牲品。比如野马和斑马，虽然都是草食动物，但它们身材高大，奔跑速度够快，可以轻松摆脱捕猎者，不太担心被咬住尾巴。尽管如此，它们也没有让尾巴无节制地长长，而是采用了一种聪明的策略。对它们来说，长尾巴其实是个假象，真正的肉质部分并不是很长，显得较长的是尾巴上面的尾鬃，尾鬃不但可以顺利完成驱赶蚊虫的任务，而且不必担心被天敌咬住，毕竟咬掉几根长毛很快就可以再长出来，咬掉一块肉的代价可就太大了。

相对看来，大象和水牛的尾巴也挺长，不过架不住人家个头大，轻易无人敢惹，尾巴长一点也无所谓。至于其他动物，比如绵羊和山羊之类的，还是好自为之吧。

懂得了这个道理，就会明白肉食动物的尾巴为什么那么长，因为它们肆无忌惮，它们是侵略者而不是受害者，很少有别的动物会向它们发起攻击。就算是强大的狮子，也不会轻易攻击猎豹。肉食动物更常见的是互相攻击，比如一头雄狮可能会为了抢夺地盘和雌性而攻击另一头雄狮，它们为什么不担心被咬住尾巴呢？

答案是狮子一般不会咬对方的尾巴，不是因为儒雅，而是因为咬尾巴效率太低，就算咬住也不会立即将对方置于死地，反倒有可能被对方借机反杀。正确的方法是咬脖子，或者咬生殖器，那是狮子战斗时的本能反应，因此狮子不必担心自己的尾巴会受到攻击，而草食动物绝对没有这样的自信。

生活在树冠的灵长类动物，对尾巴则有着完全不同的考虑。树冠的蚊虫数量相对较少，所以灵长类动物的尾巴主要起到平衡作用，确保在枝叶间跳跃穿梭时不会偏离方向。有的灵长类动物的尾巴还相当于第五只手，可以缠住树枝，为树居生活增加一份保险。比如蜘蛛猴，其尾巴长度可以接近一米，比四肢还要长。在林间攀缘时，它们总是会先用尾巴跟着一只前肢抓住树枝，就算偶尔失手，也不会同时“失尾”。一旦抓稳了树干，它们还会用尾巴去摘取果实。在休闲时间里，它们常常用尾巴缠树枝，将身体吊起来，然后腾开手脚，该干嘛干嘛。

灵长类动物的尾巴不但负有平衡的重任，还有调节体温的作用。毕竟它们生活在树冠，那里的环境与地面有所不同，风吹日晒，冷热无常。热时很热，冷时很冷，所以对热调节的要求也更高。尾巴就此而被改造成了一根鞭状散热器。天气炎热、阳光正烈时，它们尾巴里的血管就会增粗，通过尾巴表面向外积极散热。天气变凉、风劲雾浓时，它们尾巴中的动脉血可以不经毛细血管直接回到体内，以免丧失过多热量。

因为有这么多的好处，所以绝大多数灵长类动物的尾巴都很长，而且更加灵活，甚至成为灵长类动物的标志性特征。

奇怪的是，人类却在进化过程中丢掉了如此多才多艺、能文能武的实用工具，成为少数没有尾巴的灵长类动物。

其实在胚胎早期人类是有尾巴的，后来就像蝌蚪一样，尾巴被慢慢吸收掉了，残留的胚胎骨质尾巴隐藏在我们的后背之中——即尾椎骨。尾椎骨在胚胎发育过程中会被抑制生长，否则尾巴就会像手或腿一样长出来，所以有些婴儿出生时确实是有尾巴的，不过很快就会被护士一刀剪去，不留后患。

也就是说，人类某种程度上保持了长出尾巴的能力，只不过这种能力被雪藏了。因为对于人类来说，灵活的双手可以完全取代尾巴的功能，尾巴已经失去了存在的价值，徒增累赘而已。[155]

丢失尾巴并非人类首创，有几种灵长类动物也都失去了尾巴，它们有一个共同的特征——都是类人猿，包括长臂猿、红毛猩猩、黑猩猩和大猩猩。正是它们失去了尾巴，才导致人类也失去了尾巴，人类只是继承了类人猿的生物学特性而已。这个过程早在人类直立行走之前就已完成，时间至少可以上推到两千五百万年前猿类起源之际，那时的地球上已经分布着大量没有尾巴的类人猿。

那么类人猿为什么会丢掉尾巴呢？

现存的灵长类动物超过两百三十种，其中两百多种都是猴子，其他的都是类人猿，也就是通常所说的大猿。之所以称为大猿，是因为它们的体型普遍比其他灵长类动物高大。大猿体型变大的时机，与其尾巴脱落的时间一致，都在大约一千多万年前发生，这提示我们灵长类动物的体型和尾巴之间可能存在某种内在的关联。

三千四百万年前，地球环境出现剧烈变化，南极冰盖扩大，海平面不断下降，森林大面积消失，地球进入冰川期。许多灵长类动物因此灭绝。好在非洲和东南亚地区仍然保存着许多种类，大猿就在此时兴起。为了生存下去，它们必须拓展自己的食谱，被子植物提供的第二道大餐开始摆上餐桌，那就是树叶。

如果说被子植物提供的第一道大餐——水果——促进了三色视觉和五根手指的进化，那么第二道大餐——树叶——则导致大猿最终丢掉了尾巴。

在树叶与尾巴之间，到底存在怎样奇妙的联系呢？

换个角度看，没有哪种植物心甘情愿被吃掉，但它们无力逃跑，又不愿坐以待毙。为了对抗动物的侵略，植物只能发展大量“生化武器”，诸如单宁、生物碱和萜类化合物等。更重要的是，所有植物的细胞壁都含有柔韧的纤维素，纤维素很难被消化，吃下去很占地方，严重制约了动物的进食效率，它们必须把以前吃下去的食物排空以后，才能吃下更多的食物。

为了搞定难吃的树叶，灵长类动物进化出了两种应对策略。第一种以疣猴为代表，它们长出了两个胃——这一点与反刍动物相似，可以有效分解纤维素，变废为宝，从纤维素中获取大量能量。

另一种以人类为代表，是绝大多数灵长类动物采用的策略，即吃下纤维素后，只在胃中进行初步消化，再在小肠和结肠中通过细菌做进一步处理，虽然效率不高，可也聊胜于无。

为了获取足够的营养，必须通过数量来弥补缺口，而要想吃下更多的树叶，灵长类动物的体型必须升级。道理很简单，只有足够大的体型，才能吃下足够多的树叶。另一方面，体型越大，食物利用率就越高。所以大型动物可以利用低能量的树叶来养活自己，倒是像夜猴这样的小型灵长类动物，反而必须食用高能量的食物，比如昆虫或花蜜，才能满足身体的能量需求。目前所知的大型灵长类动物，无论黑猩猩还是狒狒，它们都以被子植物的叶片为主要食物。

不过，体型增大也有麻烦。对于树居动物来说，体型越大就越危险，随时可能踩断树枝摔下地来。所以，体型最大的银背大猩猩基本已经放弃了树居生活，转而在地面生活。比大猩猩小一号的黑猩猩，其体型可能是树居生活动物的体型上限，但也同样面临跌落树下摔死的风险，所以黑猩猩并不是完全的树居动物，而是时常在地面活动，这样不但可以提高觅食效率，而且可以提高安全性。

体型增大跟失去尾巴又有什么关系呢？

体型增大以后，大猿在树冠的运动方式也随之发生了重大变化。和灵巧的猴子不同，猴子在树上主要是做跳跃运动，也就是从一根树枝跳到另一根树枝上，所以它们的骨骼结构更像四肢着地的哺乳动物，比如猫和狗等，在奔跑跳跃时需要用尾巴来平衡身体。大猿则不然，由于体型增大，它们在树上不能再像猴子那样蹦纵蹿跳，否则很容易在发力时把树枝踩断。就算是在结实的树干上，来回跳跃的冲击力也会超过大猿的身体承受能力，大猿的骨骼很容易由于物理冲击而受伤。所以，大猿开始改做秋千运动，像荡秋千那样从一根树枝荡到另一根树枝上。既然不用跳跃，当然也就不再需要用尾巴来起平衡作用了。

另一方面，大猿的手臂修长而灵活，黑猩猩和大猩猩的前臂甚至比后肢还长，可以轻松地伸到屁股后面打蚊子，所以尾巴驱赶蚊虫的功能也失效了。

也就是说，当大猿的双手越来越灵活时，尾巴的常见功能便统统失效了，倒是缺点却越来越明显。在打架时，大猿无疑不希望自己的后面有一根尾巴，因为尾巴很容易被灵活的双手捉住，只要稍一用力，自己就可能被扔下树去。黑猩猩捕杀绿猴时，主要方法就是抓住绿猴的尾巴，将它扔在地上摔死。设想一下，如果你有一根尾巴，你去跟人家打架试试看。除非你有猫女一般灵活的身手，不然你的尾巴就是致命的缺点。根本原因就在于，人类已经解放了双手，那是对付尾巴的天然武器。

所以，在大猿的双手不断进化的同时，大猿的尾巴已经彻底失去了原有的功能，从能文能武、多才多艺的宝贝变成了拖拉累赘、毫无价值的垃圾。

这就是大猿丢掉尾巴的根本原因，同时也是人类失去尾巴的根本原因。

可是就狒狒而言，其体型也很大，却仍然有尾巴，这是为什么呢？

狒狒的特点在于，它们主要在地面生活，虽然是草食动物，却体型高大、性情凶猛，比如狮尾狒。无论生活模式还是鬃毛与尾巴的特征，狮尾狒都与狮子非常相似，简直就是灵长类动物中的狮子。既然狮子有尾巴，狒狒当然也可以有尾巴。它们的战斗策略几乎与狮子的相同，巨大的獠牙甚至不比狮子的牙齿逊色，而用锋利的牙齿来对付尾巴未免有点大材小用。特别是狒狒长期在地面生活，主要依靠四肢奔跑，不再像树居灵长类动物那样抓握树枝，手指的灵活程度因此大为降低，不足以在战斗中抓住对方的尾巴，就算抓住尾巴，也没有机会把对方摔下树去，所以保留尾巴并不会造成严重的后果。

至此，我们基本理清了尾巴的作用与功能，并明白了类人猿体型增大造成的两个意外结果：一是失去尾巴，二是寿命延长。丢掉尾巴之后的大猿，意外成了寿命最长的灵长类动物，而较长的寿命，事实上将引发极为复杂的行为变化，特别是大猿的群居方式与社会关系都发生了深刻的变革。

生长与生殖的博弈

兔子算是小型的草食哺乳动物的代表，因为在地下打洞，体型只能小一些。毕竟洞穴空间有限，穴居动物必须考虑挖洞工作的性价比，身体越小，穴居的效率越高。当体型增大到一定程度之后，动物就不得不放弃打洞策略，转而发展其他策略以求自保，其中最常见的方案是奔跑，猪、马、牛、羊等体型中等的各类草食动物基本上都采用这一策略。不过，当体型继续增大，达到了犀牛和大象的级别后，动物们所采用的策略就会再次发生改变，它们不再一味逃跑，而是可能对捕食者发起强势反击。所以，体型越大，安全系数越高，相应的动物寿命也就越长。笼统地说，动物寿命和体型密切相关。

为什么体型和寿命有关呢？

我们前面已经讨论过，体型越小，代谢越快。代谢越快，寿命越短。寿命越短，繁殖越快。繁殖越快，死亡越快。这是一个死循环。其中的每一个环节，都是一道难以跨越的门槛。小型动物一旦深陷其中，就很难再爬出来。只有很少一部分哺乳动物例外，比如蝙蝠和裸鼹鼠，它们体型小，代谢快，但寿命并不短，那与它们独特的生活方式有关。除此之外，这一原则在哺乳动物中普遍适用，无论草食动物还是肉食动物，一并遵守。比如兔子的寿命一般只有几年，而大象的寿命却可以达到几十年。灵长类动物同样如此，大猿的寿命冠压群兽，而体型最小的灵长类动物指猴，在野外的生存寿命只有几年。

有人以为死亡是自然而然的事情，就像手机用的时间长了就会坏掉一样，并不需要什么科学的解释，但从理论上来看，生物其实是可以永生的，比如细菌，它们会从一个变成两个，两个变成四个，只要条件允许，就会一直分裂下去。从这种意义上说，细菌并没有死亡。有些多细胞生物也是永生的，比如水螅，它们身体上有些细胞会死去，但会有新的细胞及时替补，整个机体看起来趋于永生。多年生的植物也有永生的潜力，只要不受到环境的限制，或者不受到天敌的破坏，它们可以年复一年地开花结果，欣欣向荣。

不过，绝大多数动物的寿命都是有限的，死亡才是终极归宿。只有在死亡之前留下后代，才能让自己的遗传信息得以传递。把握正确的生殖时机，是所有生物的头等大事，甚至决定了寿命的长短。

有许多证据表明，动物的寿命与生殖呈负相关。停止生殖以后，动物的寿命就可以成倍增长。比如有一种叫溪鳟的淡水鱼，自然寿命原本只有六年，但被引入美国加利福尼亚州的一座高山冷湖中后，它们的寿命居然翻了两番，达到二十四年。原因就在于高山冷湖气候恶劣、营养缺乏，溪鳟不得不推迟性成熟，结果寿命也随之延长。溪鳟并非孤例，许多动物都可以证明，生殖的频率与寿命成反比。比如，蜉蝣的幼虫不会交配，可以活一个月，但变为成虫以后，却会在一天之内死去，因为成虫既没有嘴巴也没有消化道，它们只有一个任务，那就是疯狂交配，并很快耗尽自己的生命。澳洲袋鼬发情时，可以坚持十二小时不间断地交配，直到力竭而死。阉割之后的袋鼬却心静如水、无欲无求，还可以活很长时间。

为什么会这样呢？

逻辑很简单，只有尽早生育，才有可能留下后代。正因为如此，几乎所有动物都会抓紧时间生育后代，一旦性成熟，就要立即准备交配，否则性成熟就没有意义。一旦把有限的能量用于生长，支持生殖的能量就会相应减少，反之亦然。假如某种动物想要平衡得失，兼顾生长和生殖，就无法跟重点保障生殖的个体竞争。所以，生殖的需要必须首先得到满足。能量是否充足，与食物供应有关。如果食物充足，相关激素水平上升，细胞就会得到明确的信号：现在可以繁殖了。一旦食物缺乏，激素水平随之下降，生殖欲望就会被抑制，发育也会被推迟，等于为生命按下了暂停键，寿命反而会因此延长。

换句话说，饥饿有利于长寿。

这个结论已经被小鼠证明。如果减少近一半的食物，小鼠的寿命反而会大幅延长。动物的体型越大，越容易营养不足。特别是大型草食动物，从食物中获取营养本来就很困难，因此不得不放缓代谢速率。研究发现，在相同的体型下，灵长类动物消耗的能量只有其他哺乳动物的一半，也就是说，灵长类动物为了应对营养不足这一问题，大大放缓了新陈代谢的速率。新陈代谢减慢，同时意味着延缓衰老。普通的哺乳动物，比如猫、狗等，出生一两年就可以达到性成熟。老鼠甚至只需要几周时间就能进入性成熟。相比之下，灵长类动物的童年很长，人类的童年甚至长达六七年之久，要想进入性成熟期，更是需要十几年时间才行。

不同的寿命必须采用不同的繁殖策略。死得快，当然也要繁殖得快，否则进化链条就会很快断裂，由此决定了大型草食动物和小型草食动物会采用截然不同的繁殖策略。动物体型越大，繁殖率越低；体型越小，繁殖率越高。小鼠一两个月就可以繁殖一次，大象好几年才繁殖一次。小鼠一胎可以产十几只幼仔，而大象一胎只能生一只，所以大象的繁殖能力比小鼠的低了几个数量级。繁殖能力越强的动物，其寿命就越短，或者说它们的死亡要比大型动物来得更快。繁殖和死亡存在明显的反比关系，[156]这就是生态学中最著名的两种策略：K策略和R策略。

所谓K策略，就是King策略，又叫国王策略。如狮子这样的动物，就采用典型的K策略。它们是自己领地中的国王，雄性霸占所有雌性，虽然后代数量很少，但每个后代体型都很大，生活有保障，成活率也很高。

R策略则恰好相反。R代表Rat，又叫老鼠策略。老鼠的生殖特点是后代体型极小，但数量极多，繁殖极快，虽然死亡率很高，但可以用数量加以弥补。通俗地说，就是R策略以数量取胜，K策略则是以质量取胜。

R策略的短板是对资源的消耗严重，容易出现大量爆发或者突然灭绝的情况。K策略则相对稳定，对资源破坏并不严重，所以灵长类动物大多采用K策略，而大猿则是K策略的忠实实践者。它们体型较大，寿命较长，生育后代数量较少，成活率较高。那是适应树冠生活的重要结果，毕竟树冠环境相对稳定，天敌很难到达，食物资源充足，是实行K策略的理想场所。

作为践行K策略的重要成果，灵长类动物通常一胎只生一个幼儿，它们也无法在树上同时照看更多的后代。人类继承了灵长类动物的K策略，同样实行单胎生育。大约每八十九位孕妇中有一位能生出双胞胎，其余的孕妇生出来的基本都是单胎。因为K策略导致后代体型较大，需要营养较多，母亲根本无力提供多余的奶水，每胎只生一个是合理的选择。如果无力喂养，生下多余的后代就是浪费。

由于胎儿数量减少，灵长类动物通常只有两个乳房，相比其他类似大小的哺乳动物，乳房数量大大减少。人类的体重和猪的体重相近，看看猪有多少个乳房，你就知道两种策略的差别有多大了。

正是在树冠实行K策略的结果，灵长类动物的脑容量开始迅速扩增，因为它们有资格，也有机会长出更大的脑袋。

灵长类动物的脑容量迅速扩增是一个事实，但推动脑容量扩增的动力有很大争议。一种观点认为，大型群居生活是主要动力，每个群体都需要保卫地盘和识别天敌，维持适度竞争和同盟关系，这都依赖复杂的智力。所以群体越大，脑袋也越大，这就是社会智能假说。

另一种观点则认为，生态因素才是主要动力。比如记住哪些树会在什么时间结果，哪些果实可以吃，哪些果实又有毒，都需要强大的智力，这就是生态智能假说。

社会智能推动和生态智能推动，何者才是根本因素呢？分持这两种观点的两派长时间争论不休，现在的总体认识是：生态推动在前，社会推动在后。或者说，社会智能只是生态智能的副产品。

目前支持生态智能假说的证据相对更多。比如普通哺乳动物基本限定在地面生活，无论奔跑、觅食、游戏，活动范围都只有前后左右，很少涉及上与下。有些哺乳动物，比如野猪，甚至一辈子都没有机会抬头看到蓝天。树冠是和地面完全不同的立体世界，灵长类动物不但要注意前后左右，而且要注意上方和下方，每个角落都有可能潜伏着敌人，当然也有可能隐藏着可口的食物，所以灵长类动物需要更加敏锐的视觉，并通过强大的大脑来处理立体的信息，同时需要大脑在高速运动过程中保持身体的平衡，这导致大脑非常发达，相对脑容量高于哺乳动物的平均水平。

所谓相对脑容量，就是大脑容量与身体重量之比。一般而言，相对脑容量越大，动物也就越聪明。

不过增加脑容量是个非常危险的策略，因为大脑消耗能量极高，维持超级大脑需要更多的食物，有时甚至得不偿失，那么灵长类动物为什么还要追求脑容量指标呢？因为它们已经从树居生活中获得了基本的营养保障，与大脑扩容形成了良性循环。

被子植物为了吸引灵长类动物传播种子，几乎撤去了水果中的所有毒素，而且营养丰富，色泽诱人。灵长类动物肯定难以抵挡如此赤裸裸的诱惑，于是水果就成了它们的主要食物。与此同时，它们的大脑也开始不断升级。蜘蛛猴就是其中的典型代表。

亚马孙丛林中的吼猴和蜘蛛猴有着共同的祖先，后来进化为两个不同的种类。吼猴主要以嫩叶为主食，蜘蛛猴则以成熟的果实为主食，虽然它们偶尔也会尝尝其他食物，但那些食物在它们菜单上的占比并不大。它们因此可以在相同的生态空间和平共处，极少冲突。这种食性偏差不但决定了它们消化道的长度，而且决定了它们的大脑容量。虽然蜘蛛猴的体型和吼猴的相差不大，脑容量却是后者的两倍。也就是说，吃水果的蜘蛛猴比吃树叶的吼猴聪明得多。[157]

大量观察都表明，吃水果可以促进脑容量增加。或者说，吃水果需要更聪明的大脑。毕竟水果不像树叶那样遍地皆是。吃树叶是一种没有挑战的工作，而吃水果则不然。不同的食物需要不同的智能，这就是生态推动的要义。对大量哺乳动物和灵长类动物进行对比后，研究人员发现，吃水果的灵长类动物的脑组织平均比吃叶子的灵长类动物的多25%左右，因为水果可以为大脑提供更多的能量奖励。

吃水果的正确方法是在最少的时间内通过最短的路线找到最好吃的水果，走几百公里的弯路只为吃一个苹果肯定不划算，花了半年时间才找到去年吃过的无花果树也是没有意义的，那时所有水果可能都只剩下果核了。这对灵长类动物的记忆能力提出了严格的要求，水果成熟的时间和地点公开透明，能记住和不能记住之间的差距，其实就是生与死的差距，蜘蛛猴因为水果才进化出了比吼猴大得多的脑袋。

除了记住水果的位置和成熟的时节，聪明的大脑还可以对群体进行简单的分配，让不同的群体去不同的地方消费，免得大家一窝蜂地涌到同一棵树上，很容易导致自相残杀。蜘蛛猴会把大群体分成小群体，然后每个小群体去享用不同位置的果树。这时另一个问题随之而来，那就是对友好群体的识别与联系，需要靠不同的叫声来沟通，这种复杂的沟通能力后来演变为复杂的语言能力。

与此同时，三色的立体视觉也给灵长类动物带来了巨大的挑战。就像电脑处理照片信息一样，照片信息量越大，对电脑的要求越高。三色立体图像无疑要比双色平面图像的信息更加丰富，对灵长类动物的大脑处理能力也提出了全新的要求。所以，灵长类动物的大脑要比普通哺乳动物的更加发达，直到人类达到了智力巅峰。

当地球气候发生剧烈变化，迫使人类的祖先从森林走向稀树草原时，它们面临着前所未有的食物挑战。草原上最丰富的食物当然是草，但南方古猿消化草的能力肯定无法和几千万年来一直以草为食的有蹄类动物相比。在食草竞争中，早期人类处于绝对劣势，所以必须不断发展超级大脑，以应对空前复杂的环境变化。人类的相对脑容量突然加速增长，一举超越了所有灵长类动物，是近亲黑猩猩的三倍，这是生态智能假说的重要证据。

作为脑袋增大的后果，灵长类动物的胎儿在子宫里待的时间要比其他类似大小的哺乳动物更长，否则就长不出合格的脑袋。与此同时，胎儿必须提前出生，否则大脑袋就很难通过生殖道。提前出生的胎儿势必依赖父母的照顾，如此一来，父母照顾后代的时间也同步增加，所以灵长类动物的幼仔依赖父母的时间相对较长。脑袋越大，童年期越长。既然童年期较长，社会性玩耍就成为一项极其重要的活动，毕竟幼仔除了玩耍，没有其他任何技能。

社会性玩耍是指不同个体共同参与的群体游戏，各种哺乳动物都有一定的玩耍行为，而以灵长类动物的玩耍行为最为复杂多样，不仅有追逐、摔跤、跳跃等活动，还有各种亲昵举动。灵长类动物在童年期玩耍频率最高，随着年龄的增长直到成年，玩耍行为会不断减少，那时寻找食物和配偶才是正事，玩耍会被认为是不务正业，人类尤其如此。

其实玩耍也不完全是不务正业，灵长类动物的玩耍带有清晰的学习性质，比如雄性要比雌性更喜欢玩耍，而且更喜欢与有亲缘关系的个体玩耍，方便以后结成稳定的雄性联盟。它们会在玩耍中模仿真实的打斗，有时甚至会受伤或死亡，简直就是一种对未来的实战演习。

玩耍的本质是一种运动，可以锻炼肌肉，提高机体素质，促进生理发育，学习打斗等生存技巧。[158] 童年玩耍的时间越长，成年后身体越强大，具有更强的竞争力。[159] 既然如此，玩耍就应该有一定的策略，小个子总跟大个子玩耍，肯定会吃亏，除了挨揍，基本没别的好处。正确的策略是和体格相近的伙伴玩耍，这样才能使双方受益最大化，而且可以减少受伤风险。[160]

玩耍也有利于确定社会关系。在大型灵长类动物群体中，大家并不是随机结队玩耍，而是等级相近的伙伴更容易聚在一起。等级越高，玩耍的机会越多，维持伙伴关系的时间也更长，有时可以达到三四年左右。中低等级的伙伴关系则相对较短。[161] 总地来说，大家都喜欢同高等级的个体玩耍，那无疑对未来的发展更为有利。[162] 所有这些行为，在人类社会都得到了清晰的展现。

玩耍行为会对大脑产生明显的刺激，有利于激发大脑潜能，提高创造性。玩耍的伙伴越多，获得信息的范围就越广，因此能明显提高认知能力。

科学家对黑猩猩等大型灵长类动物的研究表明，大脑皮层的发育和玩耍行为呈正相关，[163] 玩得越开心，大脑越聪明。大脑越聪明，社会性就越强，这就是社会智能支持的观点。

正是生态智能和社会智能共同的推动，使得灵长类动物具有强烈的社会群居性，而群体成员数量越多，群居动物的相对脑容量也越大，因为它们需要记住复杂的社会关系。由此形成了一个良性循环，大猿因此成为寿命最长和社会性最强的灵长类动物，无一例外。就算是孤独的红毛猩猩，原本也是一种群居的社会性动物，之所以现在改为独居，可能是受到人类压迫的结果。红毛猩猩本来可以在地面与树上来回生活，但人类进入旧石器时期以后，对红毛猩猩的栖息地的影响不断增强，迫使红毛猩猩变成树栖生活。然而东南亚热带丛林雨水充沛，地面经过反复冲刷，营养物质流失加快，很难支持大型果树的生长，不像非洲热带丛林那样可以为大猿提供足够的食物。食物不足迫使红毛猩猩不得不改变生活模式，从群居生活变成了独居生活，否则就会面临营养不够的压力。尽管独居，红毛猩猩仍然呈现典型的雌雄二态性，雄性体重往往是雌性的两倍左右，那是红毛猩猩曾经实行一夫多妻制的重要证据，也是社会性群居生活的重要证据，只是后来它们才改变了自己的群居习惯。

结论就是，失去了尾巴的大猿，对于社会性的要求不断提高，它们必须设法维护群体关系。正是为了处理群居生活产生的复杂矛盾，灵长类动物需要一种全新的情感交流方式。要想理解这种交流方式的内涵，则要从红色的血液说起。

那就是我们讨论的第六步——血液与脸色的逻辑。

第六章
血液、皮肤和脸色

大多数人只有在流血的时候才会注意到血液的颜色。受到“见怪不怪”思维习惯的影响，很少有人会想到这样的问题：我们的血液为什么是红色的，而不是绿色或者其他什么颜色的呢？

据说苏格拉底曾经思考过这个问题，他没有给出科学的答案，而是以另一个问题代替了回答。他问：如果血液不是红色的话，那还能是什么颜色呢？言外之意是血液只能是红色。

很多人都和苏格拉底一样，以为血液天然就应该是红色的，那当然是简单的错觉。按照种类计算，拥有红色血液的动物并不多，只有两栖动物、鸟类、鱼类和哺乳动物的血液是红色的，而大量节肢动物、软体动物、原生动物和原始的海洋生物，血液都不是红色的。

所以，人类的血液为什么是红色的，其实是一个严肃的科学问题。

非凡的亚里士多德曾经试图替苏格拉底回答这个问题，他仔细分析过好几种可能性，最后认为：只有红色的血液才能传递生命的活力。当血液失去活力时，就会凝结而变为黑色。在红色的血液之中，必然蕴藏着某种伟大的能量，可以让生物充满生机。

这一观点后来演变为生机论，所谓生机论，就是认为生物体内充满了生机。那么什么是生机呢？没人能说得清楚。各种解释更是五花八门，总体概念其实和灵魂差不多，有时干脆就等同于灵魂。血液循环研究的先驱威廉・哈维也赞同生机论，他相信红色的血液确实是生机的表现形式，因此人类才对红色高度敏感，因为其中充满了饱满的生命力。

我们现在当然不能再接受此类朴素的解释，而必须在分子生物学的基础上，结合进化论的逻辑，尽量给出一个全新的解释。

单从光学角度分析，哺乳动物的血液之所以呈红色，是因为血清对278nm的紫外波段有强烈吸收，那主要是氨基酸的作用，而在416nm处的吸收峰是红细胞的贡献，[164]这个吸收峰代表蓝紫光。也就是说，血液不吸收红光，因此才会呈现红色。

再从生化角度分析，原因也很简单：血液的颜色由红细胞决定，而红细胞的颜色由血红素决定。我们已经知道，血红素中含有铁卟啉环，结构与叶绿素的镁卟啉非常相似，只是中央的金属原子不同而已。铁卟啉中的二价铁离子可以反射红色光波，所以血液看起来是红色的。许多中学生都对此了如指掌。

不过，我们关心的是终极原因，也就是从进化的角度分析，哺乳动物为什么要用二价铁离子来反射红色光波呢？那能给哺乳动物带来什么生存优势吗？

答案是肯定的，不过具体的原因相当复杂。究其根源，还要从五亿年前说起。

五亿多年前的地球平静而乏味，没有飞禽走兽，也没有鸟语花香，但海面之下是暗流涌动，进化史上最具有传奇色彩的寒武纪物种大爆发正在如火如荼地推进，各种奇怪的动物几乎同时涌现，个体结构的复杂程度急剧上升。这一现象已经得到了考古学家不断挖出的化石的反复证明，现代动物界中90%以上的类别都起始于寒武纪早期。在此前的三十多亿年里，地球一直是单细胞生物的天下，铺天盖地到处都是蓝藻之类的微小生命，它们在海洋中浮浮沉沉，不停地进行着光合作用，仅此而已，没有任何野心，也没有任何激情。科学界面临的问题是：为什么会突然出现寒武纪物种大爆发？

有一种观点认为，并不存在所谓的寒武纪物种大爆发，那只是一种假象。在寒武纪之前，已经出现了许多复杂的软体动物，只不过它们不容易留下化石，所以给人们造成了错觉，似乎有壳的和有骨架的动物是在寒武纪突然出现的。就像我们从中间开始播放一部电影，由于不知道前面的情节，看起来才会觉得莫名其妙，其实电影本身并没有什么毛病，毛病出在观众获取的信息不充分。

很多进化论学者都支持这个观点，他们前仆后继、辛辛苦苦地到处寻找各种化石，力图构建出完整的生物进化路线图。经过努力，化石确实是越找越多，但随之而来的失望也越来越大。在寒武纪之前，除了那些多得有点烦人的单细胞化石外，基本没有什么惊喜。辩称寒武纪之前的软体动物不容易留下化石的学者也闭上了嘴巴，因为连单细胞的藻类都留下了无数的化石。软体动物再软，也没有道理不留下一点痕迹。

也就是说，在寒武纪的时候地球上确实出现了物种大爆发的现象。

哈佛大学著名的进化论学者斯蒂芬·杰·古尔德承认寒武纪物种大爆发，但不认为需要特殊的解释。他的观点是，当用寒武纪前后的物种数量为纵坐标，以时间为横坐标作图时，就会看到一个典型的S型曲线，又叫作生长曲线。在寒武纪之前，生命经过了由少变多的缓慢增长的迟缓期，寒武纪物种大爆发则正处于S型曲线的剧烈上升期，也就是对数生长期，那是生命发展的必然结果，符合一般的数学模型，没什么好大惊小怪的。

至于生物种类为什么会正好在寒武纪出现爆发式增长，可能是因为此前的地球相对炎热，制约了单细胞生物走向复杂化的趋势。后来地球渐渐冷却，到了寒武纪正好适合动物生长。也有学者认为，地球温度变化造成海洋中碳酸钙含量大幅增加，为动物提供了制造外壳的原材料，而有壳动物比没有外壳保护的动物强大得多，它们迅速抢占了大片地盘，加上硬壳比较容易留下化石，所以看起来就是物种大爆发。

古尔德进一步指出，生物进化一直就是这样的，有时进化速度较快，有时较慢，这就是“间断平衡”理论。古尔德还认为，物种形成的速度比我们想象的要快得多，那并不是渐变积累的过程，而是集中爆发的过程。新的物种一旦形成，就会长期处于稳定状态，不再向前进化，这个相对安静的过程会持续几百万年甚至上千万年，这就是“平衡”，然后生物会抓住机会再来一次突变，这样就会出现新的物种。物种进化的过程就是“平衡”不断地被“间断”的过程，而寒武纪正好处于那个“间断”点上。

“间断平衡”假说一经提出，立即受到了主流进化论学者的广泛认同。不过他们仍然需要提出具体的推动机制——在寒武纪这个节骨眼上，到底出现了什么情况，才会导致生命进化节奏的剧烈波动呢？

1973年，霍普金斯大学的生态学家史蒂夫·斯坦利提出了“收割理论”。在斯坦利看来，一种草食动物或肉食动物，就相当于一位勤奋的收割者，它们的介入会给新生物腾出巨大的空间。就好比在大片麦田中，只有麦子长得最好，其他杂草都受到了抑制。当麦子被收割之后，其他杂草就可以乘机占领所有空间。寒武纪前铺天盖地的单细胞就好比是麦子，第一个出现的吞食生物就是优秀的收割者，它们猛然发现这么多食物，于是无忧无虑地胡吃海塞，迅速为其他物种腾出了生态位，于是，物种爆发。[165]

这个理论简洁流畅，令人愉悦。更重要的是，它不需要依赖生物以外的因素做出补充解释，并且得到了生态学野外研究的证实。如果在一个封闭的池塘中放进凶狠的捕食鱼，随着屠杀的进行，池塘中的物种多样性不但没有减少，反而会不断增加。

不过问题并没有结束，为什么这个收割者早不出现，晚不出现，却恰好在寒武纪出现呢？

现在看来，背后的推手，极有可能是长期光合作用制造的代谢废物——氧气。收割者之所以出现在寒武纪，是因为寒武纪的大气中已经积累了足够多的氧气，对多细胞动物的有氧代谢起到了强大的推动作用，使它们有机会进化成为强大的收割者。

收割者要想充分利用氧气，首先就要通过血液运输氧气，问题是什么样的血液效果最好呢？

血液只能是红色的吗

无数蓝绿藻十几亿年不辞辛苦地工作，无节制地产生大量氧气，最终却砸了自己的脚。靠呼吸氧气为生的动物出现了物种井喷，继而严重挤压了藻类的生活空间，它们就是不折不扣的收割者。复杂的动物一旦出现，此后的问题就变成了如何高效利用氧气的问题。

氧气其实是一柄双刃剑，一方面可以促进新陈代谢，另一方面又具有较强的生物毒性。如何控制体内的氧气浓度，是所有动物都要面临的重要挑战。

单细胞生物比较好办，可以通过渗透作用直接从周围环境中吸取氧气。如果多细胞生物的身体足够小，比如线虫，仍然可以通过渗透作用输送氧气，海绵和水母之类的低等生物至今还可以通过水流获得氧气。对于复杂的生物体来说，很难再通过如此简单的方法获得氧气，它们需要配套的输氧管道，完善的血液循环系统就此应运而生。

鉴于氧气的强烈氧化性会对生物体造成巨大的破坏作用，生物体在需要氧气的同时，还必须对氧气进行适度隔离，隔离的方法就是用一个金属离子将氧气分子囚禁起来，使其很难逃逸。经过不断进化，这套隔离系统越来越复杂，后来金属原子被装进了另一个笼子里，那就是卟啉环，形成金属卟啉结构，对氧的隔离效果更好，也更安全。机体为了保障卟啉环不受其他因素的影响，又将卟啉环装进了蛋白质中，这就是载氧蛋白，载氧蛋白是输氧管道中必不可少的重要成分。

所谓载氧蛋白，就是可以携带并输送氧气的蛋白，又称为血色蛋白，不同的载氧蛋白可以使血液呈现不同的颜色，比如红色或者蓝色。

随着环境的不断变化，载氧蛋白的功能也在不断进化。有的载氧蛋白的任务是贮存氧气，比如肌红蛋白；而有的则是运输氧气，比如血红蛋白。血红蛋白只是众多载氧蛋白家族中的一员。在血红蛋白之前，还有许多其他形式的载氧蛋白。

动物界有许多类型的血液，根本原因就在于载氧蛋白的结构不同。它们的共同作用都是囚禁氧气和运输氧气[166]，并维持体内合理的氧气浓度。浓度过高则易产生大量氧自由基，浓度太低又会影响呼吸作用的效率。不同动物对于氧气的需求程度不同，因而对载氧蛋白的需求也不同。有些载氧蛋白尽管极少为人所知，却一直默默地在为支撑生物圈的运转而不懈努力。我们的血液为什么是红色的，答案就隐藏在不同血液的进化路线之中。

以蚯蚓为例，它们体内的血紫蛋白就是相当原始的载氧蛋白。血紫蛋白与氧结合后呈紫红色，脱氧时基本无色，所以蚯蚓的血液是无色的。与蚯蚓类似，绝大多数低等动物，比如原始的海洋无脊椎动物都使用血紫蛋白。由于血紫蛋白极易氧化、分子结构很不稳定，随着时间的推进，节肢动物便以稳定的血蓝蛋白替代了血紫蛋白。

血蓝蛋白也称为血青素，是一种含铜的蛋白质，利用两个铜原子与一个氧原子联结。氧化态的二价铜呈蓝色，故称血蓝蛋白。软体动物与部分节肢动物，比如章鱼、乌贼、钉螺、蜗牛、蜘蛛、对虾、螃蟹等，都以血蓝蛋白来输送氧气。寒武纪生命大爆发时，大量节肢动物可能都在使用血蓝蛋白。著名的三叶虫和奇虾，血液应该都是蓝色的。

随着代谢效率不断提高，对氧气的需求也水涨船高，动物开始通过不同的载氧蛋白与不同的金属元素结合，尝试不同的输氧效率，结果出现了许多不同颜色的血液，常见的有黄色、橙红色、蓝绿色和绿色等。比如在海鞘类动物中，有含钒的血钒蛋白。含有三氧化二钒的血液为绿色，含四氧化二钒的为蓝色，含五氧化二钒的为橙色。此外还有血锰蛋白，存在于瓣鳃纲动物的血液中，有氧状态下呈褐色。蝗虫的血液中含铬离子，所以其血液呈绿色。有些植物色素也会影响血液的颜色。如大天蚕蛾的血液中含有类胡萝卜素，所以其血液呈黄色；一种绿蜻的血液中含有类胡萝卜素和花青素类似物，所以其血液呈绿色。还有一些昆虫的血液颜色与性别有关，如雌性菜粉蝶的血液为绿色，雄性的则为黄色。可能雌性需要产卵，对氧气的需求比较旺盛吧。

昆虫的血液与哺乳动物的血液完全不同，有些昆虫甚至根本不依赖血液运输氧气，因为它们体内分布着网状的气管系统，可以通过体外开口与空气连通。就像是打开的窗户，可以随时保证房间里的氧气供应，所以对血液的要求也不高。血液随便什么色彩，似乎都没有什么问题，但对于哺乳动物来说，情况则完全不同。

与海洋相比，陆地是一个全新的生态环境。海水中的氧气体积比只有千分之五左右，而空气中的氧气体积比约为百分之二十，是海水中的四十多倍。[167] 在如此悬殊的氧气环境中，哺乳动物必然拿出不同的应对策略。随着哺乳动物的体型不断增大，机体结构日趋复杂，它们对氧气的需求明显增加。它们不但需要完善的循环系统将血液送往身体各处，而且需要完善的载氧蛋白配合完成输氧任务。

低氧环境需要低速载氧蛋白，高氧环境当然需要高速载氧蛋白。蓝色血液输送氧气的效率相对较低，在低氧的深海环境中可以满足动物的基本需求，所以成为小型低等动物的首选方案。它们的代谢效率不高，血蓝蛋白运输氧气的能力已经绰绰有余。如果运输效率提高，对机体反而有害。

陆生动物则必须提高氧气的运输效率，否则就是对氧气的巨大浪费。所以，哺乳动物的每个红细胞中都含有大约两亿到三亿个血红蛋白分子，而血红蛋白的载氧能力是血蓝蛋白的四倍。

在无氧状态下，血红蛋白中的铁原子处于亚铁状态，也就是二价铁状态，此时的结构是无氧结构。当氧原子与铁离子结合之后，会引发血红蛋白的结构改变，变成有氧结构。[168] 在动物的一呼一吸之间，血红蛋白就从有氧结构到无氧结构来回变化，从而实现氧气的装载和卸载。

目前看来，与其他载氧蛋白相比，血红蛋白的工作效率最高，因而成为高等动物的首选。这就是鸟类、鱼类直至哺乳动物包括灵长类动物的血液都是红色的根本原因。

如果生态环境改变，动物面临的氧气供需情况也随之改变，它们还会对血红蛋白的氧亲和力做出相应的调整，这种调整主要通过改变血红蛋白的结构来实现。[169] 另一种应对方式是调整血红蛋白的含量。氧气浓度越低，比如高原地区，动物体内的红细胞相对含量也就越高，反之则越低。胚胎和婴儿的血红蛋白对氧气的亲和力就要高于成年人的。

当氧气含量严重不足时，比如在水中，为了维持较高的代谢速率，动物需要大幅提高血液中的红细胞含量，但那绝非万全之策，当红细胞含量提高到一定程度时，就可能影响血液的流通。所以，水生动物必须改变载氧策略，一种措施是降低代谢速率，比如鱼类，它们是冷血动物，对氧气的需求远远低于恒温动物对氧气的需求。同时，鱼类还可以根据水体中氧气的含量来调节血红蛋白含量。有些鱼类的血红蛋白含量与水温密切相关。水温越高，水中氧气含量越低，血红蛋白含量也就越高。反之亦然，水温越低，水中氧气含量就越高，则血红蛋白含量越低。最极端的例子是北极冰鱼。由于北极水温极低，水中的含氧量极高，而冰鱼的代谢速率又极慢，它们甚至不需要血红蛋白，血液中的血红蛋白含量为零，所以其血液是透明无色的。

另一种措施是改变氧气运输的方式，比如陆生哺乳动物在大约五千多万年前重返海洋之后，变成了海洋哺乳动物，比如鲸鱼、海豹和海豚等。它们需要长时间在水下活动，只是偶尔露出水面换气，所以不可能完全采用陆生动物的氧气运输方式，否则将面临氧气严重不足的问题。它们的载氧系统做出了相应的调整，其中的关键就是肌红蛋白。肌红蛋白是血红蛋白的衍生物，具有转运氧气和储存氧气等功能[170]，保障机体氧气供给，所以水生哺乳动物肌肉组织中都含有大量的肌红蛋白。鸟类虽然不在水中生活，但由于高强度的飞行需要大量的氧气，体内也含有丰富的肌红蛋白。

以铁卟啉为核心的红色血液不但能够提高输氧效率，而且可以节省大量的铜离子。如此一来，机体就可以将大量铜离子挪作他用。事实正是如此，铜离子对多种蛋白的活性都有重要的支撑作用，其中最重要的当属铜蓝蛋白。

随着机体复杂性的增加，代谢产生的氧自由基也越多。与植物一样，动物也需要大力清除氧自由基。问题是动物无法合成花青素，好在铜蓝蛋白可以起到相似的保护作用。血浆中的铜蓝蛋白含量越高，灵长类动物的寿命就越长。人类在所有灵长类动物中铜蓝蛋白含量最高，因此寿命最长。如果高等动物仍然用铜离子制造血细胞，势必降低清除氧自由基的能力，进而抑制新陈代谢的速率，当然就无法进化出更加复杂的机体结构。

高等动物血液中的铁卟啉不但解放了铜，而且控制了铁，从而对机体造成双重利好。

我们都知道铁是一种重要的营养元素，缺铁容易造成贫血等病症，却很少意识到铁元素的负面作用，因为正常情况下，铁元素都被机体控制了起来，很少过量。

一方面，由于铁的高反应活性，在体内会表现出较强的毒性，特别是促进活性氧自由基的生成，加剧细胞膜膜脂的过氧化，甚至进一步破坏蛋白和DNA的结构，造成细胞损伤和死亡。万一机体含铁量过高，就会迅速导致肝脏损害，或者沉积下来造成铁沉积病，直接导致脑损伤。另一方面，铁是细菌生长的必需元素，过量的铁会促进细菌的生长和繁殖，[171]容易导致恶性感染。当然，铁元素对机体还有许多其他副作用，比如造成消化功能紊乱、生长受阻、磷的利用率降低等，防止铁中毒已经成为现代医学关注的焦点。

所以，要想保证机体健康，就必须控制游离铁的含量。问题是土壤中铁的含量相对稳定，而且极易被植物吸收。草食动物以植物为食，体内的含铁量也很难自由控制，肉食动物则以草食动物为食，如果草食动物体内含铁量较高，肉食动物体内铁的含量当然也会水涨船高。

也就是说，铁的摄入不是动物能自主控制的，它们的重点必须放在对机体内游离铁的控制上。为此动物的机体发展出了几种策略，以减少游离铁的数量。

第一个策略就是让转铁蛋白专门负责游离铁的吸收和运输。转铁蛋白是脊椎动物血浆中大量存在的糖蛋白，可以确保将铁离子安全输送到细胞内部，避免对机体造成伤害。正因为转铁蛋白可以有效控制血浆中铁的含量，所以具有明显的抗菌活性。[172]

第二个策略就是让铁蛋白大量结合二价铁离子。每个铁蛋白分子可以控制数千个铁离子，将之以无害的三价铁离子的方式储存起来。人体内90%

以上的铁元素都被铁蛋白控制，这样就有效地防止了铁过量引起的氧化损害，并在机体缺铁时及时释放，起到铁元素“仓库”的作用。[173]

第三个策略就是废物利用，通过铁卟啉将铁元素大量运转起来，那就是红色血液的另一个重要价值。所以，红色血液对于复杂的多细胞动物来说具有不可估量的重要意义，在残酷的生存竞争中不断推动红血动物走向世界各地，所有蓝血动物都被逼进了狭小的角落，根本无法与红血动物抗衡。正因为红色血液有如此复杂的进化优势，所以恒温动物的血液只能是红色的，而不可能是蓝色的，也不可能是绿色的。飞鸟走兽上天入地，鲸鱼可以潜入海底，雪豹可以跨越雪线，大雁可以飞掠山巅，它们几乎无所不能，无处不在，它们都是红血动物，在生态圈中占据了绝对的主导地位，为生物多样性谱写了华丽的篇章。红色血液对于人类的意义更是居功至伟，不但影响了人类的肤色，而且影响了人类的视觉和容貌，甚至用奇特的方式引导了人类的阅读行为。

没有盲点就不会阅读

当把人类的眼睛与章鱼的眼睛相比较时，你就会发现一个奇怪的现象。章鱼的眼睛由感光上皮细胞直接内陷形成，感光细胞层始终朝向身体外部，即光线射来的方向。在感光细胞的内侧，则是视神经纤维，它们接受感光细胞发出的电信号后，直接将信号传递给大脑。光信号在从感光细胞传给视神经再传给大脑的过程中，一路直达，并没有任何障碍，所以章鱼的眼睛没有盲点，[174] 成像准确而清晰，可以在光线暗淡的海水里明察秋毫，进退自如。相比而言，人类眼睛的设计则出现了一些小小的波折，并因此造成了一个小小的缺陷，那就是盲点。

在基本结构方面，人类的眼睛和章鱼的眼睛没有明显区别，都有视网膜、色素细胞层、晶状体、虹膜及瞳孔等构造，如果不细看，人们会以为人类的眼睛就是从章鱼的眼睛进化而来的。然而细看之后，我们却会发现一个小小的不同。

人类的眼睛其实是脊椎动物眼睛的代表。脊椎动物生活的环境大大拓展，活动能力空前增强，与章鱼相比，人类的眼睛接触的外界光学信号也成倍激增，需要更多的光敏细胞和视神经细胞对光学信号进行强化处理，这一过程需要消耗大量能量，因此必须提供充足的血液以供应足够多的氧气。所以，人类的感光系统事实上有三层重要的结构，一层是感光细胞，一层是视神经细胞，还有一层是血细胞。这三层细胞的排列，则成了一个大问题。因为红色的血细胞会严重干扰光线的接受，所以不能排在最外侧。最理想的情况，当然是感光细胞排在最外侧，但麻烦在于，血细胞层必须与感光细胞层紧紧排在一起，以便及时为感光细胞提供氧气，因为感光细胞在工作时需要消耗大量的氧气。当感光细胞排在最外层时，血细胞就必须排在第二层，那么神经细胞就只能排在第三层。等于血细胞层将感光细胞和视神经细胞层隔了开来，那样又会严重影响光电信号传递的效率。

要想提高光电信号的传递效率，视神经细胞应该与感光细胞紧紧排在一起才行。

如此一来，优秀的排列方案只剩下一种，那就是将感光细胞排在中间一层，血细胞不能在外层，就只能紧贴着感光细胞排在最里层，剩下的视神经细胞就只能排在最外层了。好在视神经细胞基本透明，不会对光线形成明显的干扰。所以，人类的眼睛就形成了这样的格局：最外层是视神经细胞，中间是感光细胞，最内侧是血细胞。在这种排列方式下，感光细胞既能从血细胞中及时得到氧气供应，又能以最快的速度将电信号传递给视神经细胞，堪称完美。有一个问题却非常麻烦：排列在最外层的视神经细胞接收感光细胞的电信号之后，该如何将信号传递给大脑呢？

大脑在里面啊！

也就是说，相对于大脑的位置，视神经和感光细胞的排列次序搞反了！

章鱼的做法才是正确的，而所有脊椎动物的眼睛，包括鱼类、两栖类、爬行类、鸟类、哺乳类动物和人类的眼睛，都是反的。于是视神经纤维在向大脑传送信号时就遇到了一个麻烦，它们必须折返回去，穿过感光细胞层和视网膜，才能进入大脑。为了穿过感光细胞层，就必须在视网膜上打一个孔，让视神经纤维束穿过去。所以，小孔中没有感光细胞，也就看不到东西，那就是盲点。

有人认为盲点是进化上的天然缺陷，其实不然，那是应对血细胞供氧能力的最高效的设计。脊椎动物不可能拥有章鱼那样完美的眼睛构造，否则就将时刻受到血细胞的影响，只能看到一个模糊的红色世界。

正是这种奇特的眼睛设计，为人类带来了一个意想不到的结果，那就是阅读。

排在最外层的视神经细胞尽管对光线的干扰很小，但也不是没有干扰，只不过是相对于血细胞而言，干扰要小一点罢了。眼睛要想获得更加清晰的图像，就必须设法排除外层视神经细胞的干扰，事实正是如此，脊椎动物的眼睛为此进化出了黄斑。当我们凝视某一点时，图像就会聚焦在黄斑上。而其他可能干扰成像的视神经细胞以及神经纤维都会向四周避开，在黄斑处形成一个凹陷，称为中央凹，感光细胞在其中高度密集，以此提高成像质量，弥补神经细胞造成的影响，成为视网膜上看得最清楚的地方，而其他位点则相对模糊，这就是我们视物时只能聚焦一个点的原因。

所谓失之东隅，收之桑榆，正因为每次只能聚焦在一点上，反而导致人类发展出强大的阅读能力。

我们在读书时，只能把注意力集中在一小段文字上，那就是落在黄斑区域中的文字，而对其他文字的分辨率明显降低，所以我们只能一行一行地读书。那其实是一件好事，不但可以提高注意力，而且可以更好地收集阅读信息，整理成大脑可以理解的内容。如果我们可以一眼看清整页文字，就会占用太多大脑资源，无法对获取的内容加以及时处理，反而无助于获取有效的信息，这种阅读模式事实上限制了人类的学习能力和速度。

我们必须花费大量时间用于学习，一行一行地阅读各种教材，那就是成长的过程。这个漫长的成长与学习的过程，与社会玩耍行为一起，对塑造人类及人类社会都起到了至关重要的作用，直至形成如今的文明。

当然，引导人类阅读并非血液的本意，血液的根本作用是输送氧气，阅读只不过是副作用罢了，而且还不是最重要的副作用，红色血液真正重要的副作用，与热量的调节有关。

皮肤越红越凉爽

大型动物的身体布满了密集的血管，构成了一个封闭的循环系统，除了可以提供物质通道，还可以从身体深处带走多余的热量。

为了提高散热效率，散热介质的比热值越低越好。散热片都是金属，因为金属的比热值较低，可以迅速散发热量。血液的比热值也很低。在液体状态下，水的比热容是4.2×10^3J/（kg ·℃），生理盐水的比热容为3.6×10^3J/（kg ·℃），因为NaCl溶解在水中形成的水合离子限制了水分子的热运动，降低了比热容。哺乳动物的全血比热容也是3.6，散热效果明显要比纯水好，对于维持多细胞生物的内脏温度起到了重要作用。

许多动物都会利用血液的这一散热特征调节体温，这叫作非蒸发散热。比如南非卡拉哈里沙漠中有一种黄嘴犀鸟，它们的喙特别大，其中分布着密集的血管，如果环境温度过高，这些血管就会膨胀变粗，大量血液从身体内部流经表面，将体内的热量散发在空气中，而且不涉及水分的蒸发，从而提高了其在沙漠中生存下去的机会。猫和狗的脚掌都有一块厚厚的肉垫，其中也分布着大量血管，当气温升高时，肉垫中的血管同样会剧烈扩张，并通过和地面接触而带走大量热能。

正是由于红色血液的强大热调节能力，人类才脱去了满身毛发，露出了光洁的皮肤，用全新的姿态奔跑在地球上。

我们常常有一种错误的印象，以为许多四足行走的哺乳动物都是奔跑能手。其实不然，很少有哪种动物能经得起不间断的长途奔跑，即便是最能长跑的赛马，都有可能跑死在高强度的赛场上。哺乳动物出于保温的需要，身上都披着厚厚的毛发，而长途奔跑必然产生大量热量，如果不能及时散发，大脑就会受热崩溃，内脏功能同时陷于紊乱，最终会导致个体应激死亡，人类甚至专门为这种症状起了个名字：中暑。

如何正确处理散热问题，是生死攸关的事情，对于人类来说尤其重要。

我们熟知的奔跑健将都受到散热能力的制约。以速度著称的猎豹冲刺距离一般不会超过一百米；狮子更是连一百米都懒得跑，每次冲刺后都会大口喘气，剧烈收缩腹部，以尽快散发霎时冲动产生的巨大热量；狗可以伸出舌头大口喘气；猫的舌头不长，所以多在晚间凉爽时活动，或者与主人一道待在温度适宜的空调房里；为了追逐水草而长距离迁徙的角马也经常休息，一来为了吃草补充能量，二是为了更好地散热；北极熊在雪地上永远是慢腾腾地行走，因为它们的皮下脂肪太厚，毛发的保温性能太好，稍稍加大运动量就会中暑，甚至直接倒毙在冰天雪地之中——不是冻死的，而是热死的。

所以，除非遇到生命危险，大部分动物都不会狂奔不已。以耐力见长的狼则另当别论，狼跑步的方式很独特，主要以小碎步追击猎物，这种方式能量消耗极低，产生的热量也不多。事实上，狼正是利用了其他动物不能长距离奔跑的缺点。如果大家都能跑，所有的狼都会被活活饿死在草原上，没有谁会在乎它不急不慢的追杀。真正的长距离追杀都发生在北方寒冷的草原，积聚的热量将迅速消散在凛冽的北风中。

没有哪种动物能摆脱热量的约束，人类同样如此。

因为直立行走，人类进化出了一双大长腿，跨度远远超过了其他灵长类动物。又宽又硬的膝关节和强壮的肌腱都让其他猿类望尘莫及，这些设备没别的用处，就是为了跑步。此外，人类还有一个异常肥大的屁股，厚实的肌肉不但可以反复拉动大腿前进，同时还是有效的重心平衡工具。所有这些，都为长跑奠定了强大的基础，使人类的长跑能力在动物界中独占鳌头，甚至可以通过长途奔跑追杀猎物，因而成为人类学家眼里的“狩猎猿”。

长途奔跑必然产生大量的热量，所以提高散热能力成为人类的重要任务。正是出于散热的需要，人类开始脱去满身毛发，同时汗腺数量大大增加，主要目标只有一个：增加出汗，强化散热。

哺乳动物大多有三种出汗途径，即大汗腺、小汗腺和皮脂腺。大汗腺和皮脂腺都与毛囊相通，出汗时含油量大，会把毛发涂抹得油光可鉴，出汗太多时油脂太重，甚至会把毛发粘在一起，出汗效果并不理想。效果最好的是小汗腺，这些细细的管道密集分布在皮肤之下，直接开口向外，主要分泌盐与水分，同时带走大量热能。

为了散发长途奔跑的巨大热量，人类的小汗腺数量远比其他哺乳动物的多。我们很少见到其他哺乳动物大汗淋漓，就是因为它们的汗腺数量实在太少。可以这么理解，其他哺乳动物的主要任务是保暖，只有人类把散热摆到了空前重要的位置，直至脱去了满身毛发。

皮肤一旦裸露，血液的热调节作用立即得到了放大，并成为重要的散热补充手段。很多人都有这样的体验，在太阳的暴晒下，裸露的皮肤都会迅速变红，那正是红色的血液在默默执行热调节功能。

血液散热的机制是这样的：体温升高时，皮下外周血管就会扩张，而血管扩张又导致外周血压下降，给心脏提供了一个明确的信号。于是心脏就会开足马力，以便供应足够多的血液，每分钟心脏输出的血量可以增至一倍以上，并在体内进行再分配，表皮血管内的血液总量比例大增，而内脏血流量则相应降低近一半。也就是说，大量血液会从身体内部流向体表，以此促进体内热量迅速散发。

从理论上说，血液是不是红色并不重要，只要能在身体内自由流动，就能起到良好的散热效果，但对于裸露的皮肤来说，红色却很关键，因为还有一种复杂的散热机制只有红色的血液才能胜任。

我们常常忽略这样一个事实：皮肤是整体的存在，而且比重不可忽视。以一个体重七十公斤的成年人为例，皮肤重量可达两公斤，展开面积接近两平方米，每分钟有四百五十毫升的血液流经表皮。在应激条件下，血液流量甚至可以猛增二十倍。[175]如此巨大的表面积，如此汹涌的血流量，必然与光线产生密切的作用，进而影响整个机体的温度，成为出汗之外最重要的生理散热途径。在所有颜色的血液中，尤以红色散热效果最为抢眼。

据估计，照射到皮肤上的光线平均有一半会被反射回去，另一半光线则会射入皮肤深处，此后不同光线有着不同的去向：紫外光主要被皮肤细胞中的蛋白质和DNA吸收，蓝光和绿光则被血细胞吸收，但血细胞不会吸收红光和红外光，而是将它们再次反射回来，那正是血液呈现红色的主要原因。被血液反射回来的红光很容易穿透皮肤，然后再次散失在空气中。也就是说，红色血液可以将阳光中的红光反射回去，从而降低体表温度。[176]

每个人都可以做一个简单的实验证实这个过程：先闭起眼睛，然后再对着太阳，首先你会感受到橘红色的光线，因为红色光线可以迅速穿透表皮细胞。再过几秒钟，眼前的色彩才会变成黄绿色，表明黄绿色光穿透皮肤的能力弱于红光。[177]

这两种光波穿透皮肤的能力差异意味着什么？意味着红色血液的散热能力最强。

试想一下，如果我们的血液是绿色的，就像植物的叶片那样，可以吸收大量红光，同时将绿光反射回来，似乎也能起到散热的效果。但不要忘了，绿光无法迅速穿透表皮，因而很难逃逸，最终大部分绿光中的热能都被锁在表皮细胞中，很容易对皮肤造成二次伤害。[178]也就是说，绿色的血液将会导致皮肤更热，而不是更凉爽，反倒是红色的血液，才能让我们感觉更凉爽。

正因为我们拥有红色的血液，可以快速穿透皮肤将红光反射回去，皮肤才被改造成良好的散热装置，赋予人类强大的散热能力。只要你在强光下行走，这种机制就会迅速发生作用。其他动物则很少享受到红色血液的散热福利，因为它们的皮肤上都覆盖着厚厚的毛发，它们的重要任务是保温，而不是散热。

红色的血液与裸露的皮肤不但为人类提供了强大的冷却系统，而且为人类提供了重要的社会化工具，最终成为促进三色视觉的最后一块砝码。

我们为什么在意别人的脸色

动物学家有个简单的分类方法，可以把所有动物划分为两大类，一类是群居动物，另一类就是独居动物。这个分类方法虽然不太精确，但有助于理解动物的一般行为，比如觅食和抚育后代等。

人类就属于典型的群居动物。孔子曾说过："鸟兽不可与同群，吾非斯人之徒与而谁与？"意思是说：人是不能和鸟兽合群共处的，我不和世人在一起，又能和谁在一起呢？荀子也说"人能群"，就是人可以和其他人共处。可见就算是圣人，也需要融入社会群体中去。因为人类是一种根深蒂固的群居动物，这一特征镶嵌在人类的基因中，不以地位和学识的改变而改变。

群居动物还可以细分。

羚羊和角马之类的群居动物只会机械地挤在一起，没有社会分工，也没有权力阶梯。沙丁鱼也是同样的结构，它们在海水中就像成片的乌云，同来同往、共进共退，是纯粹的乌合之众，没有哪条沙丁鱼可以起到领袖的作用。黑猩猩群体则不然，它们不会毫无纪律地盲目行动，而是会摆出有效的战争队形，要想完成如此复杂的组织任务，就必须服从某个强势的领导，否则仍然是一盘散沙。像黑猩猩这样有权力和地位分化的群居动物，又被称为社会性动物，人类就是典型的社会性动物。

需要明确的是，群居绝非最佳选择，可以自食其力的捕食者大多独居，老虎就是独居的代表，雄性甚至都不会与恋爱中的雌性分享食物。如此绝情的好处是，不必担心跟别人吵架闹别扭，缺点是略显孤独。好在独居动物除了发情期，基本都能享受孤独。

那么为什么还有动物选择群居呢？答案是不得已而为之。

群居和动物的品格无关，而只和安全与食物有关。

无论哪种群居方式，首要目的都是为了安全。人多势众，大家聚集在一起，自我保护能力明显增强，被吃掉的风险自然就会小一些。所以羚羊受到狮子攻击时，不会摆出有效的战斗队形，而只以远离狮子为目标，希望在自己和狮子之间有一个挡箭牌，这个挡箭牌最好是另一只羚羊。只要狮子的注意力受到挡箭牌的干扰，自己就有逃生的机会。只有在群体中，羚羊才有机会享受这种福利，最大限度地降低被吃掉的风险。绵羊同样如此，只要受到一只牧羊犬的冲击，所有绵羊都会向羊群中间挤去。牧羊人正是利用这一特点，才能轻松管理整群绵羊。假如绵羊像猫那样一触即散、四下奔逃，牧羊人无论如何也忙不过来。

没有谁希望自己被吃掉，否则早就被吃掉了。当早期人类离开茂密的森林进入空旷的稀树草原时，无异于从安全的保险箱来到了危险的格斗场，到处都是狮子和猎豹，还有什么都吃的鬣狗，它们都是无情的杀手，游走在草原的每一个角落，随时可能制造死亡的风险。考古学家在南非发现了许多距今一百万到三百万年的野兽巢穴，发掘出了大量狒狒和南方古猿的骨骼化石，上面都有各种可怕的齿印或爪印，表明南方古猿根本无力对抗大型肉食动物。它们有的被咬断脊椎，有的被直穿颅骨，一击致命。为了避免如此悲惨的结局，弱势动物必须寻找更为安全的生活方式，而集体群居正好可以实现这个目的。

此外群居还能带来许多意想不到的好处，所谓三人行必有我师，对于群居动物来说同样适用。群居是集体学习的前提，如果你身边一个人都没有，当然谈不上学习别人的经验。如老虎这样的独居动物，它们的所有技能除了在幼年阶段向母亲学习，准确地说是模仿，更多的技能都必须依靠基因的指导行事，就是所谓的本能。群居动物则不然，它们一辈子都可以向其他个体学习，所以群居动物的大脑比独居动物的大脑更加发达，社会性群居动物的表现尤其明显。

日本猕猴是最早被用于研究灵长类动物学习行为的动物。早在1953年，研究人员就发现，某个小岛上的猴群会洗掉白薯上的泥巴。这种行为一旦出现，就会迅速传给其他许多猴子，呈现典型的学习行为。越是紧密群居的动物，其学习的过程就越快，学习效果也越好，这就是所谓的刺激增强现象——动物越是经常接触某种现象，就越容易记住某种现象，而那正是学习的基本形式。独居动物很少出现刺激增强现象，所以很难获取新的技能。

群居生活还会出现反应促进效应。比如树上有一群麻雀，当其中一只麻雀突然起飞时，其他麻雀也会立即跟着起飞。如果你旁边有人打了一个大大的哈欠，你也会下意识地跟着打哈欠。这些都是反应促进效应，类似模仿，但并不是真正的模仿，而是无意识的本能反应。在群居动物中，反应促进效应被大大强化，进而产生了许多其他效应，比如观众效应，即是否有观众在场会明显影响个人的工作效率。所有效应叠加起来，有力促进了社会行为的多样化。独居动物基本不会受到类似的影响，它们的行为机械而简单。

事物都有正反两面，群居生活有好处，也有负面影响。大家整天挤在一起，肯定会产生许多意想不到的矛盾，更多的个体意味着更激烈的竞争——首先要争夺栖息地，然后还要争夺食物资源。僧多粥少，群居必然导致资源匮乏，解决的办法是扩大觅食范围，而扩大觅食范围需要移动较远的距离，又增加了被捕食的危险。最麻烦的是争夺交配对象，表面看来，大家聚集在一起，交配机会似乎应该有所增加，但由于激烈的雄性竞争，所有雄性都想争取更多的配偶，它们没有一个是省油的灯，凡是省油的灯都已经被风熄灭，很少有雄性会看着别人交配而无动于衷，所以每次交配都有潜在的风险。万物之长的人类也不能免俗，争夺配偶引发的冲突成为社会矛盾的主要根源，历史记载中有大量“冲冠一怒为红颜”的故事。男性之间的竞争就是典型的雄性竞争——雄性与雄性的对决。

雄性竞争一直是人类进化的重要动力，因为雄性对竞争配偶的欲望远比雌性的强烈。试想这样一种可能：一个男人一年可以和十个女人生下十个后代，而一个女人纵然和十个男人在一起，一年也只能生下一个孩子。也就是说，男性有着强大的追求配偶的动机。既然如此，他们就必须投入到激烈的雄性竞争中去。所有雄性都明白这个道理，导致群体中的异性数量永远不够分配，雄性竞争也永远不可能平息。既然如此，群体内部就不可能一团和气，而是充满了陷阱与杀机。

为了缓解雄性竞争的压力，群居动物必须发展一些重要的策略，否则所有的群居之所都会变成集中屠宰场。

如何处理群居关系，是摆在每个成员面前的关键问题，大家不能见面就打，又不能任人欺凌，社会矛盾隐蔽而复杂。最好的办法就是散伙，大家眼不见心不烦，不必费心劳神地搞什么阴谋诡计。这话说起来容易做起来难，群居动物之所以群居，根本原因是没有能力独居，它们必须依靠群居的力量保障自身的安全，所以散伙绝非上策，那只会加速死亡的进程。就算是在现代社会，离群独居的人也很难保障自己的生活，所以人类才出现了大量聚居的乡村和城市。

既然无力独居，就必须忍受雄性竞争的折磨。每个成功的群体都必须在竞争和妥协之间寻找平衡，妥善处理彼此之间的矛盾和冲突。

黑猩猩的解决策略是结成雄性联盟，所有雄性联合起来，用武力手段控制雌性。而在雄性联盟内部，仍然存在激烈的雄性竞争，它们采用另一套机制缓解紧张关系，那就是分出等级，对号入座。不同等级有着不同的行为模式，高层有高层的本领，除了武力控制，还会使用一些阴谋手段维护自己的地位；低层有低层的委琐，低眉顺眼，免得挨打；中层则介于两者之间，又要巴结上层，又要拉拢下层，随时准备上位，但又缺乏足够的勇气和资本，只能焦躁不安，伺机而动。弗朗斯 · 德瓦尔在《黑猩猩的政治》一书中对此进行了详尽的描述，所有个体都最好记住自己的社会地位，否则就将遭到严厉的惩罚。这是基本的社会准则，对人类也同样适用。

那么，它们应该如何标明自己的社会地位呢？

埃塞俄比亚高原上生活着一种独特的灵长类动物——狮尾狒，它们只在地面生活，从不上树，因为那里根本没有树，所以它们吃不到水果或者树叶，唯一的食物就是青草。狮尾狒在高原上过着数量密集的群居生活，所以对社会性生活的依赖性极强，并因此进化出了清晰的红色信号，成年雄性的胸部都有一块裸露的皮肤，科学家称之为红色性皮肤，红色程度就是社会地位的重要标志。[179]那是一种无声的雄性竞争，睾酮含量越高，红色越深，社会地位就越高，获得交配的机会也就越多。睾酮会破坏免疫能力，含量越高，对机体免疫力的影响也就越严重。所以，鲜艳的体色虽然是一种有效的广告，同时却是一种代价极高的广告。那符合所有广告的特征，天下没有免费的广告，否则广告就将失去存在的意义。雄性打出艳丽的体色广告时，就等于宣称自己的身体很棒，根本不在乎那点小小的损失。所以，有时雄性之间不必争斗，仅仅通过体色就可以看出彼此力量的强弱，进而决定地位的高低。

雄性竞争中的失败者，其体色也会出现相应的变化。灰心丧气会影响内分泌功能，导致体色暗淡，光泽消退，[180]失败者最终成为一个无欲无求的隐士。那其实是一种有效的自我保护机制，免得它们再次向王座发起徒劳的挑战，甚至因此丧命。既然无力反抗，还是老老实实地做个顺民为好。

梳理毛发也可以明确个体在群体中的地位，地位低的个体处于被统治阶层，替别人梳理毛发的时间更长，很少挑起矛盾。地位高的个体可以享受更多的梳理，对于控制群体秩序起到重要作用，所谓“尊卑有别，贵贱分明”。不断强调社会层次，可以帮助大家明确自我定位，并服从自我定位，减少内部矛盾，有利于维持群体的稳定。

但是，这种纯手工操作非常耗费时间，灵长类群体每天用于梳理毛发的时间就有三四个小时，如果花费太多时间进行梳理，就没有足够的时间寻找食物，所以梳理毛发是巨大的社交成本，明显制约了群体数量。群体数量越大，互相梳理毛发的时间就越长，因此灵长类动物迫切需要更加高效的交流方式。

共情机制就是一种重要方法，即通过合作和共情来缓解冲突。共情是英语empathy一词的中文译法，有时也译为“同理心”，后来《心理学大词典》将其规范为“共情”，意思是感受别人情绪变化的能力。共情能力强的人可以感受别人的痛苦与悲伤，甚至会为别人的悲惨经历而流下泪水，当然也可以分享别人的快乐，两者都是影视剧操纵观众情绪的重要手段。如果人类没有共情能力，就不会出现展示悲欢离合的艺术作品。长期以来，各派学者都把共情能力当作人类合作与道德的基础。事实上，共情并非人类的专利，有坚实的实验数据表明，许多动物都有共情能力，甚至群居的小鼠也不例外。

如果将两只有痛苦经历的小鼠放在一起，它们会有一定的交流，像人类那样成为朋友。一旦相识，它们就会相互传递痛苦增强反应，通俗地说就是痛苦被传染了。如果一只小鼠观看朋友被电击的情景，尽管自己没有遭到电击，却同样会出现痛苦的反应，甚至会设法救助被困的朋友，[181]并在事后为对方梳理毛发和舔伤口，以此安慰对方，这证明小鼠具有基本的共情能力。[182]两只陌生的小鼠则不会产生这种效应，这与人类的反应极其相似。我们观看战争电影时，会对某一方的伤亡感到深切的同情，而对另一方的死亡无动于衷。

共情并不等于同情或安慰，而是与几乎所有情绪反应有关，其中就包括愤怒情绪。如果一头黑猩猩在战争中因失利而愤怒，就会有其他黑猩猩前来安慰。实力弱小的个体则会自觉远离愤怒的强者，以免遭到无妄之灾。

可以理解，如果群居动物的所有个体都能设身处地为其他个体着想，就会产生强大的群体凝聚力，这对于所有个体都是好事。所以，共情能力是缓解群体内部紧张关系的一服良药，前提是必须拥有及时察觉他人情绪变化的能力。如果根本无法测知伙伴的喜怒哀乐，也就根本谈不上什么共情。与此相应，大家也要善于展示自己的情绪，方便伙伴察觉，然后才能产生共情反应。

展示情绪并识别情绪，是一个问题的两个方面，共同构成了维持群体稳定的重要策略。

群居动物可以通过许多途径展示情绪，比如银背大猩猩会捶胸顿足，非洲鬣狗会连声尖叫，狒狒会露出恐怖的獠牙展露杀机，而黑猩猩则会通过亲吻和拥抱，甚至握手来表达善意。在所有传递信息的渠道中，代价最低、效率最高的展示方式，则是展示血液的红色，[183] 因为红色血液制造的信号可以向所有个体展示，并且即时送达。

为了提高血液的展示效果，灵长类动物不断进化出裸露的皮肤，有的出现在鼻子上和嘴唇上，比如中国的金丝猴；有些猴子另辟蹊径，它们不用嘴唇，而是用屁股展示红色。因为猴子经常爬在树上，红色的屁股就像高高挂起的信号灯，展示效果堪称一流。

人类屁股的展示效果就差很多，如果每次谈话都要先绕到后面看看别人屁股的颜色，再到前面来说话，未免影响交流效率，所以人类改用面部来发布信号。面部高度合适，正对着别人，毛发稀少，所有信息一目了然，自然有资格竞争最佳的广告位。面部上的所有广告词都要用鲜艳的色彩标明，以此吸引他人的注意。红色的血液恰好在涂写广告的过程中可以起到无可替代的重要作用，脸色越是红润，说明心血管功能越优秀，身体也就越健康，在社会竞争中更容易拔得头筹。[184] 不但如此，裸露的面部还能展示体内黑色素的水平、胆红素的水平，[185] 甚至类胡萝卜素的水平，[186] 这些色素都与机体健康息息相关。

除了反映健康状况，脸色的另一个重要作用在于展示情绪变化，喜悦时面部会变得红润，此即所谓和颜悦色。愤怒时脸色会变得铁青，那是血液含氧量变化造成的效果。[187] 只要用右手紧紧握住左手的手腕，过一段时间再松开，你就会清晰地看到肤色随血液含量的变化而变化的全过程。当别人看到你脸上的这个变化时，也就明白了你的情绪变化。

你可以故意捶胸顿足，也可以露出牙齿来威胁别人，甚至像小狗一样汪汪乱叫，但你很难故意在脸上露出一抹红晕来，因为那一抹红色就是血液的颜色。片刻的一抹红色，背后却需要全身的心血管功能以及激素水平的支撑，根本无法造假，因此面部的红色被看作是诚实的信号，成为人类社会化进程的标志性色彩，观察他人的面部反应也就成为人类最重要的共情手段。

前提是拥有健全的三色视觉。

至此我们终于理解了人类三色视觉的另一个重要价值，那就是察觉和识别复杂的面部情绪信号。如果不能及时察觉交配信号，失去的可能只是交配的机会，但如果不能及时察觉对方的情绪信号，失去的可能就是生命，所以观察情绪变化对于群居社会性动物来说特别重要。[188] 这就是我们在意别人脸色的根本原因，因为人类是典型的社会性动物。

这个观点可以用来解释雌雄色觉的差异现象。由于社会地位不同，雄性和雌性对于情绪变化的敏感性也不相同。相比而言，雌性在群体中处于弱势地位，必须重视他人的情绪，所以对三色视觉的依赖性更强，这就是雌性色盲比例低于雄性的原因之一。雌性甚至能从雄性的肤色变化中察觉睾丸激素的水平，从而决定是否同意交配。比如亚马孙丛林中的赤秃猴，它们从面部到脑袋都呈现惊人的红色，显得特别诡异，当地人称之为“英国猴”，因为它们就像英国人一样满脸通红。赤秃猴也有三色视觉，但主要局限在雌性身上，而雄性通常是双色视觉。此外，雄性面部的红色程度绝对超越雌性，尽管它们自己无法辨别红色，却可以向其他个体充分展示自身激素与血管的综合效果，[189] 展示的对象主要是雌性。雌性必须明察秋毫，否则很难选择优秀的配偶，[190] 同时在群居社会中将举步维艰。这个原理对于人类同样适用，女性同样需要重视男性的生理健康状况和情绪变化，所以其色盲比例明显低于男性。[191] 与此相对应的是，蓝色色盲尚可识别伙伴的情绪变化，红绿色盲则无能为力，这表明三色视觉与面部情绪之间存在明确的对应关系。[192]

如果不是三色视觉和立体视觉，我们不可能拥有这么大的眼睛和这么小的鼻子，当然也就不可能拥有如此扁平的面孔。这张光洁扁平的面孔又被当作优秀的血液展示板，不断地向拥有三色视觉的动物透露更多的信息，其中的任何细微变化都容易被别人所察觉，每一种变化都代表一种情绪信号。最常见的信号就是害羞，那是人类社会化进程中的标志性事件。

没有哪一种动物的面部情绪变化像人类这样丰富多彩。许多情绪变化都会引发脸红，其中最动人的脸红就是害羞。

纯粹从生物学角度解释害羞所引起脸红，原理并不复杂：当某人受到刺激时，大脑会指令肾上腺分泌肾上腺素。如果刺激较弱，肾上腺素水平较低，就会促使颈部和胸部血管向脸部输送更多血液，迫使面部毛细血管扩张，导致面颊发热发烫，呈现动人的红色，这就是害羞。如果刺激强度过大，肾上腺素分泌过多，反而导致血管收缩，脸色就会变得苍白，这就是愤怒的表现。随着肾上腺素一阵一阵大量分泌，血管会出现交替性的扩张和收缩，脸色变得红一阵白一阵，那便是暴跳如雷的前奏了。由此可见，简单的面部血流变化，就可以展示几种复杂的情绪，害羞是其中最基本的情绪。

害羞绝不是个别现象，而是人类的普遍情绪，几乎每个人都有过害羞的经历。害羞会让人满脸通红，交流困难，扭捏作态，词不达意，甚至引起别人的嘲笑。那么如此特别的表现能带来什么好处呢？

对草食动物的研究表明，越是胆大，死亡率就越高，敢于挑逗狮子的羚羊一般都没有第二次玩耍的机会。正常情况下，多数草食动物都很胆小。有学者认为，人类害羞可能基于相同的原理。害羞使人更加谨慎，从而避免遭遇意外的风险。

这种风险来自两个方面，一是来自群体外部，一是来自群体内部。群居动物要和伙伴朝夕相处，同时也会产生许多意想不到的矛盾，害羞则是化解矛盾的基本策略。

害羞的最大优点是难以掩饰。脸皮比城墙还厚的无耻家伙就算再会演戏，也很难让脸上浮现一抹害羞的红晕。所以害羞是可靠的信号，多数情况下都可以迅速平息敌对行为，毕竟我们很难对一个害羞的人大打出手。就像疼痛是为了防止身体受到伤害一样，害羞则是为了防止人际关系受到伤害。

正是出于对害羞的关注，人类社会才会出现红色性效应。

所谓红色性效应，是指当男性看到红色背景下的女性时，会觉得对方更加性感。红色背景可以是衣服，也可以是口红或者脸色。不过，女性对女性不会产生这样的效应。也就是说，红色性效应只在异性之间产生，在同性之间没有反应，[193] 这个现象证明红色与择偶密切相关。

为了充分利用红色性效应，人类才会以红妆为美，比如红色的嘴唇和红色的脸颊。除了在丛林中作战的军人，很少有人故意把自己的脸色画成绿色。绿妆并不能展示血液的颜色，因而无法向别人传达自己的心血管健康状况，同时也无法准确传递自己的情绪。

正是为了观察包括害羞在内的面部表情，辨别其中的血液变化情况，人类才进化出了强大的三色视觉，这就是所谓的红色广告假说。

红色广告假说可以解释其他哺乳动物为什么没有进化出三色视觉，因为它们满脸都是厚厚的毛发，并不能通过脸色变化来表达情绪，而只能代之以锋锐的獠牙、凶狠的目光或者尖厉的吼叫等，当然不需要三色视觉观察血液的颜色。只有当灵长类动物出现可以展示血液颜色的裸露皮肤时，三色视觉才有意义。

用这一假说还可以完美解释另一个问题：为什么灵长类动物在四千多万年前才获得三色视觉？因为在四千多万年前，灵长类动物出现了裸露的皮肤，此前它们和普通的哺乳动物一样，满身都覆盖着长长的毛发，三色视觉并无用武之地，反倒可以尽情享受双色视觉的优势。

红色广告假说有一个很好的证据链。凡是没有三色视觉的灵长类动物，面部都没有裸露的皮肤，比如眼镜猴和狐猴等。如果用水果假说就不好解释这一现象，用红色广告假说就没问题。既然没有裸露的面部，无法展示血液的红色，三色视觉就没有具体的意义。与此对应的是，凡是大面积裸露皮肤的灵长类动物，比如黑猩猩、长臂猿、红毛猩猩、猕猴等，都有良好的三色视觉，人类不过是其中的一员罢了。

还有一类原猴亚目的灵长类动物，它们的面部皮肤介于似裸非裸之间，裸露程度无法与三色视觉的灵长类动物相比，但多少也裸露了一些。所以它们的视觉情况也比较复杂，只有雌性拥有三色视觉，而雄性则为双色视觉，比如蜘蛛猴和松鼠猴等，这就是所谓的雌雄视觉二态性。[194]

与红色广告假说相关的另一个现象是，三色视觉的灵长类动物基本上都是社会性的群居动物，只有长臂猿的社会性相对较低，但仍然会以家庭为单位群居，因为只有群居动物才需要观察他人的情绪变化。

那么其他群居的哺乳动物，比如羚羊，为什么没有发展出裸露的面部皮肤用于展示情绪呢？这涉及红色广告假说和水果假说的先后次序问题。

水果假说认为，红色水果是推动灵长类动物三色视觉的重要因素，红色广告假说却认为，红色的血液和裸露的皮肤才是三色视觉的根源。那么这两种说法到底哪个更有道理呢？

其实两个假说并不冲突，而只是主次关系。可以这么认为，红色水果是诱导三色视觉的主要因素，因为在皮肤裸露之前，灵长类动物就已经出现了三色视觉。[195] 另一个证据是，三色视觉在欧亚大陆的灵长类动物中只出现过一次，并随之保留了下来，但是裸露的皮肤已独立进化过四次。[196] 也就是说，这种性状曾经多次得而复失，失去裸露的皮肤并没有严重影响灵长类动物的生存。所以，三色视觉的出现并不是直接为了观察红色的皮肤，那只是三色视觉的副作用而已，裸露的皮肤只是对三色视觉起到了强化作用。[197] 换句话说，三色视觉促进了皮肤裸露，并推动了灵长类动物的社会化进程。[198]

既然如此，羚羊之类的哺乳动物当然没有必要裸露皮肤，它们没有三色视觉，无法通过裸露的皮肤表达任何有效的身体信息，也不会展示个体的情绪变化，那为什么还要裸露皮肤呢，那样只会降低毛发的保暖效果。

现在我们已经明白了哺乳动物的血液为什么是红色的，同时也明白红色的血液可以促进灵长类动物的社会化进程，强化三色视觉能力。人类因此而进化出了独一无二的害羞特征和情绪语言系统，并在此基础上塑造了人类社会的基本形态，使得人类再也离不开三色视觉。

细心的读者可能会发现，根据我们的逻辑，问题并没有变得越来越简单，反倒变得越来越复杂了。

我们先是论证了哺乳动物多数都是双色视觉，无法区分红色和绿色，所以哺乳动物不需要绿色的毛发，然后又论证了部分灵长类动物受到了红色水果和红色血液的双重影响，因而具备了完美的三色视觉。而大量的动物实例可以证明，只要出现了三色视觉，就可以推动绿色体色的进化，鱼类、爬行动物、鸟类以及昆虫无不如此。因为绿色的植物丛林中，绿色的外表具有明显的保护效果，但为什么人类不进化出绿色的头发来保护自己？

为了回答这个问题，我们前面的关注点逐渐从动物聚焦到了哺乳动物，又从哺乳动物聚焦到了灵长类动物，再从灵长类动物聚焦到大猿，现在该聚焦到大猿最杰出的代表——人类了。

下面就让我们去揭开最后的谜团。

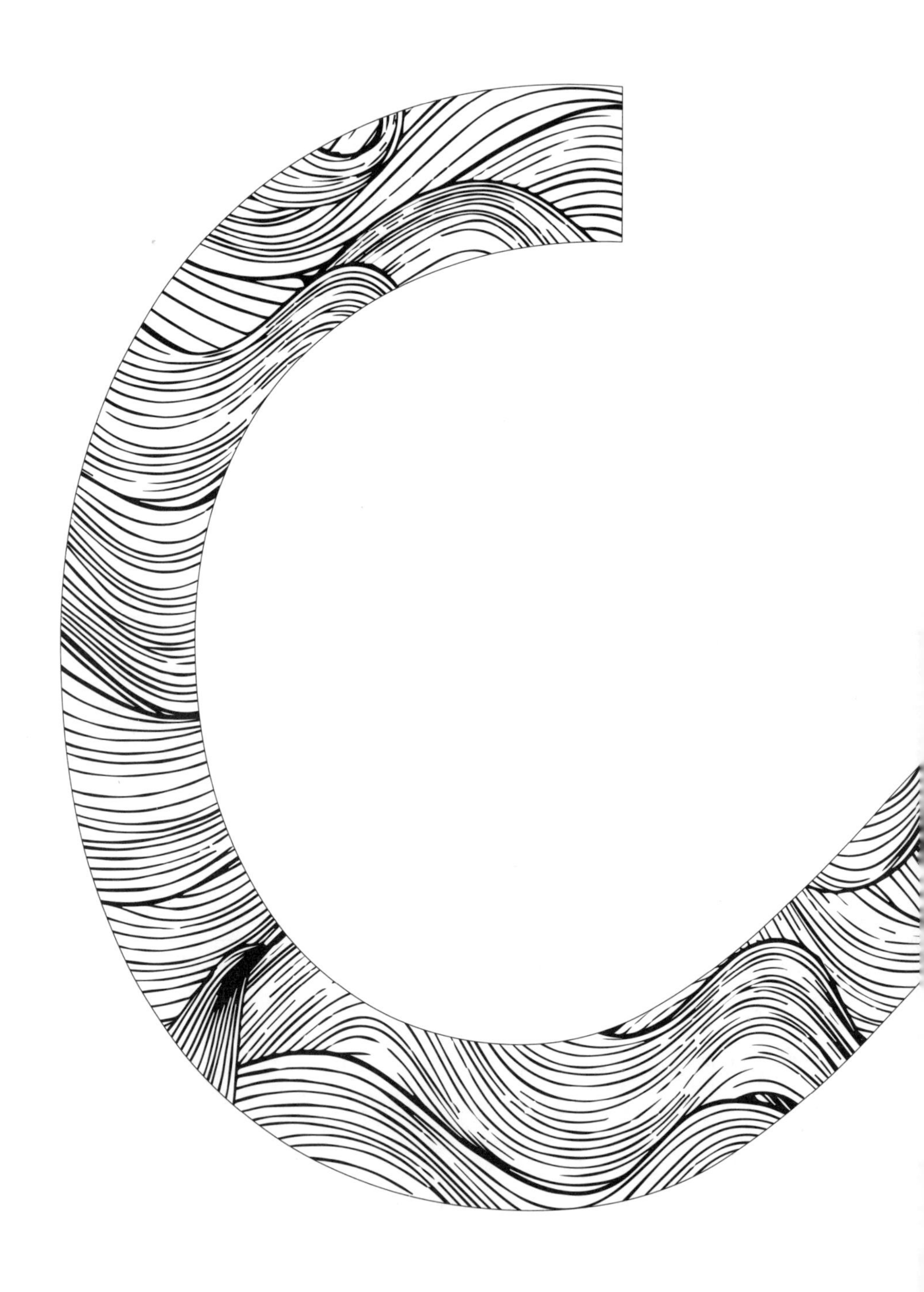

答案

头发

为什么

不是绿色的

达尔文曾经为雄孔雀的尾巴操碎了心，他实在不明白，在野生环境下，如此豪华的尾巴除了招惹捕食者之外，简直一无是处——首先不能保暖，其次不能警戒对手，伪装更是谈不上，大概也没有什么热调节功能，因为雌孔雀缺少这样的尾巴，生活丝毫不受影响。

那么雄孔雀高调张扬的大尾巴意义何在？

经过进一步的研究，达尔文还发现，雌雄孔雀之间的差异并非孤例，许多动物都会因为性别不同而出现不同的体色，而且模式大体相同：雄性华丽夺目，雌性低调朴素，这就是所谓的雌雄二态性。问题是它们往往生活在相同的生态位中，如果只是受到自然选择的影响，理论上应该采用相同的体色才对，两性之间的不同体色意义何在呢？

为了解释雌雄二态性现象，达尔文在1871年出版了《人类起源和性选择》一书，正式提出了著名的“性选择”理论，以此作为对自然选择理论的补充。

简而言之，性选择理论认为，虽然雄孔雀的大尾巴对生存可能不利，甚至有害，却能吸引雌孔雀的关注。对于雄孔雀来说，雌孔雀的爱好就是最大的道理，雄孔雀必须把自己搞得华丽夸张，然后到处张扬炫耀，才有可能得到交配的机会。由于某些原因，雌性的欣赏品味有时没有道理，所以很多动物都出现了无法理解的体色和花纹。

这就是达尔文为一些奇异的动物体色提供的一揽子解决方案。

性选择理论表明，动物的外表，特别是雄性动物的外表，很大程度上受到雌性选择的影响，体色自然也不例外，因为体色是最为直观的选择标准。既然如此，当然不能随便着色，而必须符合雌性选择的需要。

科学家对雪雁的研究证明了体色在性选择过程中的重要性。雪雁是一种漂亮的小鸟，有蓝色也有白色。有意思的是，蓝色雪雁只和蓝色的交配，白色的当然只和白色的交配。于是科学家不禁思考：这种交配倾向是天生的，还是受到父母影响的文化现象呢？

为了验证这个问题，研究人员把刚孵化出来的小雪雁换个家庭调包抚养。结果很有趣：这些小家伙在养父母家里长大以后，无论自己体色是蓝是白，都只喜欢和与养父母体色一致的鸟交配。要是养父母一蓝一白，小家伙长大后就不会挑剔，它们蓝白通吃。研究人员还恶作剧地把一些鸟爸爸鸟妈妈染成红色，结果正如预想中的一样，红色家庭养大的小雪雁只喜欢红鸟。也就是说，审美情趣受到后天环境的强烈影响，而与基因无关。

在哺乳动物身上，存在同样的性选择压力。

以雄狮为例，它们都长有威猛的鬃毛，那是区别雄性狮子与雌性狮子的重要标志，也是身份与地位的象征。鬃毛有两个重要指标，一是长短，二是色彩，分别扮演着不同的角色。鬃毛的长短是雄性竞争的重要武器，鬃毛越长，说明雄狮的战斗力越强，鬃毛较长的雄性对于其他狮子具有不战而胜的威慑作用。鬃毛的色彩则是性选择的重要武器，主要是给雌性看的，雌性更喜欢与鬃毛颜色较深的雄狮交配。这对雄性来说是一个严峻的挑战，因为鬃毛颜色越深，吸收阳光的能力就越强，导致体温越高，直至影响精子的质量。[199]尽管存在如此不利的因素，雄狮为了得到雌性的青睐，还是长出了深色的毛发，就算导致体温升高也在所不惜。尽管自然界也出现过白色的狮子或者带斑纹的狮子，但在性选择的影响下，它们都很难找到交配对象，拥有奇异毛色的狮子因此很难得到进化的机会。

所以，性选择在某种程度上对动物的毛发颜色具有稳定作用，一旦某种体色得到确定，就不会轻易变来变去，否则就算不会遭到自然选择的淘汰，也可能被性选择所淘汰。

简而言之，在性选择的影响下，动物的体色会在很长时间内保持一致，其中初始性状起到了决定作用，这就是所谓的奠基者效应，即最初的生物性状会影响后来的生物性状。人类同样如此，头发的颜色只能在奠基者的基础上保持长期稳定，最多略作修改，很难出现巨大的变化，否则不容易得到性选择的青睐。

那么人类奠基者的头发是什么颜色呢？

人类与黑猩猩是近亲，人类奠基者的头发颜色必然与黑猩猩的相近。黑猩猩就是黑色的猩猩，它们的毛发当然以黑色为主。

黑猩猩的毛发为什么是黑色而不是其他颜色呢？

科学家早就发现，生活在温暖潮湿栖息地的鸟类往往比干燥凉爽地区的鸟类颜色更深，比如赤道附近的丛林鸟类往往是黑色的，这被称为格洛格法则。进一步的观察表明，不只是鸟类，哺乳动物和灵长类动物的体色全部符合这一法则，[200] 即环境越是温暖潮湿，动物的体色就越深，直到变成黑色。比如生活在开阔地带的短尾猴的体色相对较浅，而生活在潮湿丛林中的短尾猴的体色则是黑色。普通狒狒生活在稀树大草原上，面临着强大的紫外线威胁，但它们的面部肤色和毛发颜色相对较浅。生活在西非原始丛林中的鬼狒，则完全变成了黑色。[201]

为什么温暖潮湿的地区需要黑色呢？

潮湿的丛林中不但生活着大量的动物和植物，而且生活着大量的细菌和真菌。考虑到野生动物没有洗澡的习惯，我们可以想象，它们的毛发中肯定长满了各种细菌和真菌，且不说皮肤病之类的烦恼，毛发也会受到寄生菌的破坏。为了抵制真菌对毛发的侵蚀，丛林动物必须进化出更加结实的毛发，而黑色毛发在抵抗真菌方面具有明显的优势，因为黑色素和角蛋白很难被降解，可以大幅延长毛发的寿命。另一方面，黑色毛发吸热速度极快，有利于促进其中的水分蒸发，与其他颜色相比，更容易保持毛发干燥。真菌偏爱潮湿的环境，根本无力分解干燥的毛发。因此，在温暖湿润的热带丛林中，动物的毛发主要呈现黑色，这就是格洛格法则的要义所在。

黑猩猩是典型的热带丛林动物，当然会遵守格洛格法则。作为黑猩猩的近亲，人类的头发同样受到格洛格法则的限制，起始颜色只能是黑色，而不可能是其他颜色。

既然人类头发的起始颜色是黑色，在性选择的驱动下，就很难再变成其他颜色，当今世界人类的发色分布格局也证明了这一点。

影响头发颜色的基因至少有七种，杂色的等位基因主要出现在欧洲的部分地区，比如波罗的海以东、东欧和北欧等地出现了淡黄色、金色或红色等发色。这些发色大多是最近三万多年进化的结果，但在世界的其他地区，仍然以黑色头发为主。[202]因为在性选择的压力下，一旦某种头发颜色在某地成为优势发色，其他颜色就很难再得到发展的空间。就算人类意外进化出了绿色头发，也会因为不符合性选择的要求而遭到淘汰，何况绿色头发非但不能展示身体健康状况，反倒等于宣告自己缺乏营养，甚至可能出现了铜中毒。[203]所以，就算到了现代社会，染发技术极其发达，我们也很难看到有人故意把头发染成绿色，倒不是怕被人说戴绿帽子，有些地区根本不在乎绿色的帽子，而是因为那不符合主流的审美观。

但是，人类为什么会在短短三万多年的时间里于欧洲进化出许多其他发色呢？

那也是性选择作用的结果，只不过性选择的标准有所放松而已。

智人走出非洲之后，由于工具和火的使用，已经不像其他灵长类动物那样经常受到肉食动物的威胁，对于隐蔽的要求在不断降低，头发因此可以展示更多的色彩，欧洲大陆正好为不同的发色提供了尝试的舞台。

人类学家普遍相信，人类的婚配制度与食物丰度有关。极度贫困地区往往实行一妻多夫制，相对贫困地区则采用一夫一妻制，相对富裕的地区就很容易出现一夫多妻制。早期的欧洲属于相对贫困地区，当地气候寒冷，与非洲相比，食物相对稀少，进入欧洲的智人仍然采用狩猎采集模式，但男性必须奔跑更长的距离才能获取足够的食物，而女性采集食物的数量也明显下降，她们必须依赖男性才能生活下去。男女社会价值的改变导致婚配模式也随之改变，家庭收入很难供养更多的人口，他们开始朝着一夫一妻制的方向转变。一夫一妻制导致单身女性的数量不断上升，造成了全新的性选择压力，直接影响了女性的审美观，她们不得不接受其他肤色和发色，这样才能把自己嫁出去，[204]欧洲人的头发因此具备了多样化的条件。在其他地区，比如非洲的新几内亚地区，由于当地食物充足，男性可以养活多个配偶，未婚女性相对较少，有着从容的择偶机会，对黑色头发的审美惯性就不会轻易改变。亚洲也是一样，不同的是亚洲适合农业生产，人口增加迅速，一夫多妻制普遍，女性同样紧缺，稀有发色很难展示优势，黑色头发就一直占据主流地位。

所以，性选择是影响人类头发颜色的重要力量。由于人类强大的文化属性和学习能力，这种力量有时甚至超越了自然选择，决定了人类很难出现绿色的头发。

当然，在性选择之外，自然选择并没有完全退场，而是默默掌控着头发进化的方向。就算在自然选择作用的范围内，绿色头发也不是人类的最佳选择。

首先，绿色头发的防紫外线能力无法与黑色头发相比。

现代人经常把头发剪掉，扔在理发店的地上，从不觉得可惜。很少有人意识到，他们其实扔掉了一堆宝贝。与其他部位的毛发相比，不管是腋毛还是阴毛，或者是男人的胡子，都要到青春期以后才开始生长，女人索性没有胡子，可见这些毛发至少不是生活必需品。但是，无论男女都有头发，而且从一出生就有，说明头发绝非可有可无的装饰，[205]而是顶在头上的遮阳伞，最基本的功能就是屏蔽紫外线。

人类皮肤裸露之后，避免紫外线伤害成为一项关键任务。皮肤中的黑色素是对抗紫外线的重要防线，这道防线一直延伸到了头发。头发中的黑色素和皮肤中的黑色素来源相同，[206]可以有效阻止强烈的紫外线触及大脑的表皮，从而保护头皮细胞中的基因免受破坏。[207]由于人类直立行走，头发的防护效果更是显著，长长的头发不但可以保护头皮，而且可以保护后背，防护效率得到空前提高。计算表明，黑色头发至少可以为人体减少80%的紫外线照射。既然如此，如果头发颜色有所改变，则可能会产生全身性的影响。事实正是如此，比如红头发的人更容易出现雀斑，好在雀斑只是小事一桩。浅色头发与黑色素瘤也存在正相关性，拥有浅色头发的人患病的概率是黑头发的三倍。[208] 此外，无论棕色、金黄色还是红色头发，浅色头发的人患帕金森综合征的比例都比黑色头发的要高，[209] 究其根源，可能都与紫外线的潜在伤害有关。

同样的道理，如果把黑色头发换成绿色头发，头发防紫外线的能力将直线下降。绿色头发主要反射绿光，对紫外线几乎没有屏蔽作用，所以人类舍弃绿色头发才是明智的选择。

其次，绿色头发的热调节能力无法与黑色或白色的头发相比。

我们在前面已经讨论过哺乳动物毛发的热调节功能，绿色毛发的表现并不突出，这个弱点在人类身上将得到进一步放大，因为人类的体型在不断增大，为了满足营养需要，必然扩大觅食范围，而扩大觅食范围必然增加太阳暴晒的时间。皮肤一旦裸露在垂直的阳光下，能量输入可以达到每平方米一千瓦的水平。在如此高强度的辐射之下，身体面临着脱水与大脑崩溃的可能，于是对毛发的热调节功能提出了严峻的挑战。[210]

人类的体重与黑猩猩的相近，大脑容量却是黑猩猩的三倍。如此大的脑容量在计算过程中会产生大量热能，必须及时散发出去，而头顶的太阳又在不断对大脑进行加热。所以，头发的热调节任务异常艰巨，如果没有正确的发色，人类将面临死亡的威胁。

要想完成复杂的热调节任务，黑色头发才是最优选择，因为黑发可以阻止过多的热量抵达皮肤，防止头皮受到灼伤，[211] 不会造成大脑过热。此外，卷曲的黑发还能起到隔绝热对流的作用，并在夜晚减少热量损失，这就是所谓的双向调节，是黑色毛发最奇特的功能。

智利沙漠中有一种黑色海鸥，羽毛在清冷的早晨会很平顺，可以用来接受阳光辐射，迅速提高身体温度。到了下午，当沙漠中的温度达到峰值时，海鸥就会把羽毛打乱，使之变得蓬松起来，可以有效隔离环境中的热量辐射。[212] 人类把这种双向调节功能发挥到了极致，非洲人的头发都处于卷曲状态，其中充满了空气，大大提高了隔热效果，可以有效防止大脑中暑。与此相对应的是东亚地区的居民，头发虽然也是黑色，却变成了平顺的直发，任务也从隔热而变成了吸收太阳的热量，以此保证大脑处于适当的温度。

在非洲以外地区，头发颜色同样与热调节有关。欧洲气候潮湿阴冷，光照不足，为了得到更多的阳光，欧洲人的头发才变成了更浅的颜色，易于阳光穿过，从而直接加热大脑。[213] 浅色头发过滤紫外线的效果较弱，有利于适量的紫外线抵达皮肤，促进体内维生素D的合成。只有部分部落例外，比如因纽特人，他们虽然地处北极，却仍然是一头黑发，那很可能是进化速度没有跟上地理环境变化需要的结果，也可能与他们长期食用鱼肉的习惯有关，因为他们从鱼肉中可以获取足够的维生素D。

设想一下，绿色头发拒绝了所有绿色光波，因此无法摄入足够的阳光辐射，在脑袋出汗时不容易晾干头发，或者简单地说，绿头发更容易让人感冒。无论隔热还是获取热量，绿色头发的表现都不尽如人意。既然如此，干吗还要绿色头发呢？同样的原因，人类也没有蓝色头发和紫色头发，这两种光波中蕴含的能量虽然弱于绿光，但与红光与黄光相比，还是不宜放弃为好。

人类舍弃绿色头发的第三个原因与隐蔽功能有关。

绿色头发最令人遐想的就是隐蔽功能。既然人类是三色视觉，绿色头发肯定能起到伪装作用，那么人类为什么放弃这种天然的伪装呢？

对于三色视觉的动物来说，绿色头发确实具有隐蔽功能。正因为如此，有些灵长类动物已经进化出了类似绿色的毛发，比如绿猴。

顾名思义，绿猴当然就是绿色的猴子。与人类相似，绿猴也有裸露的面部皮肤，同时也是典型的三色视觉。虽然绿猴的毛发还称不上真正的绿色，只是有点橄榄绿而已，但无论如何，已经有点绿色的意思了，在光线暗淡的丛林中确实可以起到很好的伪装效果，甚至比真正的绿色效果还好。

绿猴的存在反驳了这样一种观点，即人类没有绿色的头发，是因为无法进化出绿色的色素。绿猴证明了灵长类动物完全可以进化出绿色的毛发来。[214]

既然绿猴能做到，为什么人类不能？

答案与不同动物面临的自然选择的压力不同有关。

绿猴面临的挑战与人类的完全不同，它们体型很小，只有几公斤重，格外需要提防被天敌捕杀。绿猴的天敌有老鹰和蛇，甚至包括黑猩猩和人类。老鹰和蛇都是四色视觉，黑猩猩和人类则是三色视觉，绿色毛发显然可以保护绿猴免遭捕杀。加上绿猴体型较小，代谢产热的效率较高，就像绿色的鹦鹉一样，就算不用黑色毛发调节体温也没有什么问题，所以绿色毛发才成为可能。

人类之所以没有进化出绿色的头发，是因为人类并不像绿猴那样面对众多具有三色视觉的天敌。人类的天敌其实是豹子、狮子和老虎这样的大型肉食动物，而它们都是典型的双色视觉，绿色的头发并不能提供有效的保护。

大致梳理下来，头发的几种重要功能，诸如保护作用、热调节作用、屏蔽紫外线作用、性选择的作用等，没有一个因素指向绿色头发。换句话说，对于人类来说，与其他颜色相比，绿色头发没有任何优势可言。

这就是我们看不到绿色头发的根本原因。

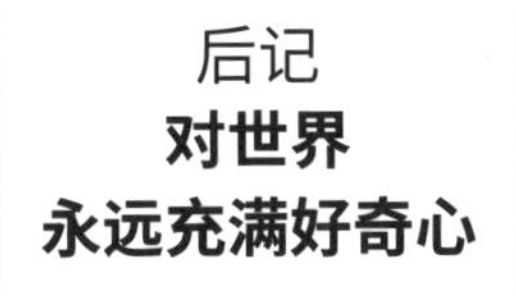

后记

对世界
永远充满好奇心

雨后晴空，碧蓝如洗，偶有彩虹凌虚飞渡，空旷的苍穹顿时变得清新而充实。彩虹之下、大地之上，千山起伏、万花绽放，目之所及，到处都是缤纷的生命。

此时你只要走进丛林深处，只见浅雾初散、雨露欲滴，枝条纵横、绿叶婆娑。黑色的秋蝉在树冠上高声鸣唱，灰色的蜘蛛忙着在空中结网，花朵般鲜艳的蝴蝶上下翻飞，七星瓢虫则伏在叶子下面截杀可口的蚜虫。绿色的女贞丛中有一只橘色山猫，正慢慢踏过松软的青苔，随时准备捕杀林荫间婉转吟唱的黄鹂鸟。

这些奇妙的生灵，无论大小高矮，或飞或爬，或者在落叶之下默默耕耘，或者在高山之巅迎风摇曳，都是生命舞台上的一员。它们用各自不同的色彩，共同展示了一幅精美绝伦的生命画卷。只有夕阳西下、月影东升，暗夜降临大地，绚烂落幕、浮华散场，我们才能从强烈的对比之中领略色彩的魅力。如果不是阳光的照耀和生命的装扮，这个世界将何等寂寥与暗淡。

对生命抱有敬畏之情，对色彩抱以感恩之意，是我写作这部科普作品的初衷。同时我也希望，每个像“我们为什么没有绿色的头发”这样的问题，都能得到严肃认真的回答。为了回答这个问题，我花费了大量的时间和精力，就像知识丛林中的私家侦探，游走在不同的专业领域，用心寻找不同研究成果之间可能存在的内在联系，并用某种逻辑链条将它们串联起来，将零散的知识整理成一个完整的知识网络，以此帮助读者深刻理解问题的本质。

独立的知识点与网络状的知识体系是完全不同的两种状态，甚至是两种事物。如果说独立的知识点就像随点随吃的甜品，网状的知识体系则是精心制作的筵席，你必须带着虔诚的态度才能体会其中美妙的味道。这个世界本来就是一个整体，没有任何知识可以完全独立于其他知识。我们却习惯于将其割裂开来，不是因为自然本来如此，而是为了方便研究，就算在某个确定的科学领域内部也不例外，比如生物学家就分为动物学家、植物学家、分子生物学家、遗传学家等，他们往往互不了解甚至互相排斥。分子生物学刚刚兴起时，新锐的分子生物学家公开声称，只有一种生物学，那就是分子生物学。他们毫不客气地将经典生物学家称为邮票收集者，只会到处收集不同的动物和植物标本，然后用自己的姓名加以命名。分子生物学家也遭到了其他学者的嘲笑，他们被称为试管玩家，眼里只有生化反应，而没有完整的生命。

毫无疑问，当今是科学不断分工细化的时代，割裂不可避免。科学家不可能再像经典的博物学家那样无所不通，他们必须把有限的精力投入相当狭窄的研究领域，否则无法跟上专业发展的脚步。科普作家的任务则完全不同，科普写作的最高境界不是介绍某个具体的知识点，而是将割裂的知识体系重新整合起来，编成一个故事，向读者讲述清楚，并努力与读者实现共鸣。此事困难重重，而且不像科学研究那样有着自身的工作原则和研究指南。我的每次科普写作都是一次全新的尝试，不但是写作内容的尝试，也是写作风格的尝试，唯一不变的是对科学的尊重和对科学工作者的敬意。没有他们，科普写作将变成无本之木、无源之水。

本书就是对一些科学研究综合的结果。当我们回顾这些研究成果时，除了能够感受知识带来的巨大乐趣之外，也会为生命进化历程的曲折与壮观而惊叹不已。

在太阳内部发生的核聚变反应激发出大量光子，不但给地球带来了光明，而且为地球增添了色彩，并与光合系统互相作用，推动着生命不断演变。为了利用阳光的能量，植物进化出了叶绿素，为地球披上了无尽的绿装，绿色成为生命舞台的底色，同时还通过强大的光合作用制造了大量有机物，为生物圈提供了足够的食物。为了感知光线，动物则进化出了强大的视觉，并在视觉的帮助下不断提高觅食效率。

生物进化就这样走上了快车道，终极推手居然是距离地球亿万公里之遥的太阳。

动物和植物看似沿着不同的道路进化：植物从简单的藻类一直进化出

了多彩多姿的开花植物，动物则从低等的爬虫进化出了聪明的灵长类动物。但是，动物和植物的进化并不是单线的，而是存在纠缠不清的协同进化。动物需要以植物为食，植物也要利用动物传粉和传播果实。光线则在两者之间牵线搭桥——使花朵和果实展现特定的色彩，有红色也有黄色，直到五彩缤纷；同时也让动物拥有了特定的视觉，有双色视觉也有三色视觉，甚至还有四色视觉等；它们都是阳光普照之下的生命精华。

除了赋予生命以色彩与视觉，阳光还给生命带来了温暖。只有在合适的温度下，生物体才能进行有效的新陈代谢，所以维持体温成了一项至关重要的任务。无论动物还是植物，都无法逃避温度的制约，它们都会利用不同的色彩调节自身的温度。恒温动物把体温调节做到了极致，它们因此享受了巨大的福利，同时也付出了极大的代价，它们必须为了维持体温而不辞辛苦地劳作，终其一生、永无宁日——草食动物需要吃下足够多的植物，肉食动物则需要抓获足够多的猎物。除此之外，自然选择还提供了一条不劳而获的捷径，那就是增大体型。体型越大的动物，食物利用率就越高，竞争能力也越强。也就是说，在能量的驱动下，生物天然有着复杂化和大型化的趋势。所有复杂的大型生物都是阳光制造的副产品，包括类人猿在内。

作为生物进化最杰出的代表，大型灵长类动物身上聚集了诸多重要的生物学特征，那是适应色彩与能量需求的伟大综合——为了吃到树梢的水果，它们进化出了灵活的双手，长出了较大的体型，同时拥有了三色视觉和立体视觉，面部结构因此也发生了巨大改变，红色的血液则让扁平的面部成为优秀的信号展示板，不断塑造着灵长类动物的社会行为。为了理解复杂的社会关系，高级智能应运而生。人类就是最终的塑造成果，也是阳光在地球上最意外的收获。

在如此错综复杂的逻辑关系中，要想整理出一条清晰的叙述线路并不容易，人类的头发正好可以起到穿针引线的作用。

在现代社会，人们往往重视头发的装扮效果，却忘了头发其实是重要的适应性结构。头发从一开始就具有明确的进化价值，至今仍然没有贬值。只要想想我们每天在头发上花费了多少时间和金钱，再想想我们为其他器官付出了多少心血，就会明白头发绝不是可有可无的累赘。头发不是器官，但其功能任何器官都无法替代。头发可以保暖、隔热，屏蔽紫外线保护大脑，还可以展示身体的健康状况，作为择偶的重要指标。如此重要的结构，当然不可能随便涂上什么颜色就蒙混过关，而必须综合平衡各种因素，才能在自然选择的监督下写出一份漂亮的答卷。所以我才会以头发为经、以颜色为纬，编织起一张大网，拖动生物圈中的各种重要角色，把它们全部收归鱼篓，写成一本内容拉杂却又观点鲜明的作品。

人类没有绿色的头发是一个事实，这个事实不是偶然的结果，而是为了应对阳光而呈现的必然结果。我的本意不只是想要你理解头发为什么不是绿色的，而是想要你全面理解生命色彩的背后其实隐藏着恢宏而绚烂的进化史诗。

了解这一进化史诗不但可以拓展我们的思维能力和知识视野，而且可以让我们跳出生物本能的约束，不只关注吃喝拉撒等日常活动，而是在更高的层次上观察自然、认识生命。

愿我们永远保持对世界的好奇心。

2020年7月8日，定稿于凤阳九华居。

注释

[1] 董经利等. 声波远探测技术概述及发展 [J]. 地球物理学进展，2020(2):566–572。

[2] 迈克尔·怀特. 最后的炼金术士：牛顿传 [M]. 陈可岗，译. 北京：中信出版社，2004:5–20.

[3] 周迁. 光的波粒二象性的辩证思维意义 [J]. 科教导刊，2011(1):58–59.

[4] 冀雪超. 波动说与微粒说的争论及其科学哲学意义 [J]. 邯郸学院学报，2009(1):72–73.

[5] 周兆平. 电磁学集大成者：麦克斯韦 [M]. 合肥：安徽人民出版社，2016:120–171.

[6] Mulligen J E. *Heirich Rudolf Hertz(1857—1894)* [M]. New York:Garland Publishing. Inc., 1994: 38–124.

[7] 林思恒等. 视网膜维生素A循环的研究进展 [J]. 眼视光学杂志，2009，11(3):238–240.

[8] 李志强等. 脊椎动物视蛋白基因分子进化的研究进展 [J]. 水生生物学报，2009(6):1193–1197.

[9] Gehring W J. Chance and necessity in eye evolution[J]. Genome Biology and Evolution, 2011(3): 1053–1066.

[10] Nillson D E. A pessimistic estimate of the time required for an eye to evolve[J]. Proceedings of the Royal Society B: Biological Sciences, 1994, 256: 53–58.

[11] Mayr E. et al. On the evolution of photoreceptors and eyes[J]. Evolutionary Biology, 1977(10): 207–263.

[12] Halder G. et al. Induction of ectopic eyes by targeted expression of the eyeless gene in drosophila [J]. Science, 1995, 267: 1788–1792.

[13] Bowmaker J K. Evolution of colour vision in vertebrates[J]. Eye, 1998(12): 541–547.

[14] 黄时洲等. 色觉的分子生物学研究 [J]. 国外医学（眼科学分册），1998(1):3–5.

[15] Zhang J. Paleomolecular biology unravels the evolutionary mystery of vertebrate UV vision[J]. Proceedings of the National Academy of Sciences of the United States of America, 2003, 100: 8045–8047.

[16] Parker A. *In the blink of an eye: how vision sparked the big bang of evolution*[M]. London: Cambridge Press, 2003: 36–88.

[17] Thompson E. *Colour vision: A study in cognitive science and the philosophy of perception*[M], London and New York: Routledge, 1995: 106–124.

[18] Serov N V. Conceptualizing the predicates of the Goethe—Newton controversy about color[J]. Automatic Documentation and Mathematical Linguistics, 2019, 53(4): 203–215.

[19] 关洪. 牛顿、歌德和黑格尔：关于颜色理论的争论 [J]. 自然辩证法通讯，1984(4):6–13.

[20] Byrne A.et al. Color realism and color science[J]. Behavioral and Brain Science, 2003, 26(1), 3–64.

[21] Selig h. The development of thomas young's theory of color vision[J]. Journal of the Optical Society of America, 1930, 20(5): 231–270.

[22] Brown P K. et al. Visual pigments in human and monkey retinas[J]. Nature, 1963, 200: 37–43.

[23] Nishio J N. Why are higher plants green? Evolution of the higher plant photosynthetic pigment complement[J]. Plant, Cell and Environment, 2000, 23(6): 539–548.

[24] Sun J. et al. Green light drives CO_2 fixation deep within leaves[J]. Plant & Cell Physiology, 1998, 39: 1020–1026.

[25] Glazer A N. Structure and evolution of photosynthetic accessory pigment systems with special reference to phycobiliproteins. In : D.S. Sigman & M.A.B. Brazier eds. *The evolution of protein structure and function: A symposium in honor of professor Emil L. Smith*[M]. New York : Academic

Press, 1980: 221–244.

[26] Isaac R. et al. Light, temperature, and anthocyanin production[J]. Plant Physiology, 1986, 81(3): 922–924.

[27] Terrick T D. et al. Aposematic coloration enhances chemosensory recognition of noxious prey in the garter snake thamnophis radix[J]. Animal Behaviour, 1995, 49: 857–866.

[28] Speed M. et al. How bright and how nasty: explaining diversity in warning signal strength[J]. Evolution, 2007, 61: 623–635.

[29] Foote C J. et al. Female colour and male choice in sockeye salmon: implications for the phenotypic convergence of anadromous and nonanadromous morphs[J]. Animal behavior, 2004, 67(1): 69–83.

[30] Peters A. Testosterone and carotenoids: An integrated view of trade—offs between immunity and sexual signalling[J]. BioEssays, 2007, 29(5): 427–430.

[31] Stevens M. Predator perception and the interrelation between different forms of protective coloration [J]. Proceedings of the Royal Society B: Biological Sciences, 2007, 274: 1457–1464.

[32] Merilaita S. Crypsis through disruptive coloration in an isopod[J]. Proceedings:Biological Sciences, 1998, 265: 1059–1064.

[33] Fraser S. et al. Empirical tests of the role of disruptive coloration in reducing detectability[J]. Proceedings of the Royal Society B: Biological Sciences, 2007, 274: 1325–1331.

[34] Struhsaker T T. Social behaviour of mother and infant vervet monkeys(cercopithecus aethiops) [J]. Animal Behaviour, 1971, 19: 233–250.

[35] Booth C. Some observations on the behavior of cercopithecus monkeys[J]. Annals of the New York Academy of Sciences, 1962, 102: 477–487.

[36] Ross C. et al. The evolution of non—maternal care in anthropoid primates: A test of the hypotheses [J]. Folia Primatol, 2007, 71: 93–113.

[37] Alley T R. Infantile coloration as an elicitor of caretaking behaviour in Old World primates[J]. Primates, 1980, 21: 416–429.

[38] Harcourt. et al. Sperm competition: mating system, not breeding season, affects testes size of primates[J]. Functional Ecology, 1995(9): 468–476.

[39] Treves A. Primate natal coats:a preliminary analysis of distribution and function[J]. American Journal of Physical Anthropology, 1997, 104: 47–70.

[40] Theodore S. et al. Bold coloration and the evolution of aposematism in terrestrial carnivores[J]. Evolution, 2011, 65(11):3090–3099.

[41] Ichikawa Y. et al. The yellow mutation in the frog Rana rugosa: pigment organelle deformities in the three types of chromatophore[J]. Pigment Cell Research, 2001, 14(4): 283–288.

[42] Quigley I K. et al. Pigment pattern formation in zebrafish: A model for developmental genetics and the evolution of form[J]. Microscopy Research And Technique, 2002, 58(6): 442–455.

[43] Jacobs G H. Evolution of colour vision in mammals[J]. Philosophical Transactions of the Royal Society B: Biological Sciences, 2009,364: 2957–2967.

[44] 霍科科等. 黑带食蚜蝇体色变异的研究 [J]. 昆虫知识，2003(6):529–535.

[45] 季正端等. 烟蚜茧蜂生物学研究 II：温度对成蜂体色的影响及某些形态特征的变异 [J]. 河北农业大学学报，1995，18(2):1–5.

[46] Ueda N. et al. Differential relative abundance of green—yellow and red forms of myzus persicae

(homoptera: aphididae) according to host plant and season[J]. Applied Entomology and Zoology, 1977, 12(2): 124–133.

[47] 谢贤元. 十字花科植物上桃蚜的两个生物型 [J]. 植物保护，1992(1):31–32.

[48] 程茂高等. 昆虫体色分化研究进展 [J]. 昆虫知识，2005，42(5):502–505.

[49] Martin K. Opioid systems, behavioral thermoregulation and shell polymorphism in the land snail, cepaea nemoralis[J]. Journal of Comparative Physiology B–Biochemical Systems and Environmental Physiology, 1992, 162: 172–178.

[50] Norris K S. Color adaptation in desert reptiles and its thermal relationships. In: W. W. Milstead. ed. *Liazard ecology: A symposium*[M], Columbia, MO: University of Missouri Press, 1967: 163–229.

[51] Paul W. Why does the human body maintain a constant 37—degree temperature: thermodynamic switch controls chemical equilibrium in biological systems[J]. Physica Scripta, 2005, T118: 219–222.

[52] Aviv B. et al. Mammalian endothermy optimally restricts fungi and metabolic costs[J]. mBio, 2010, 1: 1–2.

[53] McArthur A J. et.al. Air movement and heat loss from sheep. Ⅰ. boundary layer insulation of a model sheep, with and without fleece[J]. Proceedings of the Royal Society B: Biological Sciences, 1980, 209: 187–208.

[54] George S B. Blockage errors in studies of the effect of wind on thermoregulatory responses[J]. Journal of Thermal Biology, 1990, 15: 207–210.

[55] Gerrish C J. et al. Early thermal experience alters weaning onset in rats[J]. Physiology & Behavior, 1998, 64(4): 463–474.

[56] Umbera R. et al. Patterns of surface temperatures in two mole–rats(Bathyergidae) with different social systems as revealed by IR—thermography[J]. Physiology & Behavior, 2007, 92(3): 526–532.

[57] Galván I. et al. Dark pigmentation limits thermal niche position in birds[J]. Functional Ecology, 2018, 32(6): 1531–1540.

[58] Arnold G W. et al. *Ethology of free—ranging domestic animals*[M]. Journal of Mammalogy, 1982, 63(4): 720.

[59] Caro T. The adaptive significance of coloration in mammals[J]. BioScience, 2005, 55(2): 125–136.

[60] Susana C T. et al. Thermal melanism in ectotherms[J]. Journal of Thermal Biology, 2007, 32: 235–245.

[61] Robyn S H. et al. Body temperature, thermoregulatory behaviour and pelt characteristics of three colour morphs of springbok[J]. Comparative Biochemistry and Physiology, 2009, Part A 152: 379–388.

[62] Dawson T J. et al. The fur of mammals in exposed environments; do crypsis and thermal needs necessarily conflict? The polar bear and marsupial koala compared[J]. Journal of Comparative Physiology B(Internet), 2014, 184: 273–284.

[63] Walsberg G E. Coat color and solar heat gain in animals[J]. BioScience, 1983, 33(2): 88–91.

[64] Burtt E H. et al. Gloger’ s rule, feather degrading bacteria, and colour variation among song sparrows[J]. Condor, 2004, 106: 681–686.

[65] Burtt E H. The adaptiveness of animal colours[J]. Bioscience, 1981, 31, 723–729.

[66] Ward J M. et al. The adaptive significance of dark plumage for birds in desert environments[J]. Ardea–Wageningen, 2002, 90(2): 311–323.

[67] Thayer A H. Further remarks on the law which underlies protective coloration[J]. The Auk: Ornithological Advances, 1896, 13(2):318–320.

[68] Penacchio O. et al. Orientation to the sun by animals and its interaction with crypsis[J]. Functional Ecology, 2015, 29(9): 1165–1177.

[69] 王兰梅等. 温度对马来西亚红罗非鱼越冬期体色的影响 [J]. 水产学报，2018(1)： 72–79.

[70] Stevens M. et al. Animal camouflage: current issues and new perspectives[J]. Philosophical Transactions of the Royal Society B: Biological Sciences, 2009, 364: 423–427.

[71] Brenda L. et al. How the zebra got its stripes: A problem with too many solutions[J]. Royal Society Open Science, 2015, 2(1): 1–8.

[72] 肖恩・卡罗尔. 无尽之形最美：动物建造和演化的奥秘 [M]. 王晗，译. 上海科学技术出版社，2012：225–231.

[73] Weiner J. Metabolic constraints to mammalian energy budgets[J]. Acta Therologica, 1989, 34(1): 335–348.

[74] McCollin D. et al. Do British birds conform to Bergmann's and Allen's rules? An analysis of body size variation with latitude for four species[J]. Bird Study, 2015, 62(3): 404–410.

[75] Sid P. Honey, I Shrunk the Horse[J]. Science Now, 2012, 1.

[76] Tanaka S. Environmental control of body-color polymorphism in the American grasshopper, schistocerca americana[J]. Annals of the Entomological Society of America, 2004, 97: 293–301.

[77] Walsberg G E. et al. coat color and solar heat gain in animals[J]. BioScience, 1983, 33(2)：88–91.

[78] Alpert S B. et al. Biospheric options for mitigating atmospheric carbon dioxide levels[J]. Energy Conversion and Management, 1992, 33(5–8): 729–736.

[79] Frank D R. et al. The influence of iron on carbon dioxide in surface seawater. In: Gianguzza A. et al. eds. *Marine chemistry:an environmental analytical chemistry approach*[M]. Armstrong : Kluwer Academic Publisher, 1997, 381–398.

[80] 牟凤娟等. 裸子植物形态解剖结构特征与抗旱性研究进展 [J]. 福建林业科技，2016，43(3)，237–243.

[81] Tang Y—C. et al. Phylogeny and the "polyphyletic—polychronic —polytopic" system of classification of angiosperms—A response to Fu De—zhi[J]. Acta Phytotaxonomica Sinica, 2003, 41: 199–208.

[82] Archetti M. The origin of autumn colors by coevolution[J]. Journal of Theoretical Biology, 2000, 205(4): 625–630.

[83] Ida K. et al. The leaves of the common box, buxus sempervirens, become red as the level of a red carotenoid, anhydroescholtzxanthin, increases[J]. Journal of Plant Research, 1995, 108: 369–376.

[84] Matile P. Biochemistry of Indian summer: Physiology of autumn leaf coloration[J]. Experimental Gerontology, 2000, 35: 145–158.

[85] 王小菁等. 花色形成与花生长的调控 [J]. 西北植物学报，2003(7)，54–59.

[86] Neta-Sharir I. et al. Sugars enhance the expression of gibberellin—induced genes in developing petunia flowers[J]. Physiologia Plantarum, 2000, 109(2): 196–202.

[87] Yanovsky M J. et al. Phytochrome A affects stem growth, anthocyanin synthesis, sucrose phosphate—synthase activity and neighbor detection in sunlight—grown potato[J]. Planta ,1998, 205: 235–241.

[88] Woodall G S. et al. Do anthocyanins play a role in UV protection of the red juvenile leaves of syzygium?[J].Journal of Experimental Botany, 1998, 49(325): 1447–1450.

[89] Quirino B F. et al. Molecular aspects of leaf senescence[J]. Trends Plant Science , 2000, 5(7):

278–282.

[90] Taylor S. et al. Why leaves turn red in autumn.. The role of anthocyanins in senescing leaves of red—osier dogwood[J]. Plant Physiology, 2001, 127(2): 566–574.

[91] Thomas H. et al. Tansley review no. 92–chlorophyll: A symptom and a regulator of plastid development[J]. New Phytologist, 1997, 136: 163–181.

[92] Matile P. et al. Chlorophyll degradation[J]. Annual Review of Plant Physiology and Plant Molecular Biology , 1999, 50: 67–95.

[93] Asada K. et al. The water—water cycle in chloroplasts: scavenging of active oxygen and dissipation of excess photons[J] . Annual Review of Plant Physiology and Plant Molecular Biology, 1999, 50: 601–639.

[94] Grace S C.et al. Energy dissipation and radical scavenging by the plant phenylpropanoid pathway [J]. Philosophical Transactions of the Royal Society B: Biological Sciences , 2000, 355: 1499–1510.

[95] Merzlyak M N. et al. Free radical metabolism, pigment degradation and lipid peroxidation in leaves during senescence[J] . Proceedings of the Royal Society of Edinburgh Section B: Biological Sciences, 1994, 102: 459–471.

[96] Neill S. et al. Optical properties of leaves in relation to anthocyanin concentration and distribution[J]. Canadian Journal of Botany, 1999, 77: 1777–1782.

[97] Noodén L D. et al. Induction of leaf senescence in Arabidopsis thaliana by long days through a light—dosage effect[J]. Physiologia Plantarum, 1996, 96(3): 491–495.

[98] Killingbeck K T. Nutrients in senesced leaves: keys to the search for potential resorption and resorption proficiency[J]. Ecology , 1996, 77: 1716–1727.

[99] Horton P. et al. Regulation of light harvesting in green plants[J]. Annual review of plant physiology and plant molecular biology, 1996, 47: 655–684.

[100] Irani N G. et al. Light—induced morphological alteration in anthocyanin—accumulating vacuoles of maize cells[J]. BMC Plant Biology, 2005, 5: 7–12.

[101] Vogelmann T C. et al. Plant tissue optics[J]. Annual review of plant physiology and plant molecular biology, 1993, 44(4):231–251.

[102] Springob K. et al. Recent advances in the biosynthesis and accumulation of anthocyanins[J] . Natural Product Reports, 2003, 20(3): 288–303.

[103] Eskin B I. Anthocyanin and the frost resistance of plants[J]. Botanical Sciences, 1960, 130: 58–60.

[104] Gould K S. et al. Functional role of anthocyanins in the leaves of Quintinia serrata A. Cunn[J] . Journal of Experimental Botany, 2000, 51(347): 1107–1115.

[105] Lee D W. et al. Why leaves turn red[J]. American Scientist, 2002, 90: 524–531.

[106] Huner N P A. et al. Energy balance and acclimation to light and cold[J]. Trends in Plant Science , 1998(3): 224–230.

[107] 孟宏虎. 被子植物在进化中与环境相适应的传粉机制 [J]. 生物学通报，2008(10)：12–15.

[108] Huang S Q. et al. Gender variation of sequential inflorescences in a monoecious plant sagittaria trifolia(Alismataceae) [J]. Annals of Botany, 2002, 90: 613–622.

[109] Seymour R S. et al. Effects of floral thermogenesis on pollen function in Asian skunk cabbage (Symplocarpus renifolius) [J]. Biology Letters, 2009(5): 568–570.

[110] Seymour R S. et al. Thermal clamping of temperature—regulating flowers reveals the precision and limits of the biochemical regulatory mechanism[J]. Planta, 2010, 231: 1291–1300.

[111] Miller R E. et al. In the heat of the night—alternative pathway respiration drives thermogenesis in Philodendron bipinnatifidum[J]. New Phytologist, 2011, 189: 1013–1026.

[112] Suinyuy T N. et al. Patterns of odour emission, thermogenesis and pollinator activity in cones of an African cycad: What mechanisms apply? [J]. Annals of Botany, 2013, 112: 891–902.

[113] Gottlieb O R. *Micromolecular evolution, systematics and ecology :An essey into a novel botanical displine*[M]. Berlin: Springer—Verlag, 1982: 86–97.

[114] Schaefer H M. et al. The role of chromatic and achromatic signals for fruit detection by birds[D]. 2006.

[115] Wheel W. et al. Colors of fruit displays of bird—dispersed plants in two tropical forests[J]. American Naturalist, 1985, 126: 777–799.

[116] 李秀菊等. 红富士苹果套袋果实色泽与激素含量的变化 [J]. 园艺学报，1998，25(3): 209–213.

[117] Lee D W. Anthocyanins in leaves: distribution, phylogeny and development. In: Gould K S. Lee D W. *Anthocyanins in leaves*[M]. Advances in Botanical Research. Amsterdam: Academic Press, 2002: 37–53.

[118] Mazza G. et al. *Anthocyanins in fruits, vegetables and grains*[M]. Boca. Raton: CRC Press, 1993: 157–169.

[119] Zoratti L. et al. Anthocyanin profile in berries of wild and cultivated Vaccinium spp. along altitudinal gradients in the Alps[J]. Journal of Agricultural and Food Chemistry, 2015, 63: 8641–8650.

[120] Peter C I. et al. Mimics and magnets: The importance of color and ecological facilitation in floral deception[D]. 2008.

[121] Strauss S Y. et al. Non—pollinator agents of selection on floral traits. In:Harder L D, Barrett S C H, eds. *Ecology and evolution of flowers*[M]. Oxford: Oxford University Press，2006:120—138.

[122] Burns K C. et al. Geographic patterns in fruit colour diversity: Do leaves constrain the colour of fleshy fruits[J]Oecologia, 2009, 159: 337–343.

[123] Willson M F. et al. Vertebrate dispersal syndromes in some Australian and New Zealang plant communities, with geographic comparisons[J]. Biotropica , 1989, 21: 133–147.

[124] Takeda K. Blue metal complex pigments involved in blue flower color[J]. Proceedings of the Japan Academy, Series B, 2006, 82: 142–154.

[125] Robert W S. Primate origins and the evolution of angiosperms[J]. American Journal of Primatology, 1991, 23: 209–223.

[126] Meyerhof W. et al. The molecular receptive ranges of human TAS2R bitter taste receptors[J] . Chemical senses, 2010, 35(2): 157–170.

[127] Glendinning J I. Is the bitter rejection response always adaptive[J]. Physiology & Behavior, 1994, 56(6): 1217–1227.

[128] Li D. et al. Diet shapes the evolution of the vertebrate bitter taste receptor gene repertoire[J] . Molecular Biology & Evolution, 2014, 31(2): 303–309.

[129] Freeland W J. et al. Strategies in herbivory by mammals: the role of plant secondary compounds[J]. The American Naturalist, 1974, 108(961): 269–289.

[130] Imai H. et al. Functional diversity of bitter taste receptor TAS2R16 in primates[J]. Biology Letters, 2012, 8(4): 652–656.

[131] Guevara E. et al. Potential arms race in the coevolution of primates and angiosperms: brazzein sweet proteins and gorilla taste receptors[J]. American Journal of Physical Anthropology, 2016, 161(1):

181–185.

[132] Nathans J. et al. Molecular genetics of human color vision: The genes encoding blue, green and red pigments[J]. Science, 1986, 232: 193–202.

[133] Jacobs G H. The biology of variations in mammalian color vision. In: Berthoz A, Christen Y, eds. *Neurobiology of 'umwelt' : How living beings perceive the world, research and perspectives in neuroscience*[M]. Berlin: Springer—Verlag, 2009.

[134] Osorio D. et al. Colour vision as an adaptation to frugivory in primates[J]. Proceedings of the Royal Society B: Biological Sciences, 1996, 263:593–599.

[135] Regan B C. et al. Fruits, foliage and the evolution of primate colour vision.[J] Philosophical Transactions of the Royal Society B: Biological Sciences, 2001, 356(1407):229–283.

[136] Lucas P W. et al. Evolution and function of routine trichromatic vision in primates[J]. International Journal Of Organic Evolution, 2003, 57(11): 2636–2643.

[137] Steyn W T. et al. Anthocyanins in vegetative tissues; a proposed unified function in photoprotection [J]. New phytologist, 2002, 155(3): 349–361.

[138] Jacobs G H. New World monkeys and color[J] . International Journal of Primatology, 2007, 28: 729–759.

[139] Tovée M J. et al. The relationship between cone pigments and behavioural sensitivity in a New World monkey(Callithrix jacchus jacchus) [J]. Vision Research, 1992, 32: 867–878.

[140] Jacobs G H. The distribution and nature of colour vision among the mammals[J] . Biological Reviews, 1993, 68: 413–471.

[141] Jacobs G H. et al. Trichromatic colour vision in New World monkeys[J] . Nature, 1996, 382: 156–158.

[142] Meloro C. et al. The evolutionary history and palaeo ecology of primate predation: Macaca sylvanus from pliopleistocene Europe as a case study[J]. Folia Primatologica, 2012, 83: 216–235.

[143] Calleia F O. et al. Hunting strategy of the margay(Leopardus wiedii)to attract the wild pied tamarin (Saguinus bicolor) [J]. Neotropical Primates, 2009, 16: 32–34.

[144] Fleagle J G. *Primate adaptation and evolution*[M]. New York: Academic Press, 1998, 596.

[145] Jacobs G H. Within—species variations in visual capacity among squirrel monkeys(Saimiri sciureus): color vision[J]. Vision Research, 1984, 24: 1267–1277.

[146] Orlowski J. et al. Night vision in barn owls: Visual acuity and contrast sensitivity under dark adaptation[J]. Journal of Vision, 2012, 12: 1–8.

[147] Alistair R. et al. Does stereopsis matter in humans?[J] . The Royal College of Ophthalmologists, 1996, 10: 233–238.

[148] Robert F. Binocularity and stereopsis in the evolution of vertebrate vision[J] . Frontiers in Visual Science, 1978, 316–327.

[149] 常逸梓. 视觉大革命 [M]. 金城出版社，2011，84–87.

[150] Sirpa N. et al. Exploring the mammalian sensory space: co—operations and trade—offs among senses[J]. Journal of Comparative Physiology A, 2013, 199(12): 1077–1092.

[151] Frietson G. et al. Why five fingers? Evolutionary, constraints on digit numbers[J]. Trends in Ecology & Evolution, 2001, 16(11): 33–36.

[152] McGinnis W. et al. Homeobox genes and axial patterning[J]. Cell, 1992, 68: 283–302.

[153] Clifford J. et al. Why we have(only)five fingers per hand: Hox genes and the evolution of paired

limbs[J]. Development, 1992, 116: 289–296.

[154] Bolker J A. Modularity in development and why it matters to Evo—Devo[J]. American Zoologist, 2000, 40(5): 770–776.

[155] Mallo. et al. The vertebrate tail: A gene playground for evolution[J]. Cellular & Molecular Life Sciences, 2020, 77(6): 1021–1030.

[156] 张知彬. 兽类的死亡率 [J]. 动物学报，1994(2)：137–142。

[157] Milton K. et al. 食物与灵长类的进化 [J]. 科学（中文版），1993(12)：47–56。

[158] Govindarajulu P. et al. The ontogeny of social play in a feral troop of vervet monkeys(Cercopithecus aethiops sabaeus): the function of early play[J]. International Journal of Primatoogy, 1993, 14(5): 701–719.

[159] Tomasello M. et al. Peer interaction in infant chimpanzees[J]. Folia Primatologica, 1990, 55(1): 33–40.

[160] Lu J. et al. Diurnal activity budgets of the Sichuan snub—nosed monkey(Rhinopithecus roxellana) in the Qinling Mountains of China[J]. Acta Theriologica Sinica, 2006, 26(1): 26–32.

[161] Imakawa S. Playmate relationships of immature free—ranging Japanese monkeys at Katsuyama[J]. Primates, 1990, 31(4): 509–521.

[162] Tartabini A. et al. Social play and rank order in rhesus monkeys(Macaca mulatta) [J]. Behavioural Processes, 1979, 4(4): 375–383.

[163] Lewis K P. A comparative study of primate play behavior: implications for the study of congnition[J]. Folia Primatologica, 2000, 71(6): 417–421.

[164] 辛玉军. 生物组织血液光谱特性的实验研究与分析 [J]. 南京航空航天大学，硕士论文，2007.

[165] 史钧. 一本书读懂进化论 [M]. 北京联合出版社，2015，128–141.

[166] Hardison R. The Evolution of Hemoglobin[J]. American Scientist, 1999,(87)2: 126–138.

[167] 王保栋等. 海水溶解氧标准指数计算新方法 [J]. 海洋科学进展，2018(3): 460–464.

[168] Weber R E. Hemoglobin adaptations to hypoxia and altitude—the phylogenetic perspective. In: Sutton J R, Houston C S, Coates G, eds. *Hypoxia and the brain*[M]. Burlington : Queen City Printers, 1995, 31–44.

[169] Rohlfing K. et al. Convergent evolution of hemoglobin switching in jawed and jawless vertebrates[J]. BMC Evolutionary Biology, 2006, 16: 1–9.

[170] Meyer R A. Aerobic performance and the function of myoglobin in human skeletal muscle[J]. Ajp Regulatory Integrative & Comparative Physiology, 2004, 287: 1304–1305.

[171] Teehan G S. et al. Iron storage indices: novel predictors of bacteremia in hemodialysis patients initiating intravenous iron therapy[J]. Clinical Infectious Diseases, 2004, 38(8): 1090–1094.

[172] Harrison P M. et al. The ferritins: molecular properties, iron storage function and cellular regulation [J]. Biochimica et Biophysica Acta, 1996, 1275: 161–203.

[173] Koichi O. et al. Molecular, physiological and clinical aspects of the iron storage protein ferritin[J]. Veterinary Journal, 2008, 178(2): 191–201.

[174] Nilsson D E. Eye evolution and its functional basis[J]. Visual Neuroscience, 2013, 30: 5.

[175] Tan O. et al. Cutaneous circulation. In : Fitzpatrick TB et al. eds. *Dermatology in general medicine* [M]. New York: McGraw—Hill, 1987, 363.

[176] Nielsen B. Solar heat load: heat balance during exercise in clothed subjects[J]. European Journal

of Applied Physiology and Occupational Physiology, 1990, 60, 452–456.

[177] Kochevar I E. et al. Photophysics, photochemistry, photobiology. In: Fitzpatrick TB. et al. eds. *Dermatology in General Medicine* [M]. New York: McGraw—Hill, 1987,1441.

[178] Christian S. Why human blood must be red? [J]. American Journal of Hematology, 1988, 29: 181.

[179] Bergman T J. et al. Chest color and social status in male geladas (Theropithecus gelada) [J]. International Journal of Primatology, 2009, 30: 791–806.

[180] Gerald M S. Primate colour predicts social status and aggressive outcome [J]. Animal Behaviour, 2001, 61: 559–566.

[181] Chen J. Empathy for distress in humans and rodents [J]. Neuroscience Bulletin, 2018 (34): 216–236.

[182] Langford D J. et al. Social modulation of pain as evidence for empathy in mice [J]. Science, 2006 (312), 1967–1970.

[183] Thorstenson C A. et al. Face color facilitates the disambiguation of confusing emotion expressions: Toward a social functional account of face color in emotion communication [J]. Emotion, 2019, 19 (5): 799–807.

[184] Carrito M D. et al. The role of sexually dimorphic skin colour and shape in attractiveness of male faces [J]. Evolution and Human Behavior, 2016, 37: 125–133.

[185] Knudsen A. et al. Skin colour and bilirubin in neonates [J]. Archives of Disease in Childhood, 1989, 64: 605–609.

[186] Tan K W. et al. Daily consumption of a fruit and vegetable smoothie alters facial skin color [J]. PLOS ONE, 2015, 10 (7), e0133445.

[187] Mark A. et al. Bare skin, blood and the evolution of primate colour vision [J]. Biology Letters, 2006, 2: 217–221.

[188] Tsao D Y. et al. Mechanisms of face perception [J]. Annual Review of Neuroscience, 2008, 31: 411—437.

[189] Mayor P. et al. Proximate causes of the red face of the bald uakari monkey (Cacajao calvus) [J]. Royal Society Open Science, 2015, 2: 150–155.

[190] André A. et al. Sexual selection and trichromatic color vision in primates: statistical support for the preexisting—bias hypothesis [J]. American Naturalist, 2007, 170 (1): 10–20.

[191] Corri W. Evidence from rhesus macaques suggests that male coloration plays a role in female primate mate choice [J]. Proceedings of the Royal Society B: Biological Sciences, 2003, 270: 144–146.

[192] Thorstenson C A. et al. Social perception of facial color appearance for human trichromatic versus dichromatic color vision [J]. Personality and Social Psychology Bulletin , 2020, 46 (1): 51–63.

[193] Elliot A J. et al. Color psychology: Effects of perceiving color on psychological functioning in humans [J]. Annual Review of Psychology, 2014, 65 : 95—120.

[194] Changizi. et al. Bare skin, blood and the evolution of primate colour vision [J]. Biology Letters , 2006, 2: 217–221.

[195] Endler and Basolo. Sensory ecology, receiver biases and sexual selection [J]. Trends in Ecology & Evolution, 1998, 13: 415–420.

[196] Pagel M. The evolution of conspicuous oestrous advertisement in Old World monkeys [J]. Animal Behaviour, 1994, 47: 1333–1341.

[197] surridge A K. et al. Evolution and selection of trichromatic vision in primates[J]. Trends in Ecology & Evolution, 2003, 18: 198–205.

[198] Fernandez A A. et al. Sexual selection and trichromatic color vision in primates: statistical support for the preexisting bias hypothesis[J]. American Naturalist, 2007, 170: 10–20.

[199] Peyton M. et al. Sexual selection, temperature, and the lion' s mane[J]. Science, 2002, 297: 1339–1343.

[200] Kamilar J M. et al. Interspecific variation in primate coat colour supports Gloger' s rule[J]. Journal of Biogeography, 2011, 38: 2270–2277.

[201] Bradley B J. et al. The primate palette: the evolution of primate coloration[J] . Evolutionary Anthropology, 2008, 17: 97–111.

[202] Harding R M. et al. Evidence for variable selective pressures at MC1R[J] . American Journal of Human Genetics, 2000, 66: 1351–1361.

[203] Kalimo K. et al. Green hair caused by copper in the household water[J]. Duodecim, 1981. 97(15): 1187–1190.

[204] Frost P. European hair and eye color: A case of frequency—dependent sexual selection[J] . Evolution and Human Behavior, 2006, 27: 85–103.

[205] Held L I. The evo—devo puzzle of human hair patterning[J]. Evolutionary Biology, 2010, 37: 113–122.

[206] Ito S. et al. Diversity of human hair pigmentation as studied by chemical analysis of eumelanin and

phaeomleanin[J]. Journal of the European Academy of Dermatology and Venereology, 2011, 25: 1369–1380.

[207] Braude S. et al. The ontogeny and distribution of countershading in colonies of the naked mole—rat (Heterocephalus glaber) [J]. Journal of Zoology, 2001, 253(3): 351–358.

[208] Han J. et al. Melanocortin 1 receptor variants and skin cancer risk[J]. International Journal of Cancer, 2006, 119: 1976–1984.

[209] Xiang G. et al. Genetic determinants of hair color and parkinson's disease risk[J]. Ann of Neurol, 2009, 65: 76-82.

[210] Wheeler P E. The thermoragulatory advantages of large body size for hominids foraging in Savannah environments[J]. Journal of Human Evolution, 1992, 23: 351–362.

[211] Hutchinson J C. et al. Penetrance of cattle coats by radiation[J]. Journal Of Applied Physiology, 1969, 26: 454–464.

[212] Howell T R. et al. *Breeding biology of the gray gull, Larus modestus*[M]San Francisco : University of California Press, 1974, 104.

[213] Glenn E. et al. Consequences of skin color and fur properties for solar heat gain and ultraviolet irradiance in two mammals[J]. Journal of Comparative Physiology B–Biochemical Systems and Environmental Physiology, 1988, 158: 213–221.

[214] Jablonski N G. et al. A framework for understanding thermoregulation in primates[J]. American Journal of Physical Anthropology , 2009, 138: 206–207.